普通高等教育"十三五"规划建设教材

运筹学原理

高羽佳　主编

中国农业大学出版社
·北京·

内 容 简 介

本书为普通高等教育"十三五"规划建设教材,系统地介绍了运筹学的基本原理和方法,重点讲述了应用最为广泛的运筹学分支中的数学模型和求解方法。全书共 9 章,体系完整,理论与实际相结合,以大量例题穿插其间,内容包括:线性规划与单纯形法、对偶理论与灵敏度分析、运输问题、整数规划、目标规划、动态规划、图与网络优化、网络计划图。

全书基本概念清晰、基本理论深入浅出,内容全面,实用性强,易于自学。可作为高等院校的运筹学通用教材,也可作为数学建模的培训用书,还可供工程技术人员自学参考使用。

图书在版编目(CIP)数据

运筹学原理/高羽佳主编.—北京:中国农业大学出版社,2016.6
ISBN 978-7-5655-1392-3

Ⅰ.①运… Ⅱ.①高… Ⅲ.①运筹学 Ⅳ.①O22

中国版本图书馆 CIP 数据核字(2015)第 218189 号

书　　名	运筹学原理
作　　者	高羽佳　主编

策　　划	姚慧敏　王笃利	责任编辑	冯雪梅
封面设计	郑　川	责任校对	王晓凤
出版发行	中国农业大学出版社		
社　　址	北京市海淀区圆明园西路 2 号	邮政编码	100193
电　　话	发行部 010-62818525,8625	读者服务部	010-62732336
	编辑部 010-62732617,2618	出　版　部	010-62733440
网　　址	http://www.cau.edu.cn/caup		
经　　销	新华书店	E-mail	cbsszs @ cau.edu.cn
印　　刷	涿州市星河印刷有限公司		
版　　次	2016 年 6 月第 1 版　　2016 年 6 月第 1 次印刷		
规　　格	787×1 092　16 开本　17 印张　420 千字		
定　　价	36.00 元		

图书如有质量问题本社发行部负责调换

前　言

运筹学是 20 世纪 40 年代发展形成起来的一门典型的交叉型应用性学科,最初起源于第二次世界大战的战事需要。战后,运筹学学科的研究对象在不断扩展,运筹学的研究方法和算法也在不断丰富,现在已经广泛应用于工业、农业、交通运输、国防、通信、政府机关等各个部门、各个领域的运营管理之中,越来越多的农业、服务业和其他新兴产业中出现的问题被系统整理和归纳为运筹学中的标准问题。

运筹学的研究领域、研究对象和研究方法因具体研究对象的不同存在较大差异,它主要是以定量分析为主(定量与定性分析相结合),研究和解决实际中各类企业与组织的生产、经营或者运作系统中出现的问题,探索其运行规律,从而提出具有共性、典型意义的优化模型,寻求解决模型的方法,最终形成决策方案。因此,运筹学对于决策者而言具有极大的应用价值和科学价值,成为管理科学、系统科学、工业工程等多个专业的专业基础课和主干课程。用运筹学解决实际问题时的系统优化思想,以及从提出问题、分析建模、求解到方案实施的一套严格科学的方法,使得它在培养提高人才素质上起到了十分重要的作用。随着科学技术尤其是计算技术的不断发展,运筹学的理论和方法在数据处理、工程技术和经济分析、管理决策等多方面起着越来越大的作用,已成为高等院校许多专业的必修课。

本书是为适应高等院校各相关专业对运筹学课程教学的需要而编写的。在内容选择上,兼顾了各层次读者的需要,包含了运筹学本科阶段应掌握的所有知识点。本书理论部分每章末都有知识点汇总,为帮助读者掌握本章重点,每章后有习题供读者练习。本书吸收了目前国内运筹学教材的优秀成果,反映了近年来运筹学的最新发展。具体来说,本书在编写过程中侧重于:①强调运筹学学科的应用性特点,细致全面的介绍了应用问题建模的分析思路;②考虑到工程类本科学生的特点,从文字到图表尽可能直观、深入浅出和通俗易懂;③尽量避免复杂的理论证明,力图通俗易懂、简明扼要地讲解运筹学的基本原理以及方法的思路和算法步骤;④试图以各种实际问题为背景引出运筹学各分支的基本概念、模型和方法,并侧重各种方法及其应用。

本书涵盖的内容有:线性规划与单纯形法、对偶理论与灵敏度分析、运输问题、整数规划、目标规划、动态规划、图与网络优化、网络计划图,共 9 章。由安徽农业大学信息与计算机学院教师编写。其中高羽佳任主编,罗红恩任副主编,张友华、辜丽川、叶勇、吴雨婷、王婧、杨露、王超参编。具体分工:第二章、第三章正文及全书习题由高羽佳编写;前言和第一章由张友华和辜丽川编写;第四章由叶勇和王婧编写;第五章由吴雨婷编写;第六章由王超编写;第七、九章由罗红恩编写;第八章由杨露编写。本书的编写得到了多位专家学者的大力支持,部分物流工程专业的学生在本书的试用过程中还提出了大量宝贵的修订建议,在此一并表示衷心的感谢!

书中直接或间接地参考、借鉴了国内外相关著作(见书末的参考文献),在此对作者和研究人员一并致谢。另外,本书习题解答可登陆中国农业大学出版社 www.caupress.cn 下载相关资源。

鉴于编者的水平有限,错误和疏漏在所难免,恳请广大读者批评指正。

编　者
2015 年 6 月

目　　录

第一章 绪论

【本章导读】

运筹学的英文是 operations research(美)或 operational research(英),缩写为 OR,原意为"作战研究"。"运筹"一词最早出自于汉高祖刘邦对张良的评价:"运筹帷幄之中,决胜千里之外。"而运筹学这一学科名称就取自于此出处,具有运用筹划、出谋献策、以策略取胜之意,它恰当地反映了这门学科的性质和内涵。

要掌握好运筹学方法并灵活地应用于实践,除了要掌握丰富的自然科学和社会科学的知识外,还需要掌握一定的数理基础方法,并在此基础上系统地分析问题,使研究的对象得到最优或最满意的效果。

本章将围绕运筹学的简史,运筹学的学科起源、发展、性质、特点、应用领域研究的具体内容等展开。

第一节 运筹学的起源

运筹学是一门实践性很强的基础性、应用性学科,诞生于 20 世纪 30 年代末。它主要针对实践中经济、军事、生产、管理、组织等领域中出现的一些带有普遍性的运筹问题加以研究并分析求解等。运筹学是系统最优化的研究,根据实际问题,利用科学的方法,通过对建立并求解模型,解决有关人力、物资、货币等复杂系统的运行、组织、管理等方面有关课题的学科,为决策者进行决策提供科学依据。作为一门与数学和逻辑有较深渊源的学科,运筹学为系统科学、系统工程和现代管理科学提供了重要的理论基础和不可缺少的方法、手段、工具。随着科学技术和生产的发展,运筹学的应用已经覆盖到各个领域,在现代化建设中发挥着极其重要的作用。

运筹学(operational research,OR),意为"运作研究"或"作战研究",是 1938 年由英国人首先提出的。当时英、美使用雷达作为防空系统的一部分在军事上对付德国的空袭,从技术上是可行的,但是在实际应用中的作战效果并不理想。为此,一些有关领域的科学家把"如何合理运用雷达"作为一类新的问题进行研究。与研究技术问题不同,所以就称作"运作研究"。运筹学在 1956 年引入我国时曾经用过"运用学"的名称,于 1957 年正式定名为运筹学。

第二次世界大战初期,英、美两国的军事活动迫切需要把各项稀少的资源以最有效的方式分配给各种不同的军事经营及在每一经营内的各项活动,所以美国及随后美国的军事管理当局都号召大批科学家运用科学手段来处理战略与战术问题,实际上这便是要求他们对种种(军事)经营进行研究,这些科学家小组就是最早的运筹小组。第二次世界大战期间,"OR"成功地解决了许多重要作战问题,显示了科学的巨大威力,为"OR"后来的发展铺平了道路。在第二次世界大战期间盟军中同类组织不断增加和扩大,其所建立起来的方法在战后被转移到民用事业中去,"OR"一词的含义也不再局限于军事方面。

P.M.Morse 与 G.E.Kimball 在他们的奠基作中给运筹学下的定义是:"运筹学是在实行管理的领域,运用数学方法,对需要进行管理的问题统筹规划、做出决策的一门应用科学。"运筹学的另一位创始人定义运筹学是："管理系统的人为了获得关于系统运行的最优解而必须使用的一种科学方法。"它使用许多数学工具(包括概率统计、数理分析、线性代数等)和逻辑判断方法,来研究系统中人、财、物的组织管理、筹划调度等问题,以期发挥最大效益。

实际上,运筹学的思想或理念出现得很早,在古代就已经产生了。在我国汉朝时,汉高祖刘邦称赞张良"运筹于帷幄之中,决胜于千里之外"。我国历史上在军事和科学技术方面对运筹思想的运用是世界闻名的:公元6世纪,春秋时期著名的《孙子兵法》中处处体现了军事运筹的思想;战国时期的《田忌赛马》故事是对策论的典型范例;刘邦、项羽在楚汉相争过程中,依靠张良等谋士的计谋,上演了一幕又一幕体现运筹思想的作战战例;三国时期的战争则更可以举出很多运用运筹思想取得战争胜利的例子。除军事方面,在我国古代农业、运输、工程技术等方面也有大量体现运筹思想的实例,如北魏时期科学家贾思勰的《齐民要术》一书,就是一部体现运筹思想,合理策划农事的宝贵文献;古代的粮食和物资的调运、都市的规划建设、水利方面,如四川都江堰工程等亦处处反映了运筹思想的运用。当把"OR"学科引入我国时,人们根据"OR"的科学内涵,取其义而译为"运筹学",这个译法是非常恰当的。

在欧美,运筹学思想成功应用于实践的历史可追溯到20世纪前叶:1914年,提出了军事运筹学中的兰彻斯特(Lanchester)战斗方程;1917年,排队论的先驱者、丹麦工程师爱尔朗(Erlang)在哥本哈根电话公司研究电话通信系统时,提出了排队论的一些著名公式;20世纪20年代初,提出了存贮论的最优批量公式;20世纪30年代,在商业方面,列温逊已经运用运筹思想来分析商业广告和顾客心理等。

这一切都反映出,运筹学注意系统数据采集,分析并研究优化方案的思想是一种朴素、自然的思想。实际上,很多人都在自觉、不自觉地运用这个思想。另一方面,"道高一尺,魔高一丈",在竞争中各方共同运用这些思想解决问题时,就表现为对运筹学内涵的研究、方法的运用能力。

第二节　运筹学的发展

信息社会科学技术的高速发展,运筹学的内涵不断扩大,涉及的数学、计算机科学及其他新兴学科的知识也越来越多,熟练掌握并运用该学科有效解决实际问题的难度也逐渐加大。随着运筹学的发展,很多技术都将很快融合到其中,从而促使其发展进入一个崭新阶段。

1. 运筹学在国外的发展

第二次世界大战期间,英、美军队中成立了一些专门小组,面对一些实际问题开展了短期的战术性的研究。例如,雷达系统有效防空问题,研究设计将雷达信息传送给指挥系统及武器系统的最佳方式、雷达与防空武器的最佳配置等;护航舰队保护商船队的编队问题,研究当船队遭受德国军队攻击时如何使船队减少损失等;大西洋反潜战问题,研究如何设计反潜舰艇或飞机投掷深水炸弹的最佳方案等。

第二次世界大战以后,在英、美军队中相继成立了更为正式的运筹研究组织。以兰德公司(LAND)为首的一些部门开始着重研究战略性问题。例如,为美国空军评价各种轰炸机系统,讨论未来的武器系统和未来战争的战略等;研究苏联的军事能力及未来的预报等。总的来说,在这段时间里,运筹学的研究与应用范围主要是与战争相关的战略、战术方面的问题。

随着世界性战争的结束,各国的经济建设迅速发展,世界范围内的激烈竞争也体现在经济、技术方面,运筹学的研究发展也逐渐向这些方面拓展。由于运筹学适应时代的要求,在近60年中,它无论在理论上还是在应用上都得到了快速的发展。在应用方面,今天运筹学已经涉及服务、管理、规划、决策、组织、生产、建设等诸多方面,甚至可以说,很难找出它没有涉及的领域。在理论方面,由于运筹学的需要和刺激而发展起来的一些数学分支,如数学规划、应用概率与统计、应用组合数学、对策论、数理经济学、系统科学等,都得到了迅速发展。

目前,在运筹学领域基本达成一致的共识是运筹学的发展应注重如下三个方面:理念更新、实践为本和学科交融。为了加强运筹学的研究与应用,国内外成立了许多学术性的组织。最早建立运筹学会的国家是英国(1948年),接着是美国(1952年)、法国(1956年)、日本和印度(1957年)等。到1986年,国际上已有38个国家和地区建立了运筹学会或类似的组织。我国的运筹学会成立于1980年。1959年,英、美、法三国的运筹学会发起成立了国际运筹学联合会(IFORS),以后各国的运筹学会纷纷加入,我国于1982年加入该会。此外,还有一些地区性组织,如欧洲运筹学协会(EURO)成立于1976年,亚太运筹学协会(APORS)成立于1985年等。

2. 运筹学在我国的发展

运筹学在我国已有50多年的发展历史。20世纪50年代中期,著名科学家钱学森、许国志等将运筹学从西方引入我国,并结合我国特点在国内推广应用。在随后的50多年中,运筹学在我国有了很大的发展,所涉及的领域也十分广泛,确立了它在经济建设中的地位。运筹学的应用已深入到国民经济的各个领域,成为促进国民经济多快好省、健康协调发展的有效方法。但是,运筹学在我国的发展状况与世界其他国家相比尚有一定的差距,其中最主要的是理论研究与应用实践结合问题,特别是如何创造性地、合理有效地解决我国在社会经济建设实践中存在的大量决策优化问题。改革开放以后,随着越来越广泛、深入地国际交流环境的形成,运筹学在国内的研究与应用快速发展,渗透各个领域,水平将很快与世界接近。

第三节　运筹学性质、特点与研究方法

1. 性质

正如《运筹学》这一学科的名字所蕴含的,包含了运作研究的意思,主要应用于引导和调整一个组织内的工作。事实上,运筹学被广泛地应用于各个领域,比如制造业、运输业、建筑业、通信业、金融业、卫生保健、军事领域和公共服务业等。因而运筹学的应用范围是非常广泛的。

运筹学作为一门应用科学,至今还没有统一、确切的定义。莫斯(P. M. Morse)和金博尔(G. E. Kimball)对运筹学下的定义是:"为决策机构在对其控制下业务活动进行决策时,提供以数量化为基础的科学方法。"它首先强调的是科学方法,这含义不单是某种研究方法的分散和偶然的应用,而是可用于整个一类问题上,并能传授和有组织地活动。它强调以量化为基础,必然要用数学。但任何决策都包含定量和定性两方面,而定性方面又不能简单地用数学表示,如政治、社会等因素,只有综合多种因素的决策才是全面的。运筹学的职责是为决策者提供可以量化方面的分析,确定其中定性的因素。另一定义是:"运筹学是一门应用科学,它广泛应用现有的科学技术知识和数学方法,解决实际中提出的专门问题,为决策者选择最优决策提供定量依据。"这定义表明运筹学具有多学科交叉的特点,如综合运用经济学、心理学、物理学、化学中的一些方法。运筹学是强调最优决策,"最优"是过分理想了,往往不能达到,在实际生活中往往用次优、满意等概念代替最优。因此,运筹学的又一定义是:"运筹学是一种给出问题坏的答案的艺术,否则的话问题的结果会更坏。"

为了有效地应用运筹学,前英国运筹学学会会长托姆林森提出六条原则:

(1)合伙原则。是指运筹学工作者要和各方面人,尤其是同实际部门工作者合作。

(2)催化原则。在多学科共同解决某问题时,要引导人们改变一些常规的看法。

(3)互相渗透原则。要求多部门彼此渗透地考虑问题,而不是只局限于本部门。

(4)独立原则。在研究问题时应尽量独立从事工作,不应受某人或某部门的特殊政策左右。

(5)宽容原则。解决问题应不局限于某种特定的方法,思路要宽,方法要多。

(6)平衡原则。要考虑问题中各种矛盾的平衡和关系的平衡。

2. 特点

特征一:运筹学运用的研究方法类似于已有的科学领域所采用的科学方法。

在相当大的程度上,科学方法被用于对所关注的问题进行调查(事实上,管理科学有时被当作运筹的同义词)。运筹学的运算过程开始于仔细的观察和阐明问题,同时收集所有相关数据;接下来构建一个可以概括真正问题本质的数学模型;然后假设这个模型可以充分精确地表示问题的本质特征,并且从模型中获得的结论也是有效的;最后用适当的案例来验证这种假设,并且按照需求调整,并最终证明这种假设是正确的(这一步通常被称为模型的验证)。因而,在某种意义上,运筹学包括对业务的基本特性进行创造性的科学研究。然而,运筹学所涉及的内容远不止这些,运筹学还参与组织的实际管理。因而,为了成功解决问题,运筹学也必须为决策者提供他们所需要的正确的、易于理解的结论。

特征二:运筹学于全局考虑问题。

正如上一节所述,运筹学着眼于组织整体的利益。因而,运筹学试图用一种方法解决组织中各成员利益的冲突以实现整个组织的最优。这不仅意味着每个问题的研究都要清楚地考虑到组织的所有部分,而且所要实现的目标必须与组织的整体利益保持一致。

特征三:运筹学通常是以考虑并寻求问题的最优解为出发点的。

它的目标是确定最可行的运作过程,而不是简单地改善现状。虽然它会根据管理的实际需要被详细地解释,但在运筹学中寻求最优解是一个重要的主题。它以整体最优为目标,从系统的观点出发,力图以整个系统最佳的方式来解决该系统各部门之间的利害冲突。对所研究的问题求出最优解,寻求最佳的行动方案,所以它也可看成是一门优化技术,提供的是解决各类问题的优化方法。

特征四:运筹学解决问题的过程需要综合运用多个学科的知识。

上述特征很自然地导引出运筹学的另一个特征。众所周知,没有任何一个人可以是运筹学工作各个方面的专家,这就需要一群具有不同背景和技能的人才。因此,当执行一个新问题的运筹学研究时,利用一个小组的方式通常是十分必要的。这样一个运筹学小组需要包括受过以下高级培训的人才:数学、统计学、概率论、经济学、工商管理、计算机科学、工程学、物理学、行为科学以及运筹学的专业技巧。这些团队也需要有必要的经验和各种技能,以适当地考虑贯穿整个组织的许多分支问题。

3. 研究方法

现代运筹学方法强调黑箱方法、数学模型和仿真运行。它重视系统的输入输出关系,即问题所处的环境条件和问题中主要因素与环境间的关系,而不追求系统内部机理,因而易于达到从系统整体出发来研究问题的目的。常用的数学模型有:分配模型、运输模型、选址模型、网络模型、计划排序模型、存储模型、排队模型、概率决策模型、马尔可夫模型等。模型求解往往成为应用计算机程序进行仿真运行。现在已有各种运筹学软件包供应,使运筹学可以处理相当复杂的大型问题。随着运筹学应用于社会大系统,仅靠定量分析已难以找到合理的优化方案,人们常采用定量与定性相结合、在定量分析的基础上进行定性分析的方法。因此,在许多情况下已很难划分运筹学、系统分析与政策分析的界限。

运筹学的主要研究方法:

(1)从现实生活场合或者某种现象进行数学的量化再抽出本质的要素来构造数学模型,因而可寻求一个跟决策者的目标有关的解。

(2)探索求解的结构并导出系统的求解过程。

(3)从可行方案中寻求系统的最优解法。

应用运筹学处理问题的过程往往分为5个阶段。

(1)规定目标和明确问题:包括把整个问题分解成若干子问题,确定问题的尺度、有效性度量、可控变量和不可控变量,以及用来表示变量界限和变量间关系的常数和参数。

(2)收集数据和建立模型:包括定义关系、经验关系和规范关系。

(3)求解模型和优化方案:包括确定求解模型的数学方法,程序设计和调试,仿真运行和方案选优。

(4)检验模型和评价解答:包括检验模型的一致性、灵敏度、似然性和工作能力,并用试验数据来评价模型的解。一致性是指主要参数变动时(尤其是变到极值时)模型得出的结果是否合理;灵敏度是指输入发生微小变化时输出变化的相对大小是否合适;似然性是指对于真实数据的案例,模型是否适应;工作能力则是指模型是否容易解出,即在规定时间内算出所需的结果。

(5)方案实施和不断优化:包括应用所得的解解决实际问题,并在方案实施过程中发现新的问题和不断进行优化。

上述5个阶段往往需要交叉进行,不断反复。

第四节　运筹学在国内外的应用

"运筹"一词,本指运用算筹,后引申为谋略之意。不论在国内还是国外都不乏运筹应用的优秀案例,我国战国时期"田忌赛马"的故事,说明了在已有的条件下,通过周密的筹划,选择一个较优的决策就会取得较好的结果。当今,运筹学的研究更加深入,应用领域也更加广泛,下面以运筹学在一些典型领域的应用情况予以说明。

1. 市场营销管理

运用运筹学对市场营销过程中的广告预算和媒介的选择、竞争性定价、新产品开发、销售计划的制订等方面进行定量分析,确定最优决策方案。如美国 AT&T 公司将运筹学应用在优化商业用户的电话销售中心选址上,每年为公司节约成本 4.06 亿美元,销售额大幅增加;美国杜邦公司从20世纪50年代起就非常重视将运筹学应用于研究如何计划实施广告工作,产品定价和新产品的引入等工作;通用电力公司运用运筹学理论对相关业务市场进行模拟研究,取得了很好的收益。

2. 生产计划与管理

运筹学主要用线性规划、整数规划以及模拟方法从总体上确定按照需求确定生产、贮存和劳动力安排等计划,以追求最大利润或最小成本等问题。如巴基斯坦某一重型制造厂用线性规划安排生产计划,平均节省 10% 的生产费用;宝洁公司应用运筹学重新设计了北美生产的分销系统,大大降低了成本(每年为公司节约 2 亿美元的成本)并加快了市场的进入速度。此外,还可以应用在生产作业计划、日程表的编排、合理下料、配料问题、物料管理等方面。

3. 库存管理

运筹学中的库存理论将存货模型与计算机的物料管理信息系统相结合,应用于多种物资库存量的管理,估算设备的能力或容量指标,如工厂的库存、停车场的大小、新增发电设备的容量大小、计算机的主存储器容量、合理的水库容量等。如 Merit 青铜制品公司运用运筹学对统计销售和成品库存管理系统进行预测和控制管理,改进客户服务,取得了很好的市场口碑;三星电子将运筹学应用于库存管理,每年增加收益 2 亿美元;戴尔公司将运筹学应用于对整条供应链进行库存管理以减少库存量,为公司每年节约大约 10 亿美元的成本;IBM 公司运用运筹学相关理论重组了全球供应链,保持了最小库存的同时最大程度的满足了客户的需求,提高了服务质量。

4. 物流管理与运输问题

在企业管理中经常出现运输范畴内的问题,例如,工厂的原材料从仓库运往各个生产车间,各个生产车间的产成品又分别运到成品仓库。运输模型不仅适用于实际物料的运输问题,还适用于其他方面,包括新建厂址的选择、短缺资源的分配问题、生产调度问题、班次调度计划及人员服务时间安排等问题等。涉及空运、水运、公路运输、铁路运输、管道运输等问题以及空运飞行航班和飞行机组人员服务时间安排,有以下例子:联合航空公司将运筹学应用于对机场和后备部门职员的工作计划安排,为公司每年节约大约 500 万美元的成本;加拿大太平洋铁路公司将运筹学应用于铁路货运的日常安排,每年增收 1 亿美元的收益等。水运有船舶航运计划、港口装卸设备的配置和船舶到港后的运行安排。公路运输除了汽车调度计划外,还有公路网的设计和分析,市内公共汽车路线的选择和行车时刻表的安排,出租汽车的调度和停车场的设立。

5. 财务和会计

运筹学在财务与会计中解决企业如何最有效地利用资金资源的问题,涉及预算、贷款、成本分析、定价、投资、证券管理、现金管理等。运用统计分析、数学规划、决策分析等方法对在投资决策分析中出现的多种方案进行决策,以确定最优的方案,使得企业的收益最大。通常是利用线性规划模型、决策论来进行判断。

6. 人事管理

这里涉及六个方面。第一是人员的获得和需求估计;第二是人才的开发,即进行教育和训练;第三是人员的分配,主要是各种指派问题;第四是各类人员的合理利用问题;第五是人才的评价,其中有如何测定一个人对组织、社会的贡献;第六是工资和津贴的确定等。

7. 工程设计与管理决策方面

运用运筹学优化减少完成工程任务的时间,节省运输的费用等。在土木、建筑、水利、信息、电子、电机、光学、机械、环境和化工等领域均有应用。

8. 城市管理

该领域的研究包括各种紧急服务系统的设计和运用。如救火站、救护车、警车等分布点的设立。美国曾用排队论方法来确定纽约市紧急电话站的值班人数；加拿大曾研究以城市为对象的警车的配置和负责范围，出事故后警车应走的路线等。此外，有城市垃圾的清扫、搬运和处理，城市供水和污水处理系统的规划，等等。

我国运筹学在交通运输、工业、农业、水利建设、邮电等方面都有广泛应用。尤其是在运输方面，从物资调运、装卸到调度等领域；在工业生产中推广了合理下料、机床负荷分配；在纺织业中曾用排队论方法解决细纱车间劳动组织、最优折布长度等问题；在农业中研究了作业布局、劳力分配和麦场设置等；在光学设计、船舶设计、飞机设计、变压器设计、电子线路设计、建筑结构设计和化工过程设计等方面也都有成果。存储论在我国应用较晚，20 世纪 70 年代末存储论在汽车工业和其他部门的应用取得了成功。近年来运筹学的应用已趋向研究规模大且复杂的问题，如部门计划、区域经济规划等。

第五节　运筹学研究的具体内容

运筹学研究的内容十分广泛。第二次世界大战期间以研究战略力量的构成和数量问题为主，除军事方面的应用研究以外，相继在工业、农业、经济和社会问题等各领域都有应用，并有了飞快的发展，形成了运筹学的众多分支。其主要分支有：数学规划（线性规划、非线性规划、整数规划、目标规划、动态规划、随机规划等）、图论与网络、排队论（随机服务系统理论）、存储论、对策论、决策论、可靠性理论等。

1. 规划论

数学规划即上面所说的规划论，是运筹学的一个重要分支。数学规划主要包括线性规划、非线性规划、整数规划、目标规划和动态规划。研究内容与生产活动中有限资源的分配有关，在组织生产的经营管理活动中，具有极为重要的地位和作用。它主要解决两个方面的问题：一是对于给定的人力、物力、财力，怎样才能发挥它们的最大效益；二是对于给定的任务，怎样才能用最少的人力、物力和财力去完成它。这两类问题的共同特点在于：在给定条件下，按某一衡量指标来寻找安排的最优方案。它可以表示成求函数在满足约束条件下的极大极小值问题。

数学规划和古典的求极值的问题有本质上的不同，古典方法只能处理具有简单表达式和简单约束条件的情况。而现代的数学规划中的问题目标函数和约束条件都很复杂，而且要求给出某种精确度的数字解答，因此算法的研究特别受到重视。

数学规划中最简单的一种问题就是线性规划，即约束条件和目标函数都是呈线性关系。要解决线性规划问题，从理论上讲都要解线性方程组，因此解线性方程组的方法，以及关于行列式、矩阵的知识，就是线性规划中非常必要的工具。线性规划及其解法——单纯形法的出现，对运筹学的发展起了重大的推动作用。许多实际问题都可以化成线性规划来解决，而单纯形法有是一个行之有效的算法，加上计算机的出现，使一些大型复杂的实际问题的解决成为现实。线性规划可以解决生产过程的优化、物流方面的运输以及资源的配置问题等；整数线性规划可以求解企业的投资决策问题、旅行售货员问题等。

非线性规划是线性规划的进一步发展和继续。许多实际问题如设计问题、经济平衡问题都属于非线性规划的范畴。非线性规划扩大了数学规划的应用范围,同时也给数学工作者提出了许多基本理论问题,使数学中的如凸分析、数值分析等也得到了发展。还有一种规划问题和时间有关,叫作"动态规划"。所研究的对象是多阶段决策问题,主要用来解决最短路径问题、多阶段资源分配问题、生产和存储控制问题及设备更新问题等。近年来在工程控制、技术物理和通讯中的最佳控制问题中,已经成为经常使用的重要工具。

2. 决策论

所谓决策就是根据客观可能性,借助一定的理论,方法和工具,分析问题提出可行方案以及研究从多种可供选择的行动方案中选择最优方案的方法。决策问题通常分为三种类型:确定型决策、风险型决策和不确定型决策。按决策所依据的目标个数可分为:单目标决策与多目标决策;按决策问题的性质可分为:战略决策与策略决策,针对不同的情形套用相应的模型便可求解。经济领域中利用决策论解决的问题有:企业管理者制定投资、生产计划、物资调运计划的问题。新产品的销路问题,一种新股票发行的变化问题等。现代的财政与会计分析也多会用到决策分析。

决策的基本步骤为:

(1)确定问题,提出决策的目标;

(2)发现、探索和拟定各种可行方案;

(3)从多种可行方案中,选出最满意的方案;

(4)决策的执行与反馈,以寻求决策的动态最优。

3. 对策论

对策论也称博弈论,"田忌赛马"就是典型的博弈论问题。作为运筹学的一个分支,博弈论的发展也只有几十年的历史。系统地创建这门学科的数学家,一致公认为是美籍匈牙利数学家、计算机之父——冯·诺依曼。

最初用数学方法研究博弈论是在国际象棋中开始的,旨在用来如何确定取胜的算法。由于是研究双方冲突、制胜对策的问题,所以这门学科在军事方面有着十分重要的应用。近年来,数学家还对水雷和舰艇、歼击机和轰炸机之间的作战、追踪等问题进行了研究,提出了追逃双方都能自主决策的数学理论。近年来,随着人工智能研究的进一步发展,对博弈论提出了更多新的要求。

4. 运输问题

运输问题在研究某些问题时具有其他的方法无法比拟的便利性。一些大宗的物资调运问题如煤、铁、木材等,如何制定合理的调运方案,将这些物资运到各个消费地点而且总运费要达到最小。除此之外还有客运问题,如涉及航班和飞机的人员服务时间安排的空运优化问题,为此国际运筹学协会中还专门设立了航空组,专门研究空运问题中的运筹学问题。水运同样有船舶航运计划,港口配置和船到港后的运行安排。而运筹学在铁路方面的应用就更加广泛了。

5. 存储论

在生产和消费过程中,都必须储备一定数量的原材料、半成品或商品。存储少了会因停工待料或失去销售机会而遭受损失,存储多了又会造成资金积压、原材料及商品的损耗。因此,如何确定合理的存储量、购货批量和购货周期就成为存储论研究的对象。存储论是研究物资库存策略的理论。合理的库存是生产和生活顺利进行的必要保障,可以减少资金占用、费用支出和不必要的周转环节,缩短物资流通周期,加速再生产的过程等。常见的库存控制模型有确定性存储模型和随机性存储模型。该领域的应用主要是针对库存物资的特性,选用相应的存储控制模型和补货策略,制定出一个合理的存储优化方案 。例如,美国某公司应用了存储论将库存理论与计算机信息技术结合起来,平均节省了 18% 的费用;美国西电公司,从 1971 年起用了 5 年的时间建立了西电物资管理系统,使公司节省了大量的物资存储费用和运费,减少了管理人员,使得企业获得了巨大的经济效益。

6. 网络分析(图论)

图论是一个古老的但又十分活跃的分支,是网络技术的理论基础。图论的创始人——数学家欧拉在 1736 年发表了图论领域的第一篇论文,解决了著名的哥尼斯堡七桥难题,相隔 100 年后,在 1847 年基尔霍夫第一次应用图论的原理分析电网,从而把图论引进到工程技术领域。20 世纪 50 年代以来,图论的理论得到了进一步发展,将复杂庞大的工程系统和管理问题用图描述,可以解决很多工程设计和管理决策的最优化问题,例如,完成工程任务的时间最少,距离最短,费用最省等。图论正受到数学、工程技术及经营管理等各方面越来越广泛的重视。

线性规划是运筹学中理论比较完善成熟、方法比较方便有效的一个分支,但是用来解决某些大型系统的问题缺乏优越性。图论建模具有描述问题直观,模型易于计算实现的特点,能够很方便地将一些复杂的问题分解或转化为可能求解的子问题。网络优化理论在经济领域中主要用来解决生产组织、计划管理中诸如最短路径、最小生成树、最小费用流问题以及最优分派问题等。另外,物流方面的运输、配送问题,工厂、仓库等的选址问题等,也可运用网络优化理论辅助决策者进行最优安排,尤其适用于解决大型的复杂工程的计划和统筹安排。

7. 排队论

排队论也称随机服务系统理论,是专门研究因随机因素的影响而产生拥挤现象的科学理论,主要解决系统服务设施和服务质量之间的平衡问题,寻求以较低的投入求得更好的服务为目标。1909 年丹麦的电话工程师爱尔朗(A.K.Erlang)提出了排队问题,1930 年以后,开始了更为一般情况的研究,取得了一些重要成果。1949 年前后,开始了对机器管理、陆空交通等方面的研究,1951 年以后,理论工作有了新的进展,逐渐奠定了现代随机服务系统的理论基础。

排队论主要研究各种系统的排队队长,排队的等待时间及所提供的服务等各种参数,以便求得更好的服务。它是研究系统随机聚散现象的理论。

因为排队现象是一个随机现象,因此在研究排队现象的时候,主要采用的是研究随机现象的概率论作为主要工具。此外,还有微分和微分方程。排队论把它所要研究的对象形象的描述为顾客来到服务台前要求接待。如果服务台以被其他顾客占用,那么就要排队。另一方面,服务台也时而空闲、时而忙碌。就需要通过数学方法求得顾客的等待时间、排队长度等的概率分布。

排队论在日常生活中的例子很多,如机器等待修理、船舶等待装卸、顾客等待服务等。当然在经济领域中也很多见,如工厂生产线上的产品等待加工,在制品、半成品排队等待出入库作业等。这些问题有一个共同点:若等待时间过长,会影响生产任务的完成,或者顾客会自动离去而影响经济效益;若增加修理工、装卸码头和服务台,固然能解决等待时间过长的问题,但又可能导致修理工、码头和服务台空闲的损失。如何妥善解决这类问题就是排队论的任务。还有城市公共急救和警务系统的设计和运用也同样或运用到排队论,如救火站,救护车,警车等分布点的设立等问题。例如美国曾经用排队论的方法来确定纽约市紧急电话站的值班人数;加拿大以一个城市为对象研究了其一定范围内的警车配置和负责范围,出事故后警车应该走的路线等。

8. 可靠性理论

可靠性理论是研究系统故障、以提高系统可靠性问题的理论。可靠性理论研究的系统一般分为两类:

(1)不可修复系统:如导弹等,这种系统的参数是寿命、可靠度等;

(2)可修复系统:如一般的机电设备等,这种系统的重要参数是有效度,其值为系统的正常工作时间与正常工作时间加上事故修理时间之比。

9. 搜索论

搜索论是基于第二次世界大战中的军事需要而出现的运筹学分支。主要研究在资源和探测手段受到限制的情况下,如何设计寻找某种目标的最优方案,并加以实施的理论和方法。在第二次世界大战中,同盟国的空军和海军在研究如何针对轴心国的潜艇活动、舰队运输和兵力部署等进行甄别的过程中产生了搜索论的思想,在战争结束后的实际应用中也取得了不少成效。例如,20 世纪 60 年代,美国寻找在大西洋失踪的核潜艇"打谷者号"和"蝎子号",以及在地中海寻找丢失的氢弹,都是依据搜索论获得成功的。

复习思考题

1. 如何理解运筹学的内涵? 它的特征有哪些?

2. 运筹学有哪些分支? 如何理解这些分支的构成?

3. 运筹学研究过程中主要有哪些步骤? 如何理解它们的意义和作用?

4. 运筹学建模的思路有哪些? 如何理解这些思路?

第二章 线性规划与单纯形法

【本章导读】

线性规划是运筹学的一个重要分支。自 1947 年 G.B.Dantzig 提出了求解线性规划的单纯形方法后,线性规划已被广泛应用于国防、科技、经济、管理、工业、农业及社会科学之中,并取得了许多重大成果。线性规划研究在一组线性约束条件之下,某个线性函数的最优化问题。它研究在给定的约束条件下,所追求的极值(最大或最小)问题。本章主要介绍线性规划(linear programming,LP)的数学模型,线性规划问题的图解法,线性规划问题的基本概念;然后介绍线性规划的基本理论和求解线性规划的单纯形方法。重点要求掌握线性规划的基本概念框架,建模和图解过程,单纯形解法一般形式和表格形式等知识点。

第一节 线性规划问题及数学模型

本节介绍具有两个决策变量(二维)变量的线性规划模型的基本形式,然后给出线性规划问题的一些基本概念和通用数学模型。仅具有两个决策变量的线性规划问题在实际中应用较少,但图解法的求解过程介绍并解释了线性规划的基本概念和求解思想,并为一般单纯形法的学习奠定了坚实的基础。

一、线性规划问题及其数学模型

在生产和经营等管理工作中,经常需要进行计划或规划。虽然各行各业计划和规划的内容千差万别,但其共同点均可归结为:在现有各项资源条件的限制下,如何合理的利用有限的人力、物力、财力等资源,确定方案,使预期目标达到最优;或为了达到预期目标,确定使资源消耗为最少的方案。

例 2.1 (生产计划问题)

某工厂在计划期内要安排生产Ⅰ、Ⅱ两种产品,已知生产单位产品所需的设备台时及 A、B 两种原材料的消耗如表 2.1 所示。

表 2.1

项目	产品Ⅰ	产品Ⅱ	资源上限
原料 A	3	2	90
原料 B	4	6	200
设备台时	0	7	210
利润/(元/单位)	7	5	

该工厂生产一件产品Ⅰ、Ⅱ的利润分别为 7 元、5 元,问应如何安排生产才使该工厂的获利最大?

解：

本问题的目标，是确定满足资源限制条件下创造经济价值最高的生产方案（即生产产品Ⅰ和Ⅱ的数量），为此，可按如下步骤进行。

1. 假定自变量

设　x_1：产品Ⅰ的数量（件）

　　x_2：产品Ⅱ的数量（件）

上述变量为由决策者决定的未知量，称为决策变量。

2. 分析并表达限制条件

对各个限制条件逐一加以分析，写出反映其限制关系的表达式（等式或不等式），从而得到约束条件。本例中的约束条件依次为：

资源A限制：$3x_1 + 2x_2 \leqslant 90$

资源B限制：$4x_1 + 6x_2 \leqslant 200$

资源C限制：$7x_2 \leqslant 210$

此外，产量 x_1 和 x_2 不能为负，只能取正值（生产）或零（不生产），从而还有非负条件：$x_1 \geqslant 0, x_2 \geqslant 0$。

3. 分析目标

通过决策变量，将要实现的目标用函数式表示出来，常见的目标函数有两种表达式：目标最大化或目标最小化。本例题目标是求经济价值（即利润）最大化：

$$\max z = c_1 x_1 + c_2 x_2 + \cdots + c_n x_n$$

以 z 表示生产甲和乙两种产品各为 x_1 和 x_2 件时产生的利润，则有：

$$\max z = 7x_1 + 5x_2$$

这就是本例题的目标函数。

综合上述分析，该生产计划问题就是在一系列条件限制之下，寻求 x_1, x_2 的一组值，使得收益 z 达到最大，可将该问题数学模型写成下面的形式：

$$\max z = 7x_1 + 5x_2$$

$$\text{s. t.} \begin{cases} 3x_1 + 2x_2 \leqslant 90 \\ 4x_1 + 6x_2 \leqslant 200 \\ \qquad\quad 7x_2 \leqslant 210 \\ x_1 \geqslant 0, x_2 \geqslant 0 \end{cases}$$

其中 s.t.是英文 subject to 的缩写，意思是"受……限制"或"以……为条件"。

下面给出一个求目标函数最小化的线性规划例题。

例 2.2　（生产成本问题）

某公司由于生产需要，共需要A，B两种原料至少350 t，其中A原料至少购进125 t。但由于A，B两种原料的规格不同，各自所需的加工时间也是不同的，加工每吨A原料需要2 h，加工每吨B原料需要1 h，而公司总共有600个加工小时。又得知每吨A原料的成本价格为2元，每吨B原料的成本价格为3元，试问在满足生产需要的前提下，在公司加工能力的范围内，如何购买A，B两种原料，使得购进成本最低？

解：

设 x_1 表示购进原料 A 的数量(t)，x_2 表示购进原料 B 的数量(t)

将目标函数和约束条件放在一起，建立此问题的线性规划模型如下：

$$\min f = 2x_1 + 3x_2$$

$$\text{s. t.} \begin{cases} x_1 + x_2 \geqslant 350 \\ x_1 \geqslant 125 \\ 2x_1 + x_2 \leqslant 600 \\ x_1 \geqslant 0, x_2 \geqslant 0 \end{cases}$$

这是一个典型的生产成本最小化的问题。其中，"min"是英文单词"minimize"的缩写，含义为"最小化"。因此，上述模型的含义是：在给定的条件限制下，求使得目标函数 f 达到最小的 x_1, x_2 的取值。

从例 2.1 和例 2.2 可以看出，它们属于一类具有共同特征的优化问题，其数学模型都是求一组非负变量，在满足一组以线性等式或线性不等式所表示的限制条件下，使一个线性函数取得最优值（最大值或最小值），称这类问题为线性规划(linear programming)问题，简记作 LP。

线性规划问题的数学模型由以下几个部分构成：

(1)有一组决策者可以控制的决策变量 $x_1, x_2, \cdots, x_n$。

(2)有一个目标函数，该目标函数是决策变量的线性函数。

(3)有一组约束条件，每一个约束条件是决策变量的线性等式或不等式。

线性规划问题模型的建立过程可分为三个步骤：

(1)确定决策变量——决策要控制的变量。

(2)构建目标函数——数学描述最优决策目标。

(3)确定一系列的约束条件（包括决策变量是否非负）——实现目标的一组线性约束条件。

二、线性规划问题的基本概念

定义 2.1 可行解：满足线性规划模型中约束条件的解 $X = (x_1, x_2, \cdots, x_n)^{\mathrm{T}}$，称为线性规划问题的可行解。全部可行解的集合称为可行域。

定义 2.2 最优解：使线性规划模型中的目标函数达到最大值的可行解称为最优解。

定义 2.3 最优值：将最优解代入线性规划模型中的目标函数，得到的目标函数值称为最优值。

第二节 线性规划模型的一般形式、标准形式和矩阵形式

线性规划模型的形式多种多样，这就给求解线性规划问题带来了不便。为了对求解方法加以统一，一般在建立线性规划模型的一般形式后，将其转化为标准形式进行研究。本节将介绍线性规划问题的几种等价的表示形式。

一、一般形式

一般线性规划问题的数学模型可写成如下两种等价形式：

$$\max(\min)z = c_1x_1 + c_2x_2 + \cdots + c_nx_n$$

$$\text{s. t.} \begin{cases} a_{11}x_1 + a_{12}x_2 + \cdots + a_{1n}x_n \leqslant (=, \geqslant)b_1 \\ a_{21}x_1 + a_{22}x_2 + \cdots + a_{2n}x_n \leqslant (=, \geqslant)b_2 \\ \vdots \\ a_{m1}x_1 + a_{m2}x_2 + \cdots + a_{mn}x_n \leqslant (=, \geqslant)b_m \\ x_1, x_2, \cdots, x_n \geqslant (\leqslant)0 \end{cases}$$

或

$$\max z(\min f) = \sum c_j x_j$$

$$\text{s.t.} \begin{cases} \sum a_{ij}x_j \leqslant (=, \geqslant)b_i(i = 1, 2, \cdots, m) \\ x_j \geqslant (\leqslant)0(j = 1, 2, \cdots, n) \end{cases}$$

上述模型由如下几个部分构成：

$x_j \geqslant 0(j = 1, 2, \cdots, n)$ 称为决策变量；

$c_j(j = 1, 2, \cdots, n)$ 称为目标函数系数(亦称为价值系数)；

$b_i(i = 1, 2, \cdots, m)$ 称为约束条件的右端项(亦称为资源限量)；

$a_{ij} \geqslant 0(i = 1, 2, \cdots, m; j = 1, 2, \cdots, n)$ 称为约束条件系数(亦称为技术系数)。

其具体定义如下：

(1)决策变量(decision variable)：$x_i \geqslant 0(j = 1, 2, \cdots, n)$。

决策变量应满足非负性,在不满足非负约束条件时可以通过适当的变量代换进行转换。先定义若干决策变量,给定决策变量一组值,代表实际生产过程中的一个生产或工作方案。这组变量代表了决策过程中可控制的因素,称这组变量为决策变量。

(2)价值系数(cost coefficients)：$c_j \geqslant 0(j = 1, 2, \cdots, n)$。

价值系数是线性规划问题中的已知常数,出现在目标函数中,体现决策变量对最优目标函数值的 max 取值或 min 取值的影响程度。

(3)技术系数(technical coefficients)：$a_{ij} \geqslant 0(i = 1, 2, \cdots, m; j = 1, 2, \cdots, n)$。

技术系数反映出线性规划问题中的技术特征或工艺水平,在求解期间其值保持不变。但在实际中,技术系数的取值往往因为市场需求发生变化或工艺水平得到改进而改变。

(4)目标函数(objective function)：$\max z = c_1x_1 + c_2x_2 + \cdots + c_nx_n$。

目标函数将问题所要达到的目标表示为一个关于决策变量的线性函数。线性规划问题的求解过程即要确定各个决策变量的值,使目标函数实现最大或最小。

(5)约束条件(constraint conditions)：约束条件是将线性规划问题中的各个限制条件表示成关于决策变量的线性不等式或等式。决策变量的变化只能在约束条件许可的范围内。

例 2.3 下述模型是否为线性规划模型？

$$z = 2x_1 + 3x_2 + x_3$$

$$\text{s.t.} \begin{cases} x_1 + x_2 + x_3 \leqslant 3 \\ x_1 + 4x_2 + 7x_3 \leqslant 9 \\ x_j \geqslant 0, j = 1, 2, 3 \end{cases}$$

分析：判断一个模型是否属于线性规划,应该从哪几方面判断？

首先应判断能不能满足线性规划问题的定义,即满足以下几个条件:

(1)决策变量有没有;

(2)目标函数和约束条件是不是决策变量的线性表达式呢?

(3)决策变量的非负条件满足吗?

若以上三个条件都满足,那么该模型一定是线性规划模型吗?不是,因为线性规划模型三要素之一——目标函数一定要表现出是极大化还是极小化的特征,而该模型并没有体现。也就是说,该模型的目标函数没有反映出是 max 还是 min。线性规划模型必须是要反映出极大化或是极小化,所以该模型不是线性规划模型。

例 2.4　下述模型是否为线性规划模型?

$$\min z = 2x_1 + 3x_2 + x_3$$

$$\text{s.t.} \begin{cases} x_1 + x_2 + x_3 \leqslant 3 \\ x_1 + 4x_2 + 7x_3 \leqslant 9 \\ x_j \geqslant 0, j = 1, 2, x_3 \text{ 无约束} \end{cases}$$

分析:观察线性规划模型的三要素是否满足要求。

(1)目标函数,是一个线性表达式?

(2)三个决策变量,看约束条件是否满足线性的呢?

(3)决策变量是不是满足非负条件呢?有一个决策变量 x_3 符号不限,通过变换可以把它变为线性规划模型,这在后面将要具体介绍线性规划的标准化问题。所以该模型是线性规划模型。

例 2.5　该模型属于线性规划模型吗?

$$\max z = \prod_{j=1}^{n} c_j x_j$$

$$\text{s.t} \begin{cases} \sum_{j=1}^{n} a_{ij} x_j \leqslant (=, \geqslant) b_i \quad i = 1, 2, \cdots, m \\ x_j \geqslant 0 \quad j = 1, 2, \cdots, n \end{cases}$$

分析:虽然决策变量 n 个,有 m 个约束条件,约束条件也都满足线性表达式的条件,但是目标函数不对,目标函数是决策变量的非线性表达式,是乘积的形式。

通过这几个例子,希望同学们能够更好地理解哪些是线性规划问题,哪些不是线性规划问题,这样有助于今后更好地学习相关知识点。在遇到一个实际的问题时,首先看看能不能够用线性规划模型来进行表达,如果能的话,则可以利用接下来介绍的线性规划求解方法进行求解。

二、标准形式

在上述线性规划问题的一般形式中,目标函数有求最大值和最小值两种情况,约束条件可能是等式也可能是不等式,这会给问题的求解带来困难和不便。观察线性规划模型可知,所有约束条件及目标函数都是决策变量的线性表达式,这正是线性规划名词中"线性"两字的由来。对不同的线性规划问题而言:约束条件可以是线性方程(=),也可以是线性不等式(≤或≥),有的问题中某些决策变量甚至可取负值;目标函数有时出现求最小值,有时出现求最大值；约束条件的个数也未必就比变量个数少。线性规划问题模型形式上呈现的多样性，给线性规划的求解，带来极大的不便。为此，引入下述线性规划问题的两种等价标准形式（standard form）：

$$\max z = c_1 x_1 + c_2 x_2 + \cdots + c_n x_n$$

$$\text{s. t.} \begin{cases} a_{11} x_1 + a_{12} x_2 + \cdots + a_{1n} x_n = b_1 \\ a_{21} x_1 + a_{22} x_2 + \cdots + a_{2n} x_n = b_2 \\ \vdots \\ a_{m1} x_1 + a_{m2} x_2 + \cdots + a_{mn} x_n = b_m \\ x_1, x_2, \cdots, x_n \geqslant 0 \end{cases}$$

其中右端常数 $b_i \geqslant 0 (i = 1, 2, \cdots, m)$。

或

$$\max z = \sum_{j=1}^{n} c_j x_j$$

$$\text{s. t.} \begin{cases} \sum_{j=1}^{n} a_{ij} x_j = b_i & i = 1, 2, \cdots, m \\ x_j \geqslant 0 & j = 1, 2, \cdots, n \\ b_i \geqslant 0 & i = 1, 2, \cdots, m \end{cases}$$

线性规划的标准型，必须从以下四个方面入手：

■目标函数必须是极大化 max（或极小化 min）。在本书中，标准型是 max，而有些书里标准型是 min，只要记住一个标准就行了，另外一个只是它的反向。

■约束条件均用等式表示。每一个约束条件都必须转化为等式。线性规划问题模型中的约束条件有的是 $\leqslant$ 不等式，有的是 $\geqslant$ 不等式，均要转变为 $=$，成为等式。

■决策变量限于取非负值。决策变量必须要满足非负条件。

■右端常数项均为非负值。资源系数 b 非负取值。

线性规划对各组成部分的系数没有要求，包括多目标函数的系数（价值系数 c），对约束条件的系数（系数矩阵 $\boldsymbol{A}$）都没有要求，它只要求目标函数、约束条件、决策变量和右端常数项满足上述四个条件。

对于非标准形式的线性规划问题，一般可用下述方法将其转化成标准形式。

1. 转换目标函数

若目标函数为 $\min z = cx$，则令 $z' = -z$，对 z' 求最大值，即 $\max z' = \max(-cx)$。可知 $\max z' = -cx$ 与 $\min z = cx$ 有相同最优解。由函数的数学特性可知，任何函数 $f(x)$，若在 x' 处达到最大，则 $-f(x)$ 必在 x' 处取得最小，反之亦然。

2. 转换约束条件

若约束条件是不等式 $\sum_{j=1}^{n} a_{ij} x_j \leqslant b_i$ 或 $\sum_{j=1}^{n} a_{ij} x_j \geqslant b_i$，则可以转换为

$$\begin{cases} \sum_{j=1}^{n} a_{ij} x_j + x_{n+i} = b_i \left(\sum_{j=1}^{n} a_{ij} x_j - x_{n+i} = b_i \right) \\ x_{n+i} \geqslant 0 (i = 1, 2, \ldots, m) \end{cases}$$

其中,引进的新变量 x_{n+i} 称为松弛变量(slack variable)。在目标函数中与松弛变量相对应的价值系数取 0 值。具体转化方法如下:

(1)约束条件是≤类型

左边加上非负松弛变量,同样松弛变量也要满足非负条件。当加入了松弛变量以后,≤就转换为=,相应的≤不等式转换成为等式。

$$a_{i1}x_1 + a_{i2}x_2 + \cdots + a_{in}x_n \leqslant b_i$$
$$a_{i1}x_1 + a_{i2}x_2 + \cdots + a_{in}x_n + x_i = b_i,\ x_i \geqslant 0$$

x_i 即为松弛变量。

(2)约束条件是≥类型

左边减去非负剩余变量。说明左端项比右端项要大。

$$a_{i1}x_1 + a_{i2}x_2 + \cdots + a_{in}x_n \geqslant b_i$$
$$a_{i1}x_1 + a_{i2}x_2 + \cdots + a_{in}x_n - x_i = b_i,\ x_i \geqslant 0$$

x_i 即为剩余变量,剩余变量同样也要满足决策变量非负值的要求。

(3)约束条件是等式的不需要作变换

在将不等式变为等式约束条件时,约束条件为≤类型的在左边加入的是非负松弛变量,而约束条件为≥类型的在左边减去的是非负剩余变量。请同学们熟练掌握不等式转化为等式的方法。

3. 转换约束条件常数项

若约束条件 $\sum\limits_{j=1}^{n} a_{ij}x_j = b_i$ 中右端常数 $b_i \leqslant 0$,可在该约束条件两边同乘(-1)转换为 $-\sum\limits_{j=1}^{n} a_{ij}x_j = -b_i$,此时,$(-b_i) \geqslant 0$。

4. 转换非负约束决策变量

若某决策变量 x_j 没有限制,则可令 $x_j = x'_j - x''_j$,并加以约束 $x'_j \geqslant 0, x''_j \geqslant 0$。

本章例题 2.1 的生产计划问题中,令 x_3、x_4 和 x_5 分别为生产产品 I x_1 t 和产品 II x_2 t 后剩下的资源 A、B 和 C 的数量。它们是松弛变量,为非负变量,且不能创造价值,从而可将其数学模型写成

$$\max z = 7x_1 + 5x_2 + 0x_3 + 0x_4 + 0x_5$$
$$\text{s. t.} \begin{cases} 3x_1 + 2x_2 + x_3 & = 90 \\ 4x_1 + 6x_2 \quad + x_4 & = 200 \\ 7x_2 \quad + x_5 = 210 \\ x_j \geqslant 0, j = 1, 2, \cdots, 5 \end{cases}$$

例 2.6 试将下列线性规划问题的模型转化为标准形式。

$$\min z = -2x_1 + 3x_2 - x_3$$
$$\text{s. t.} \begin{cases} x_1 - x_2 + x_3 \leqslant 10 \\ 3x_1 + 2x_2 - x_3 \geqslant 8 \\ x_1 + 3x_2 + x_3 = -1 \\ x_2, x_2 \geqslant 0, x_3 \ 无约束 \end{cases}$$

分析:从上文中阐述的四个方面着手观察该线性规划问题的模型。

经过简单分析可知:

- 目标函数是极小化,不是一个求极大化问题;
- 约束条件有≤不等式,也有≥不等式;
- 右端常数项有一个为负值,而标准型里的右端常数项都为非负值;
- 决策变量在线性规划标准型中要满足非负值,而 x_3 在这里没有限制。

针对以上四个方面进行处理,明确了思路,确定转换次序如下:

(1)让所有的决策变量都为非负(如将 x_3,令 $x_3 = x'_3 - x_4$,且 $x'_3 \geqslant 0, x_4 \geqslant 0$,满足非负条件)。

(2)将右端常数项变为非负值。

(3)通过引入松弛变量和剩余变量将所有的不等式约束条件变为等式约束。

(4)目标函数标准化,将求极小化问题变为求极大化问题(如引入变换 $z' = -z$)。

(5)整理:对整个变换加以整理(比如可以把 x'_3 中的 ' 去掉,但是新的 x_3 和原问题的 x_3 含义不一样)。

下面首先处理决策变量,然后处理约束条件的右端常数项和不等式,接着处理目标函数,最后加以整理。

具体步骤:

- 首先引入 x'_3 和 x_4,使得 $x_3 = x'_3 - x_4$,且 $x'_3 \geqslant 0, x_4 \geqslant 0$,满足非负条件。
- 由于右端的常数是负值,等式两端同时乘以 -1,得到……
- 处理完了决策变量和右端常数项以后,接着处理约束条件里的小于等于不等式和大于等于不等式:针对第一个约束,加上 x_5 后就可以把≤变为≥;针对第二个约束,在约束条件的左端减去一个剩余变量,将此大于等于的问题变为等式。
- 目标函数变为极小化,引入变换 $z' = -z$,并且把松弛变量和剩余变量加入到目标函数中,系数为0。

中间结果:

$$\max z' = 2x_1 - 3x_2 + (x'_3 - x_4) + 0x_5 + 0x_6$$

$$\text{s. t.} \begin{cases} x_1 - x_2 + (x'_3 - x_4) + x_5 & = 10 \\ 3x_1 + 2x_2 - (x'_3 - x_4) & - x_6 = 8 \\ -x_1 - 3x_2 - (x'_3 - x_4) & = 1 \\ x_1, x_2, x'_3, x_4, x_5, x_6 \geqslant 0 \end{cases}$$

看似比较烦琐因为出现了类似 x'_3 这样新添加的变量。

最终结果:

$$\max z' = 2x_1 - 3x_2 + x_3 - x_4$$

$$\text{s. t.} \begin{cases} x_1 - x_2 + x_3 - x_4 + x_5 & = 10 \\ 3x_1 + 2x_2 - x_3 + x_4 & - x_6 = 8 \\ -x_1 - 3x_2 - x_3 + x_4 & = 1 \\ x_1, x_2, x_3, x_4, x_5, x_6 \geqslant 0 \end{cases}$$

决策变量由 3 个变为了 6 个。必须注意的是,新的 x_3 和原来模型里的 x_3 含义是不一样的,体现在经济解释上的不同;引入了 3 个新的决策变量,最终求得的最优值 z' 和原来的 z 取值相反;第一个约束条件增加了一个松弛变量,第二个约束条件减去了一个剩余变量,第三个约束条件右端项由负值变为正值。

三、矩阵形式

一般来说,处理以上介绍的线性规划标准型的描述形式——一般形式和标准形式之外,还有矩阵形式和向量-矩阵形式。

$$\max(\min)z=CX \qquad \max(\min)z=CX$$

$$\text{s.t.}\begin{cases}AX=b\\X\geqslant 0\end{cases} \quad \text{或} \quad \text{s.t.}\begin{cases}AX=b\\X\geqslant 0\\b\geqslant 0\end{cases}$$

C 是它的价值系数向量,是一个行向量,X 是它的决策变量向量,是一个列向量。

$$C=(c_1,c_2,\cdots,c_n) \quad X=(x_1,x_2,\cdots,x_n)^{\mathrm{T}} \quad b=(b_1,b_2,\cdots,b_m)^{\mathrm{T}}$$

$$A=\begin{bmatrix}a_{11}&a_{12}&\cdots&a_{1n}\\a_{21}&a_{22}&\cdots&a_{2n}\\\vdots&\vdots&\vdots&\vdots\\a_{m1}&a_{m2}&\cdots&a_{mn}\end{bmatrix}$$

按照线性规划的标准形式从以下几方面对比:

目标函数右端还是没有变化,左端发生了变化,必须是极大化。约束条件在一般的线性规划模型中是 $AX\geqslant(\leqslant=)b$,A 是约束矩阵(系数矩阵),而在标准型中,要求 $AX=b$。

决策变量要满足非负,没有变化,$X\geqslant 0$ 就要求决策向量 X 中的每一个变量都要满足非负条件,即 $x_1\geqslant 0,x_2\geqslant 0,\cdots,x_n\geqslant 0$。

右端向量(资源约束)也要满足非负,$b\geqslant 0$,就要求资源约束向量 b 中的每一个元素都要满足非负条件,也就是 $b_1\geqslant 0,b_2\geqslant 0,\cdots,b_n\geqslant 0$。

以上讨论的就是线性规划标准型的矩阵形式。在学习线性规划标准型的矩阵形式时,同学们请根据需要自行复习线性代数中有关矩阵乘法的相关知识。比如,目标函数 CX,C 是一个 $1\times n$ 的向量,X 是一个 $n\times 1$ 的向量,相乘的结果是一个具体的值。

四、向量-矩阵形式

$$\max(\min)z=CX \qquad \max(\min)z=CX$$

$$\text{s.t.}\begin{cases}AX=b\\X\geqslant 0\end{cases} \quad \text{或} \quad \text{s.t.}\begin{cases}\sum_{j=1}^{n}P_jx_j=b\\X\geqslant 0\end{cases}$$

其中:

$$A = \begin{bmatrix} a_{11} & a_{12} & \cdots & a_{1n} \\ a_{21} & a_{22} & \cdots & a_{2n} \\ \vdots & \vdots & \vdots & \vdots \\ a_{m1} & a_{m2} & \cdots & a_{mn} \end{bmatrix} = (P_1, P_2, \cdots, P_n), P_j = \begin{bmatrix} a_{1j} \\ a_{2j} \\ \vdots \\ a_{mj} \end{bmatrix}, j = 1, 2, \cdots, n$$

$$b = \begin{bmatrix} b_1 \\ b_2 \\ \vdots \\ b_m \end{bmatrix}, X = \begin{bmatrix} x_1 \\ x_2 \\ \vdots \\ x_n \end{bmatrix}, C = (c_1, c_2, \cdots, c_n);$$

线性规划模型标准形式中的一般形式、矩阵形式和向量形式等三种表达形式是等价的,只是约束条件表现形式不同。P_j 是系数矩阵中的第 j 列,称为系数列向量,有多少个决策变量,就有多少个系数列向量。矩阵和向量的表现形式在今后学习中会经常碰到。同学们可以在具体的求解过程中根据需要灵活运用。

第三节　线性规划问题的几何意义

一、图解法

对于只有两个变量的线性规划问题,可应用图解法求解,线性规划的图解法就是用几何作图的方法分析并求出其最优解的过程。求解的思路是:先将约束条件加以图解,求得满足约束条件的解的集合(即可行域),然后结合目标函数的要求从可行域中找出最优解。具体的求解步骤如下。

(1)画直角坐标系,通常以变量 x_1 为横坐标轴,x_2 为纵坐标轴。适当选取单位坐标长度建立平面直角坐标系。由变量的非负性约束可知,满足该线性规划问题约束条件的解均在第一象限内。

(2)依次画出每条约束线,找出可行域(所有约束条件直线共同构成的图形)。

(3)画出目标函数等值线,确定函数值增大(或减小)的方向。

(4)根据目标函数类型将该线平移至可行域边界,此时目标函数与可行域的交点即最优可行解,代入目标函数即得最优值。可行域中使目标函数达到最优的点的坐标值即为最优解。

需要注意的是,由于图解法不适用于求解大规模的线性规划问题,其实用意义不大,但图解法的过程对于后面介绍的线性规划的单纯形解法的学习和理解有很大帮助。

例 2.7　现在对例 2.1 实施图解法求解,以求出最优生产计划(最优解)。

$$\max z = 7x_1 + 5x_2$$

$$\text{s.t.} \begin{cases} 3x_1 + 2x_2 \leqslant 90 \\ 4x_1 + 6x_2 \leqslant 200 \\ \quad\quad 7x_2 \leqslant 210 \\ x_1 \geqslant 0, x_2 \geqslant 0 \end{cases}$$

分析:由于线性规划模型中只有两个决策变量,因此只需建立平面直角坐标系。

第一步:建立平面直角坐标系,标出坐标原点,坐标轴的指向和单位长度。一般用 x_1 轴表示产品 I 的数量,用 x_2 轴表示产品 II 的数量。

第二步:每一个约束不等式在平面直角坐标系中都代表一个半平面,先画出该半平面的边界,然后确定半平面的位置。现在以第一个约束条件 $3x_1+2x_2\leqslant90$ 为例说明约束条件的图解过程。

如果全部的劳动工时都用来生产产品 I 而不生产产品 II,那么产品 I 的最大可能产量为 30 件,计算过程为:

$$3x_1+2\times0\leqslant90 \quad 故 \quad x_1\leqslant30$$

这个结果对应着图案例中的点 $A(30,0)$,同理可以找到产品 II 最大可能生产量对应的点 $B(0,45)$。连接 A、B 两点得到约束 $3x_1+2x_2\leqslant90$ 所代表的半平面的边界 $3x_1+2x_2=90$,即直线 AB。完全类似地可以画出第二个约束条件的边界——直线 CD 和 DE。

$$\begin{cases}4x_1+6x_2=200\\7x_2=210\end{cases}$$

然后寻找这三个约束条件及非负条件 $x_1,x_2\geqslant0$ 所代表的公共部分,即图 2.1 中阴影区,即满足所有约束条件和非负条件的点的集合,即可行域。在这个区域中的每一个点都对应着一个可行的生产方案。

第三步:画出目标函数等值线,结合目标函数的要求求出最优解——最优生产方案。令 $z=7x_1+5x_2=c$,其中 c 为任选的一个常数,在图 2.1 中画出直线 $7x_1+5x_2=c$,该直线上的

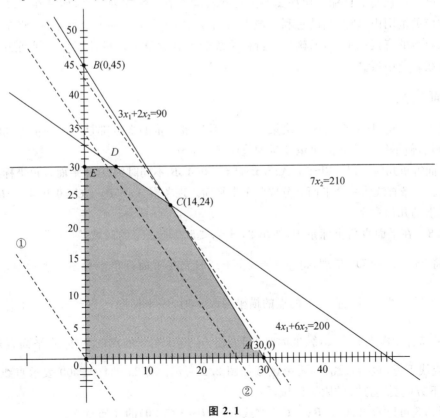

图 2.1

任意一点均对应着一个可行的生产方案,即使两种产品的总利润达到 c。容易看出,满足该条件的直线有无数条,而且相互平行,称这样的直线簇为目标函数等值线。求解最优值时只要画出两条目标函数等值线,比如令 $c=0$ 和 $c=180$,就可以看出目标函数值递增的方向,通常用箭头标出这个方向。图中两条虚线①和②就分别代表目标函数等值线 $7x_1+5x_2=0$ 和 $7x_1+5x_2=180$,直线右上方表示使两种产品的总利润递增的方向。

沿着箭头的方向平移目标函数等值线,使其达到可行域中的最远点 C,C 点就是要求的最优点,它对应的相应坐标 $x_1=14,x_2=24$ 就是最有利的产品组合,即生产 A 产品 14 t,B 产品 24 t 能使两种产品的总利润达到最大值 $z_{max}=7\times14+5\times24=218$ 元,$x_1=14,x_2=24$ 即例 2.1 线性规划模型的最优解,目标函数最优值 $z_{max}=218$。

尽管最优解的对应坐标值可以直接从图中给出,但是在大多数情况下,对实际问题精确地看出一个解答是比较困难的。所以,通常总是用解线性方程组的方法求出最优解的精确值。比如 C 点对应的坐标值就可以通过求解下面的方程组获得,即求直线 AB 和 CD 的交点来求得。

$$3x_1+2x_2=90 \quad (AB)$$
$$4x_1+6x_2=200 \quad (CD)$$
$$7x_2=210 \quad (DE)$$

顺便提及,每一个线性规划都有一个"影像"(一个伴生的线性规划)。这个影像叫作线性规划的对偶规划。当建立一个线性规划并达到最优目标值时,同时也就解出了对偶规划并获得了另一个不同意义的目标。比如案例是研究求得一个生产计划方案,使得在劳动力和原材料可能供应的范围内,使产品的总利润最大,它的对偶问题就是一个价格系统,使在平衡了劳动力和原材料的直接成本后,所确定的价格系统最具有竞争力。线性规划对偶问题的相关学习将在后续章节中展开。

二、几何意义

通过上述讨论可知,含有两个决策变量,并且决策变量的次数都是一次的不等式叫作二元一次不等式,使不等式成立的决策变量的值叫作它的解。

由平面解析几何知识可以知道 $Ax+By+C=0$(A、B 不同时为 0)在平面直角坐标系中表示一条直线。一条直线将一个平面划分成两个半平面。现考察 $Ax+By+C\leqslant0$ 和 $Ax+By+C\geqslant0$ 两种情况下的几何意义。

例 2.8 在平面直角坐标系中,指出 $2x+4y\leqslant500$ 所表示的区域。

解:将 $2x+4y=500$ 整理,得 $y=-\dfrac{1}{2}x+125$,它在平面直角坐标系中表示斜率为 $-\dfrac{1}{2}$,截距为 125 的直线。当该直线上的点的横坐标取 x 时,纵坐标取 $-\dfrac{1}{2}x+125$。于是 $y\leqslant-\dfrac{1}{2}x+125$ 可以看作横坐标取 x,纵坐标取小于等于 $-\dfrac{1}{2}x+125$ 的点的全体,在平面直角坐标系中,表示直线下方(包括直线)的阴影区域如图 2.2 所示。即 $2x+4y\leqslant500$ 表示直线 $2x+4y=500$ 左下方(包括直线)的阴影区域。

由例 2.8 可以看出 $Ax+By+C\leqslant0$(或 $Ax+By+C\geqslant0$)的几何意义:

（1）当 $B \neq 0$ 时，不等式可化为 $y \geq kx + b$ 或 $y \leq kx + b$。

$y \geq kx + b$ 表示平面直角坐标系内，在直线 $y = kx + b$ 上方（包括直线）的半平面区域；$y \leq kx + b$ 表示平面直角坐标系内，在直线 $y = kx + b$ 下方（包括直线）的半平面区域。

（2）当 $B = 0$ 时，不等式可化为 $x \geq m$ 或 $x \leq m$。它们分别表示在平面直角坐标系内，在直线 $x = m$ 的右方，或在直线 $x = m$ 的左方（包括直线 $x = m$）的平面区域。

对于二元一次不等式组所表示的平面区域，那就是各个不等式所表示的平面区域的公共部分。

例 2.9　试用图解法求下列线性规划问题。

$$\max z = x + 3y$$
$$\text{s. t.} \begin{cases} -x + y \leq 1 \\ x + y \leq 2 \\ x \geq 0, y \geq 0 \end{cases}$$

解：在平面直角坐标系中，分别作出约束条件中各不等式对应的平面区域，满足线性约束条件的点集是由四个半平面区域的公共部分组成（图 2.3 中的阴影部分）。

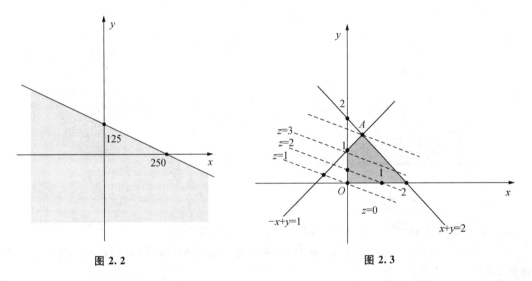

图 2.2　　　　　　　　　　　　　　　图 2.3

图 2.3 中阴影区域（包括边界）上任何一点都能同时满足四个不等式；反之，阴影区域外任一点，其坐标都不能同时满足这四个不等式。因此，阴影区域（包括边界）内每一点的坐标都是这个线性规划问题的可行解，所有可行解的全体就构成了这一线性规划问题的可行域。

下面在可行域中找出一个使目标函数 $z = x + 3y$ 取得最大值的解，即最优解。观察目标函数 z 的可能取值，做出互相平行的直线族。$z = 0, z = 1, z = 2, \cdots$ 从图 2.3 中可以看到，当 z 的值增加时，等值线就离原点 O 越来越远。在等值线的平行直线族中，找出一条直线，使它既与阴影区域相交，又离开直线 $z = 0$ 最远。经过观察，经过 A 点的等值线符合这一要求。

为求点 A 的坐标，解方程组 $\begin{cases} -x + y = 1 \\ x + y = 2 \end{cases}$，得点 A 的坐标为 $(0.5, 1.5)$。所以当 $x = 0.5$，$y = 1.5$ 时，目标函数 z 取得最大值 $z_{\max} = 5$。该线性规划问题的最优解是 $x = 0.5, y = 1.5$，$z_{\max} = 5$。作为课堂练习，请同学们用图解法求解例 2.2。

下面分别来看线性规划问题出现的不同解的情况。

例 2.10 一个无穷多最优解的例子。

$$\min z = 4x_1 - 2x_2$$

$$\text{s. t.} \begin{cases} 2x_1 - x_2 \geqslant -2 \\ x_1 - 2x_2 \leqslant 2 \\ x_1 + x_2 \leqslant 5 \\ x_1 \geqslant 0, x_2 \geqslant 0 \end{cases}$$

解：可行域 D 如图 2.4 所示。

例 2.11 一个无界解的例子。

$$\min z = -2x_1 + x_2$$

$$\text{s. t.} \begin{cases} x_1 + x_2 \geqslant 1 \\ x_1 - 3x_2 \geqslant -3 \\ x_1 \geqslant 0, x_2 \geqslant 0 \end{cases}$$

解：该问题的可行域 D 如图 2.5 所示。

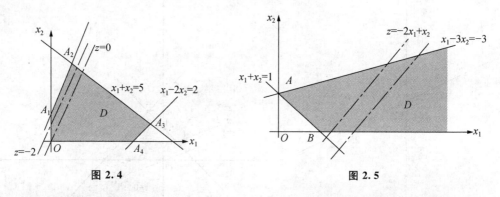

图 2.4   图 2.5

图 2.5 中目标函数直线 $z = -2x_1 + x_2$ 沿着它的负法线方向 $(2, -1)^{\text{T}}$ 移动，由于可行域 D 无界，因此，移动可以无限制下去，而目标函数值一直减小，所以该线性规划问题无有限最优解，即该问题无界。

例 2.12 无可行解的线性规划问题举例。

$$\max z = 2x_1 + 3x_2$$

$$\text{s. t.} \begin{cases} x_1 + 2x_2 \leqslant 8 & \text{①} \\ 4x_1 \leqslant 16 & \text{②} \\ 4x_2 \leqslant 12 & \text{③} \\ -2x_1 + x_2 \geqslant 4 & \text{④} \\ x_1 \geqslant 0, x_2 \geqslant 0 \end{cases}$$

解：画出上述线性规划问题的可行域如图 2.6 所示，发现该可行域为空集，无公共部分。则该问题无可行解。

综上所述，运用图解法求解线性规划问题有以下重要结论：

（1）图解法解决仅含有两个决策变量的问题比较方便。

（2）线性规划的可行区域 D 是若干个半平面的交集，它形成了一个多面凸集（也可能是空集）。线性规划问题的可行域均为凸多边形。

（3）对于给定的线性规划问题，如果它有最优解，最优解总可以在可行域 D 的某个顶点上达到。在这种情况下还包含两种情况：有唯一解和有无穷多解。

（4）如果可行域无界，线性规划问题的目标函数可能有无界的情况。

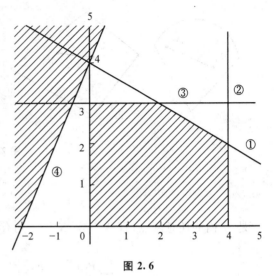

图 2.6

（5）线性规划的解通常会有四种情况，即唯一解（可行域有界）、无穷多解（可行域有界；有两个以上最优解）、无可行解（可行域是空集）和无界解（可行域无界）。

三、基本概念和定理

1. 几个定义

定义 2.4　可行域：满足全部约束条件的向量为可行解，所有可行解（点）构成的集合为可行集或可行域。也称为可行解集。

定义 2.5　无可行解：若一个线性规划问题的可行域为空集时，则称这一线性规划无可行解。这时线性规划的约束条件不相容。

由前面的例题分析可以看到：一个线性规划的可行解集可以是空集，有界非空集和无界非空集。

定义 2.6　无界解：对于极大化目标函数的标准线性规划问题，若对于任何给定的正数 M，存在可行解 X 满足 $AX=b$，$X \geqslant 0$，使 $CX > M$。那么称该线性规划问题有无界解。

由定义 2.6 可知，若是极大化目标函数，则在可行域上目标函数值无上界；若是极小化目标函数，则在可行域上目标函数值无下界。那么，有无界解的线性规划问题一定没有最优解。具体例题见例 2.11。

定义 2.7　凸集：设 K 是 n 维欧式线性空间的一点集，若任意两点 $\boldsymbol{X}^{(1)} \in K$，$\boldsymbol{X}^{(2)} \in K$ 的连线上的所有点 $\alpha \boldsymbol{X}^{(1)} + (1-\alpha) \boldsymbol{X}^{(2)} \in K$，$(0 \leqslant \alpha \leqslant 1)$，则称 $\boldsymbol{K}$ 为凸集。实心圆，实心球体，实心立方体等都是凸集，圆环不是凸集。从直观上讲，凸集没有凹入部分，其内部没有空洞。

图 2.7 中的（a）（b）是凸集，（c）不是凸集。任何两个凸集的交集是凸集，见图 2.7（d）的阴影部分。

2. 几个定理

定理 2.1　若线性规划问题存在可行域，则其可行域是凸集。

$$D = \left(\boldsymbol{X} \,\middle|\, \sum_{j=1}^{n} \boldsymbol{P}_j x_j = \boldsymbol{b} , x_j \geqslant 0 \right)$$

证明：只需证明 D 中任意两点连线上的点必然在 D 内即可。设

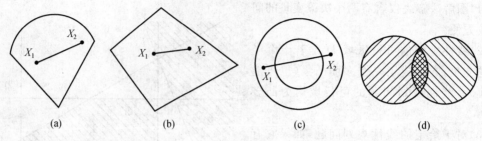

图 2.7

$$\boldsymbol{X}^{(1)} = (x_1^{(1)}, x_2^{(1)}, \cdots, x_n^{(1)})^{\mathrm{T}}$$
$$\boldsymbol{X}^{(2)} = (x_1^{(2)}, x_2^{(2)}, \cdots, x_n^{(2)})^{\mathrm{T}}$$

是 D 内的任意两点;且 $\boldsymbol{X}^{(1)} \neq \boldsymbol{X}^{(2)}$。 则有

$$\sum_{j=1}^{n} \boldsymbol{P}_j x_j^{(1)} = \boldsymbol{b}, x_j^{(1)} \geqslant 0, j = 1, 2, \cdots, n$$

$$\sum_{j=1}^{n} \boldsymbol{P}_j x_j^{(2)} = \boldsymbol{b}, x_j^{(2)} \geqslant 0, j = 1, 2, \cdots, n$$

令 $\boldsymbol{X} = (x_1, x_2, \cdots, x_n)^{\mathrm{T}}$ 为 $\boldsymbol{X}^{(1)}, \boldsymbol{X}^{(2)}$ 连线上的任意一点,即

$$\boldsymbol{X} = \alpha \boldsymbol{X}^{(1)} + (1-\alpha) \boldsymbol{X}^{(2)} \quad (0 \leqslant \alpha \leqslant 1)$$

$\boldsymbol{X}$ 的每一个分量是 $x_j = \alpha x_j^{(1)} + (1-\alpha) x_j^{(2)}$,将它代入约束条件,得到

$$\sum_{j=1}^{n} \boldsymbol{P}_j x_j = \sum_{j=1}^{n} \boldsymbol{P}_j \big[\alpha x_j^{(1)} - (1-\alpha) x_j^{(2)} \big]$$

$$= \alpha \sum_{j=1}^{n} \boldsymbol{P}_j x_j^{(1)} + \sum_{j=1}^{n} \boldsymbol{P}_j x_j^{(2)} - \alpha \sum_{j=1}^{n} \boldsymbol{P}_j x_j^{(2)}$$

$$= \alpha \boldsymbol{b} + \boldsymbol{b} - \alpha \boldsymbol{b} = \boldsymbol{b}$$

又因 $x_j^{(1)}, x_j^{(2)} \geqslant 0, \alpha > 0, 1-\alpha > 0$,所以 $x_j \geqslant 0, j = 1, 2, \cdots, n$。

由此可见 $\boldsymbol{X} \in D, D$ 是凸集。证毕。

引理 1 线性规划问题的可行解 $\boldsymbol{X} = (x_1, x_2, \cdots, x_n)^{\mathrm{T}}$ 为基可行解的充要条件是: $\boldsymbol{X}$ 的正分量所对应的系数列向量是线性独立的。

证明:(1)必要性 由基可行解的定义可知。

(2)充分性 若向量 $\boldsymbol{P}_1, \boldsymbol{P}_2, \cdots, \boldsymbol{P}_k$ 线性独立,则必有 $k \leqslant m$;

当 $k = m$ 时,它们恰构成一个基,从而 $\boldsymbol{X} = (x_1, x_2, \cdots, x_k, 0 \cdots 0)$ 为相应的基可行解。

当 $k < m$ 时,则一定可以从其余的列向量中取出 $m-k$ 个与 $\boldsymbol{P}_1, \boldsymbol{P}_2, \cdots, \boldsymbol{P}_k$ 构成最大的线性独立向量组,其对应的解恰为 $\boldsymbol{X}$,所以根据定义它是基可行解。

定理 2.2 线性规划问题的基可行解 $\boldsymbol{X}$ 对应于可行域 D 的顶点。

证明:不失一般性,假设基可行解 $\boldsymbol{X}$ 的前 m 个分量为正。

故

$$\sum_{j=1}^{m} \boldsymbol{P}_j x_j = \boldsymbol{b}$$

现分两步来讨论,分别用反证法。

（1）若 X 不是基可行解，则它一定不是可行域 D 的顶点。

根据引理1，若 X 不是基可行解，则其正分量所对应的系数列向量 $P_1,P_2,\cdots,P_m$ 线性相关，即存在一组不全为零的数 $\alpha_i,i=1,2,\cdots,m$，使得

$$\alpha_1 P_1 + \alpha_2 P_2 + \cdots + \alpha_m P_m = 0$$

用一个数 $\mu>0$ 乘上式再分别与式 $P_1 x_1 + P_2 x_2 + \cdots + P_m x_m = b$ 相加和相减，得

$$(x_1 - \mu\alpha_1)P_1 + (x_2 - \mu\alpha_2)P_2 + \cdots + (x_m - \mu\alpha_m)P_m = b$$
$$(x_1 + \mu\alpha_1)P_1 + (x_2 + \mu\alpha_2)P_2 + \cdots + (x_m + \mu\alpha_m)P_m = b$$

（2）若 X 不是可行域 D 的顶点，则它一定不是基可行解。

因 X 不是可行域 D 的顶点，故在可行域 D 中可找到不同的两点

$$X^{(1)} = (x_1^{(1)}, x_2^{(1)}, \cdots, x_n^{(1)})^{\mathrm{T}}$$
$$X^{(2)} = (x_1^{(2)}, x_2^{(2)}, \cdots, x_n^{(2)})^{\mathrm{T}}$$

使得 $\qquad X = \alpha X^{(1)} + (1-\alpha)X^{(2)}, 0 < \alpha < 1$

设 X 是基可行解，对应的向量组 $P_1,\cdots,P_m$ 线性独立，故当 $j>m$ 时，有 $x_j = x_j^{(1)} = x_j^{(2)} = 0$。由于 $X^{(1)},X^{(2)}$ 是可行域的两点，因而满足

$$\sum_{j=1}^{m} P_j x_j^{(1)} = b \qquad \text{与} \qquad \sum_{j=1}^{m} P_j x_j^{(2)} = b$$

将两式相减，得

$$\sum_{j=1}^{m} P_j (x_j^{(1)} - x_j^{(2)}) = 0$$

因 $X^{(1)} \neq X^{(2)}$，所以上式中的系数不全为零，故向量组 $P_1,P_2,\cdots,P_m$ 线性相关，与假设矛盾，即 X 不是基可行解。

引理2　若 K 是有界凸集，则任何一点 $X \in K$ 可表示为 K 的顶点的凸组合。本引理的证明从略，用以下例子说明本引理的结论。

例 2.13　设 X 是三角形中任意一点，$X^{(1)}$，$X^{(2)}$ 和 $X^{(3)}$ 是三角形的三个顶点，试用三个顶点的坐标表示 X（图 2.8）

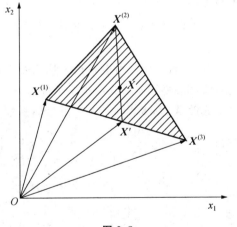

图 2.8

解：任选一顶点 $X^{(2)}$，作一条连线 $XX^{(2)}$，并延长交于 $X^{(1)}$、$X^{(3)}$ 连接线上一点 X'。因为 X' 是 $X^{(1)}$、$X^{(3)}$ 连线上一点，故可用 $X^{(1)}$、$X^{(3)}$ 线性组合表示为

$$X' = \alpha X^{(1)} + (1-\alpha)X^{(3)} \qquad 0 < \alpha < 1$$

又因 X 是 X' 与 $X^{(2)}$ 连线上的一个点，故

$$X = \lambda X' + (1-\lambda)X^{(2)} \qquad 0 < \lambda < 1$$

将 X' 的表达式代入上式得到

$$X = \lambda[\alpha X^{(1)} + (1-\alpha)X^{(3)}] + (1-\lambda)X^{(2)}$$
$$= \lambda\alpha X^{(1)} + \lambda(1-\alpha)X^{(3)} + (1-\lambda)X^{(2)}$$

令 $\mu_1 = \alpha\lambda, \mu_2 = (1-\lambda), \mu_3 = \lambda(1-\alpha)$，得到

$$X = \mu_1 X^{(1)} + \mu_2 X^{(2)} + \mu_3 X^{(3)}$$
$$\sum_{i=1}^{3} \mu_i = 1, \quad 0 < \mu_i < 1$$

定理 2.3 若可行域有界，则线性规划问题的目标函数一定可以在其可行域的顶点上达到最优。

证明： 设 $X^{(1)}, X^{(2)}, \cdots, X^{(k)}$ 是可行域的顶点，若 $X^{(0)}$ 不是顶点，且目标函数在 $X^{(0)}$ 处达到最优 $z^* = CX^{(0)}$（标准型是 $z = \max z$）。

因 $X^{(0)}$ 不是顶点，所以它可以用 D 的顶点线性表示为

$$X^{(0)} = \sum_{i=1}^{k} \alpha_i X_i^{(i)}, \ \alpha_i > 0, \ \sum_{i=1}^{k} \alpha_i = 1$$

代入目标函数得
$$CX^{(0)} = C\sum_{i=1}^{k}\alpha_i X^{(i)} = \sum_{i=1}^{k}\alpha_i CX^{(i)}$$

在所有的顶点中必然能找到某一个顶点 $X^{(m)}$，使 $CX^{(m)}$ 是所有 $CX^{(i)}$ 中最大者。并且将 $X^{(m)}$ 代替上式中的所有 $X^{(i)}$，得到

$$\sum_{i=1}^{k}\alpha_i CX^{(i)} \leqslant \sum_{i=1}^{k}\alpha_i CX^{(m)} = CX^{(m)}$$

由此得到
$$X^{(0)} \leqslant CX^{(m)}$$

根据假设 $CX^{(0)}$ 是最大值，所以只能有 $CX^{(0)} = CX^{(m)}$，即目标函数在顶点 $X^{(m)}$ 处也达到最大值。

有时，目标函数可能在多个顶点处达到最大，这时在这些顶点的凸组合上也达到最大值，这时线性规划问题有无限多个最优解。

假设 $\hat{X}^{(1)}, \hat{X}^{(2)}, \cdots, \hat{X}^{(k)}$ 是目标函数达到最大值的顶点，则对这些顶点的凸组合，有

$$\hat{X} = \sum_{i=1}^{k}\alpha_i \hat{X}^{(i)}, \alpha_i > 0, \sum_{i=1}^{k}\alpha_i = 1$$
$$C\hat{X} = C\sum_{i=1}^{k}\alpha_i \hat{X}^{(i)} = \sum_{i=1}^{k}\alpha_i C\hat{X}^{(i)}$$

设：$C\hat{X}^{(i)} = m, i = 1, 2, \cdots, k$。于是：$C\hat{X} = \sum_{i=1}^{k}\alpha_i m = m$

另外，若可行域为无界，则可能无最优解，也可能有最优解，若有最优解，也必定在某顶点上得到。

综上所述，线性规划问题的所有可行解构成的集合是凸集，也可能为无界域，它们有有限个顶点，线性规划问题的每个基可行解对应可行域的一个顶点。同时，若线性规划问题有最优解，必在某顶点上得到。虽然顶点数目是有限的，若采用"枚举法"找所有基可行解，然后一一

比较,最终必然能找到最优解。但当 n,m 较大时,这种办法是行不通的,所以要继续讨论如何有效寻找最优解的方法。下面介绍线性规划的单纯形法。

第四节　线性规划的单纯形法

若线性规划问题有最优解,必在其可行域的某个顶点达到。对于 n 个变量 m 个约束方程的线性规划问题,从约束方程组系数矩阵的 n 个列向量中,任取 m 个向量(共有 C_n^m 种不同取法)。从中除去线性相关的向量组,对其余每组向量,令对应于这组向量的变量为基变量,其他变量等于零,从而得出相应的一组解,用这种方法得到的各组解答均为基解。从这些基解中选出基可行解,再求出各基可行解的目标函数值,经过比较即可从中选出最好的解。

用这种求解思路看起来似乎可行,实际上由于 C_n^m 随 n 的增加而迅速增大,因而很难用来解决实际问题,而且,当可行域无界时,这样得到的解也难以判定其最优解。例如 $m=20,n=40$,顶点的个数有 $C_{40}^{20} \approx 1.3 \times 10^{11}$ 个,要计算这么多顶点对象的目标函数值,显然是不可能的。因此,必须寻求更好的方法,这就是单纯形法。

单纯形法首先是由 George Dantzig 于 1947 年提出的。单纯形法求解线性规划问题的思路是:从某一个基本可行解出发,每次总是寻找比上一个更好的基本可行解,如果不比上一个好就不去计算,这样做大大减少了计算量。其基本想法是判别当前解是否最优,提出问题的标准,从可行域中某个基可行解(一个顶点)开始,转换到另一个基可行解(顶点),并且使目标函数逐步增大,直至得到最优解。单纯形方法到目前为止是求解线性规划的最普遍最有效的方法。

一、单纯形法基本思想

按照上述单纯形的求解思想解题步骤如下:
(1)将线性规划问题建模,并转化为标准形式;
(2)找到该问题的初始基本可行解;
(3)进行可行解的最优性检验;
(4)进行可行解的入基、出基调整。得到新的基可行解,再进入第(3)步进行最优性检验。

二、举例

下面以本章例 2.1 为例,给出线性规划的单纯形代数形式的解法过程。例 2.1 的模型原形和标准形式如下。

$$\max z = 7x_1 + 5x_2 + 0x_3 + 0x_4 + 0x_5$$

$$\text{s.t.} \begin{cases} 3x_1 + 2x_2 + x_3 & = 90 \\ 4x_1 + 6x_2 + x_4 & = 200 \\ 7x_2 + x_5 & = 210 \\ x_j \geqslant 0, j = 1, 2, \cdots, 5 \end{cases} \tag{2-1}$$

其约束条件的系数矩阵为

$$\boldsymbol{A}=(\boldsymbol{P}_1,\boldsymbol{P}_2,\boldsymbol{P}_3,\boldsymbol{P}_4,\boldsymbol{P}_5)=\begin{bmatrix}3 & 2 & 1 & 0 & 0\\4 & 6 & 0 & 1 & 0\\0 & 7 & 0 & 0 & 1\end{bmatrix}$$

第 j 个系数列向量 $\boldsymbol{P}_j$ 的元素 a_{ij} 表示生产单位产品 j 所需的第 i 种资源量。

因 $\boldsymbol{P}_3$、$\boldsymbol{P}_4$ 和 $\boldsymbol{P}_5$ 线性独立,可以它们为该线性规划的一个基(初始基):

$$\boldsymbol{B}^{(0)}=(\boldsymbol{P}_3,\boldsymbol{P}_4,\boldsymbol{P}_5)=\begin{bmatrix}1 & 0 & 0\\0 & 1 & 0\\0 & 0 & 1\end{bmatrix}$$

以其对应的变量为基变量,将其解出,得

$$\begin{cases}x_3=b_1-a_{11}x_1-a_{12}x_2=90-3x_1-2x_2\\x_4=b_2-a_{21}x_1-a_{22}x_2=200-4x_1-6x_2\\x_5=b_3-a_{31}x_1-a_{32}x_2=210-0x_1-7x_2\end{cases}$$

令非基变量 $x_1=x_2=0$,这就得到了一个基可行解(初始基可行解):

$$\boldsymbol{X}^{(0)}=(x_1,x_2,x_3,x_4,x_5)^{\mathrm{T}}=(0,0,90,200,210)^{\mathrm{T}}$$

相应的目标函数值 $z^{(0)}=(c_3x_3+c_4c_4+c_5x_5)=0$,相当于不生产真正的产品 I 和产品 II,而只提供生产虚拟产品 III、IV、V 的资源(它们仅分别消耗一种资源),由于无实际产品产出,创造的价值等于零。

由式(2-1)中目标函数的表达式知,x_1 和 x_2 的价值系数 c_1 和 c_2 全为正,而非零变量的价值系数全为零,故若将 x_1 或 x_2 变为非零变量都可使目标函数值增加;可知此解不是最优解。记 x_1 和 x_2 之前的系数为 σ,则当所有 $\sigma_j \geqslant 0$ 时,基可行解即为最优解,当存在 $\sigma_j \leqslant 0$ 时,需要进入迭代过程,其中 σ_j 被称为检验数。

x_1 和 x_2 的价值系数 c_1 和 c_2 中 x_1 的价值系数更大,故拟先将 x_1 变为基变量。变为基变量的变量称为换入变量。以 x_1 为引入变量,即转而生产产品 I。这样就得到一个新解 $\boldsymbol{X}^{(1)}$,在它的分量中 x_2 仍保持为非基变量。为使 $\boldsymbol{X}^{(1)}$ 为新的基可行解,必须使

$$\begin{cases}x_1>0\\x_2=0\\x_3=90-3x_1\geqslant 0\\x_4=200-4x_1\geqslant 0\\x_5=210-0x_1\geqslant 0\end{cases} \tag{2-2}$$

且使 x_3 或 x_4 中(x_5 已大于零)有一个等于零,以保证解中非零变量的个数不大于约束方程数 m(此处 $m=3$),变为零变量而不再为基变量的变量称为换出变量。

在本例中,由式(2-2)中的第三和第四式,得

$$x_1\leqslant\frac{b_1}{a_{11}}=\frac{90}{3}=30$$

$$x_1\leqslant\frac{b_2}{a_{21}}=\frac{200}{4}=50$$

可知为使 $\boldsymbol{X}^{(1)}$ 为基可行解,必须按下述规则先取 x_1:

$$x_1 = \min\left\{\frac{90}{30}, \frac{200}{40}, -\right\} = 30$$

这时,x_3 变为零,为退出变量。

得到的新基可行解是

$$\boldsymbol{X}^{(1)} = (x_1, x_2, x_3, x_4, x_5)^{\mathrm{T}} = (30, 0, 0, 80, 210)^{\mathrm{T}}$$

目标函数值

$$z^{(1)} = 7x_1 + 0 = 210 > z^{(0)} = 0$$

这种情况对应于:生产产品 I 30 t,不生产产品 II,创造经济价值 210 万元。

在前面的讨论中,基向量为单位列向量,这样概念直观且易于计算。现行解 $\boldsymbol{X}^{(1)}$ 的基变量是 x_1、x_4 和 x_5,而 x_4 和 x_5 对应的系数列向量 $\boldsymbol{P}_4$ 和 $\boldsymbol{P}_5$ 已为单位列向量,故仅需将 x_1 的系数列向量变成原来 $\boldsymbol{P}_3$ 那样的形式,其方法是对(2-1)中的约束方程组进行变换,使其 $\boldsymbol{P}_1$ 由原来的 $(3, 4, 0)^{\mathrm{T}}$ 变为 $(1, 0, 0)^{\mathrm{T}}$。这样一来,线性规划(2-1)的约束方程就变成了如下形式:

$$(2\text{-}3) \qquad \begin{cases} x_1 + \dfrac{2}{3}x_2 + \dfrac{1}{3}x_3 & = 30 \\[2mm] \dfrac{10}{3}x_2 - \dfrac{4}{3}x_3 + x_4 & = 80 \\[2mm] 7x_2 \qquad\qquad + x_5 & = 210 \end{cases}$$

现进一步分析生产产品已是否更好。生产 1 t 产品 II 可创造经济价值 $c_2 = 5$ 万元,但因生产需消耗资源,就必须减少原生产产品的数量。

若用 $\boldsymbol{P}_j$ 表示(2-3)中的各系数列向量,则有

$$(\boldsymbol{P}_1', \boldsymbol{P}_2', \boldsymbol{P}_3', \boldsymbol{P}_4', \boldsymbol{P}_5') = \begin{bmatrix} 1 & 2/3 & 1/3 & 0 & 0 \\ 0 & 10/3 & -4/3 & 1 & 0 \\ 0 & 7 & 0 & 0 & 1 \end{bmatrix}$$

这时将产品 I "变换"成了只消耗第一种资源,虚拟产品 IV 和产品 V 仍分别只消耗第二种和第三种资源。由于

$$\boldsymbol{P}_2' = \frac{2}{3}\boldsymbol{P}_1' + \frac{10}{3}\boldsymbol{P}_4' + 7\boldsymbol{P}_5'$$

可知生产单位产品 II 所需的资源量,等于 $\dfrac{2}{3}$ 个单位产品 I、$\dfrac{10}{3}$ 个单位产品 IV 和 7 个单位产品 V 所需资源量之和;若转而生产一个单位的产品 II,就要相应减少上述三种产品的产量。由此可计算生产单位产品 II 所创造的净经济价值 σ_2 如下

$$\sigma_2 = c_2 - z_2 = c_2 - \left(\frac{2}{3}c_1 + \frac{10}{3}c_4 + 7c_5\right) = 5 - \left(\frac{2}{3} \times 7 + 0 + 0\right) = \frac{1}{3}$$

$\sigma_2 = 1/3$ 表明,生产单位产品 II 能使总经济价值增加 1/3 万元,故应将 x_2 变为基变量。一般地,非基变量 x_j 的 $\sigma_j = c_j - z_j$,等于将 x_j 变为基变量时,单位 x_j 引起目标函数的净增加

值。称 σ_j 为 x_j 变量的检验数。

在本例中,由于

$$\min\left\{\frac{b_1}{a_{12}},\frac{b_2}{a_{22}},\frac{b_3}{a_{32}}\right\}=\min\left\{\frac{30}{2/3},\frac{80}{10/3},\frac{210}{7}\right\}=24$$

故应取 $x_2=24$,并以 x_4 为退出变量。

用行变换的方法对式(2-3)进行变换,使 $\boldsymbol{P}_2'$ 变成 $\boldsymbol{P}_4'=(0,1,0)^{\mathrm{T}}$,可得下一个基可行解

$$\boldsymbol{X}^{(2)}=(x_1,x_2,x_3,x_4,x_5)^{\mathrm{T}}=(14,24,0,0,42)^{\mathrm{T}}$$

目标函数值

$$z^{(2)}=7x_1+5x_2=7\times14+5\times24=218(万元)$$

对解 $\boldsymbol{X}^{(2)}$,非基变量 x_3 和 x_4 的检验数均为负,表明 $\boldsymbol{X}^{(2)}$ 为该线性规划问题的最优解,最优生产方案是:生产产品 I 14 t,产品 II 24 t,创造经济价值 218 万元。

该列的图解示于图 2.1,初始基可行解 $\boldsymbol{X}^{(0)}$ 对应于图中的 O 点,$\boldsymbol{X}^{(1)}$ 对应于 A 点,最优解 $\boldsymbol{X}^{(2)}$ 对应于 C 点。

由这个例子和以前的论述可知,线性规划问题的基可行解对应于其解集的顶点。若最优解存在,则至少有一个顶点对应于最优解。这样一来,为求解一线性规划问题,首先要找出第一个基可行解(即初始基可行解,对应的顶点称初始顶点),然后检验这个解是否为最优解;若不是最优解,就设法找另一较好的基可行解,也就是由解集的一个顶点转移至相邻的另一个顶点,并使目标函数值有所改善;再对新解进行最优性检验;如新解还不是最优解,就继续迭代,直至得到最优解或证明不存在最优解为止。这种求解线性规划的方法,就叫作单纯形法。

三、单纯形法的代数形式

1. 初始基可行解的确定

为进行单纯形法迭代,首先要找到一个初始可行基及相应的初始基可行解。对一般单纯形法来说,初始可行基与每一步迭代的可行基一样,它们都由 m 个线性独立的单位列向量构成。获得初始可行基及其基可行解的方法与约束条件的结构有关。

(1)"$\leqslant$"型约束。若线性规划的约束条件为一组"$\leqslant$"型不等式:

$$\begin{cases} a_{11}x_1+a_{12}x_2+\cdots+a_{1n}x_n\leqslant b_1 \\ a_{21}x_1+a_{22}x_2+\cdots+a_{2n}x_n\leqslant b_2 \\ \vdots \\ a_{m1}x_1+a_{m2}x_2+\cdots+a_{mn}x_n\leqslant b_m \end{cases} \tag{2-4}$$

则可在每一个约束不等式左边加上一个非负的松弛变量,使其变为如下的约束方程组:

$$\begin{cases} a_{11}x_1+a_{12}x_2+\cdots+a_{1n}x_n+x_{n+1}=b_1 \\ a_{21}x_1+a_{22}x_2+\cdots+a_{2n}x_n+x_{n+2}=b_2 \\ \vdots \\ a_{m1}x_1+a_{m2}x_2+\cdots+a_{mn}x_n+x_{n+m}=b_m \end{cases}$$

其中 $x_{n+1},x_{n+2},\cdots,x_{n+m}$ 为非负松弛变量。

以上述 m 个松弛变量为基变量,其他变量为非基变量,可得一基可行解如下(已设 $b_1 \geqslant 0$):

$$\boldsymbol{X} = (x_1, \cdots, x_n, x_{n+1}, \cdots, x_{n+m})^{\mathrm{T}} = (0, \cdots, 0, b_1, \cdots, b_m)^{\mathrm{T}}$$

显然,基变量对应的系数列向量全为单位列向量。

(2)等式约束。当约束条件为一组等式时,若其系数矩阵中存在 m 个不同的单位列向量,则可以此为 m 维空间的一个基,并以其对应的变量为基变量,从而得出一基可行解。当不存在这样的单位列向量,或单位列向量不足 m 个时,为了方便地构成初始基可行解,就要设法配足 m 个作为基向量的单位列向量。

在等式约束的约束条件系数矩阵中引入单位向量作为基向量,还必须同时引入与其对应的变量,这样的变量称为人工变量(artificial variable),引入人工变量不是为了把不等式变成等式,为了不使由于引入人工变量 x 而改变原来约束条件的性质,人工变量 x 最终应等于零。为此,需在目标函数中加上惩罚 $-Mx$(对极大化问题),此处 M 是一足够大的正数。只要人工变量 x 不等于零,即使它很小,也无法使目标函数实现极大化。这种方法称为大 M 法,M 为罚因子,引入惩罚项是对引入人工变量的一种惩罚。

考虑等式约束线性规划:

$$\max z = c_1 x_1 + c_2 x_2 + \cdots + c_n x_n$$
$$\text{s. t.} \begin{cases} a_{11} x_1 + a_{12} x_2 + \cdots + a_{1n} x_n = b_1 \\ a_{21} x_1 + a_{22} x_2 + \cdots + a_{2n} x_n = b_2 \\ \vdots \\ a_{m1} x_1 + a_{m2} x_2 + \cdots + a_{mn} x_n = b_m \\ x_j \geqslant 0, j = 1, 2, \cdots, n \end{cases} \quad (2\text{-}5)$$

若其约束条件的系数列向量均不是单位列向量,为方便地得到初始基可行解,可在每个约束等式左侧加上一个人工变量 x_{n+1},而将该线性规划变为

$$\max z = c_1 x_1 + c_2 x_2 + \cdots + c_n x_n - M x_{n+1} - M x_{n+2} - \cdots - M x_{n+m}$$
$$\text{s. t.} \begin{cases} a_{11} x_1 + a_{12} x_2 + \cdots + a_{1n} x_n + x_{n+1} = b_1 \\ a_{21} x_1 + a_{22} x_2 + \cdots + a_{2n} x_n + x_{n+2} = b_2 \\ \vdots \\ a_{m1} x_1 + a_{m2} x_2 + \cdots + a_{mn} x_n + x_{n+m} = b_m \\ x_j \geqslant 0, j = 1, 2, \cdots, n+m \end{cases} \quad (2\text{-}6)$$

在式(2-6)中,人工变量对应的系数列向量为单位列向量,以人工变量为基变量,得初始基可行解如下:

$$\boldsymbol{X} = (x_1, \cdots, x_n, \cdots, x_{n+m})^{\mathrm{T}} = (0, \cdots, 0, b_1, \cdots b_m)^{\mathrm{T}}$$

若线性规划(2-5)有可行解,则随着对(2-6)进行迭代,人工变量就逐步变为非基变量。若迭代到"最后"有些人工变量仍不等于零,说明该线性规划无可行解(为什么?)。

(3)"$\geqslant$"型约束

设有线性规划如式(2-7)所示。先在每个约束条件中分别引入剩余变量 $x_{n+1}, \cdots, x_{n+m}$,把约束条件都变为等式,由于这些变量前面的符号为负,故无法用它们构成基可行解。

为此,再如上节所示引入人工变量 $x_{n+m+1}, x_{n+m+2}, \cdots, x_{n+2m}$,得到标准型(2-8)。

$$\max z = c_1 x_1 + c_2 x_2 + \cdots + c_n x_n$$

$$\text{s. t.} \begin{cases} a_{11}x_1 + a_{12}x_2 + \cdots + a_{1n}x_n \geqslant b_1 \\ a_{21}x_1 + a_{22}x_2 + \cdots + a_{2n}x_n \geqslant b_2 \\ \vdots \\ a_{m1}x_1 + a_{m2}x_2 + \cdots + a_{mn}x_n \geqslant b_m \\ x_j \geqslant 0, j = 1, 2, \cdots, n \end{cases} \tag{2-7}$$

$$\max z = c_1 x_1 + \cdots + c_n x_n - M x_{n+m+1} - \cdots - M x_{n+2m}$$

$$\text{s. t.} \begin{cases} a_{11}x_1 + \cdots + a_{1n}x_n - x_{n+1} + x_{n+m+1} = b_1 \\ a_{21}x_1 + \cdots + a_{2n}x_n - x_{n+2} + x_{n+m+2} = b_2 \\ \vdots \\ a_{m1}x_1 + \cdots + a_{mn}x_n - x_{n+m} + x_{n+2m} = b_m \\ x_j \geqslant 0, j = 1, 2, \cdots, n + 2m \end{cases} \tag{2-8}$$

令人工变量为基变量,容易得一组基可行解如下:

$$\boldsymbol{X} = (x_1, x_2, \cdots, x_n, x_{n+1}, \cdots, x_{n+m}, x_{n+m+1}, \cdots, x_{n+2m})^{\mathrm{T}}$$
$$= (0, 0, \cdots, 0, 0, \cdots, 0, b_1, \cdots, b_m)^{\mathrm{T}}$$

例 2.14 用上述方法为下面的线性规划问题构成初始基可行解:

$$\min z = 3x_1 - 2.5x_2$$

$$\text{s. t.} \begin{cases} 2x_1 + 4x_2 \geqslant 40 \\ 3x_1 + 2x_2 \geqslant 50 \\ x_1, x_2 \geqslant 0 \end{cases}$$

解: 先引入剩余变量 x_3 和 x_4,再引入人工变量 x_5 和 x_6,该线性规划问题就变成:

$$\min z = 3x_1 - 2.5x_2 + M x_5 + M x_6$$

$$\text{s. t.} \begin{cases} 2x_1 + 4x_2 - x_3 + x_5 = 40 \\ 3x_1 + 2x_2 - x_4 + x_6 = 50 \\ x_j \geqslant 0, j = 1, 2, \cdots, 6 \end{cases}$$

其初始基可行解是

$$\boldsymbol{X} = (x_1, x_2, x_3, x_4, x_5, x_6)^{\mathrm{T}} = (0, 0, 0, 0, 40, 50)^{\mathrm{T}}$$

有时仅写出其基变量:

$$\boldsymbol{X_B} = (x_5, x_6) = (40, 50)^{\mathrm{T}}$$

当一个线性规划问题含有不同性质的约束时,为得初始基可行解,可根据具体情况综合运用上述方法。

例 2.15 写出下述线性规划问题的初始基可行解。

$$\max z = 3x_1 + x_2 + 2x_3$$

$$\text{s. t.} \begin{cases} 3x_1 + x_3 \leqslant 8 \\ 2x_1 + 3x_2 + 4x_3 \geqslant 9 \\ 2x_1 - 2x_3 = 3 \\ x_1, x_2, x_3 \geqslant 0 \end{cases}$$

解：在第一个约束条件中引入松弛变量；将其第二个约束条件除以 3，使 x_2 对应的系数列向量变为单位列向量，然后再引入剩余变量 x_5；由于 x_2 的系数列向量为单位列向量，故不必在第二个约束条件中引入人工变量；在第三个约束条件中引入人工变量 x_6，并在目标函数中引入惩罚项，使上述线性规划变为：

$$\max z = 3x_1 + x_2 + 2x_3 - Mx_6$$

$$\text{s. t.} \begin{cases} 3x_1 & + x_3 + x_4 & = 8 \\ \dfrac{2}{3}x_1 + x_2 + \dfrac{4}{3}x_3 & - x_5 & = 3 \\ 2x_1 & - 2x_3 & + x_6 = 3 \\ x_j \geqslant 0, j = 1, 2, \cdots, 6 \end{cases}$$

以 x_4、x_2 和 x_6 为基变量，可得初始基可行解如下：

$$\boldsymbol{X} = (x_1, x_2, x_3, x_4, x_5, x_6)^{\mathrm{T}} = (0, 3, 0, 8, 0, 3)^{\mathrm{T}}$$

2. 最优性检验与解的判别

当得到一个基可行解后（包括初始基可行解），就需要检查它是否为最优解。考虑标准形线性规划的典型形式（其约束条件系数矩阵中已含 m 个线性无关的单位列向量）：

$$\max z = c_1 x_1 + c_2 x_2 + \cdots + c_n x_n$$

$$\text{s. t.} \begin{cases} x_1 & + a_{1,m+1}x_{m+1} + \cdots + a_{1n}x_n = b_1 \\ & x_2 & + a_{2,m+1}x_{m+1} + \cdots + a_{2n}x_n = b_2 \\ & \ddots \\ & x_m + a_{m,m+1}x_{m+1} + \cdots + a_{mn}x_n = b_m \\ x_j \geqslant 0, j = 1, 2, \cdots, n \end{cases} \tag{2-9}$$

不失一般性，设前 m 个系数列向量为单位列向量，它们构成基

$$\boldsymbol{B} = (\boldsymbol{P}_1, \boldsymbol{P}_2, \cdots, \boldsymbol{P}_m) = \begin{pmatrix} 1 & 0 & \cdots & 0 \\ 0 & 1 & \cdots & 0 \\ \vdots & \vdots & & \vdots \\ 0 & 0 & \cdots & 1 \end{pmatrix}$$

对应的基可行解（假定 $b_i > 0, i = 1, 2, \cdots, m$）是

$$\boldsymbol{X} = (x_1, x_2, \cdots, x_m, 0, \cdots, 0)^{\mathrm{T}} = (b_1, b_2, \cdots, b_m, 0, \cdots, 0)^{\mathrm{T}}$$

将基变量由式(2-9)的约束条件解出，得

$$x_1 = b_1 - \sum_{j=m+1}^{n} a_{1j}x_j$$

$$x_2 = b_2 - \sum_{j=m+1}^{n} a_{2j}x_j$$

$$\vdots$$

$$x_m = b_m - \sum_{j=m+1}^{n} a_{mj}x_j$$

或一般地写成

$$x_i = b_i - \sum_{j=m+1}^{n} a_{ij}x_j, \quad i=1,2,\cdots,m \qquad (2\text{-}10)$$

将式(2-10)代入式(2-9)中的目标函数表达式,得

$$z = \sum_{i=1}^{m} c_i b_i - \sum_{i=1}^{m}\sum_{j=m+1}^{n} c_i a_{ij}x_j + \sum_{j=m+1}^{n} c_j x_j$$

$$= \sum_{i=1}^{m} c_i b_i + \sum_{j=m+1}^{n}\left(c_j - \sum_{i=1}^{m} c_i a_{ij}\right)x_j$$

令

$$z_0 = \sum_{i=1}^{m} c_i b_i$$

$$z_j = \sum_{i=1}^{m} c_i a_{ij}$$

则有

$$z = z_0 + \sum_{j=m+1}^{n}(c_j - z_j)x_j$$

z_0 是现行解 $\boldsymbol{X_B} = (x_1, x_2, \cdots, x_m)^{\mathrm{T}} = (b_1, b_2, \cdots, b_m)^{\mathrm{T}}$ 的目标函数值,$c_i(i=1,2,\cdots,m)$ 为基变量的价值系数(有时为避免混淆,特以下标 B 标明,记为 c_{Bi}),x_j 为非基变量,c_j 为非基变量的价值系数,$j=m+1,m+2,\cdots,n$。z_j 的意义是:当引入非基变量 x_j 时,单位 x_j 使原来目标函数的减少值。

再令

$$\delta_j = c_j - z_j, \quad j=m+1,\cdots,n \qquad (2\text{-}11)$$

则得

$$z = z_0 + \sum_{j=m+1}^{n}\delta_j x_j \qquad (2\text{-}12)$$

δ_j 称为变量 x_j 的检验数,其值等于以 x_j 为引入变量时单位 x_j 给目标函数值带来的净增长。

若所有非基变量的检验数皆非正,则这个解就是最优解。这里包括两种情形:一为所有非基变量的检验数皆为负,这时最优解唯一;若非基变量的检验数有的等于零,有的小于零,且某检验数为零的非基变量的约束条件系数列向量含有正分量,这时可将它引入基中得到另一最优解,由基本定理,知该线性规划总是有多重最优解。

若存在检验数大于零的某非基变量,且其系数列向量含有正分量,则现在的解不是最优解,将这个变量变为基变量会使目标函数值更大。如果这样的非基变量不止一个,通常选检验数绝对值最大的变量为引入变量(选其中别的变量为引入变量也可以改善目标函数值,例如有时选其中下标最小的变量)。

若存在检验数为正的某非基变量 x_j,其系数列向量的所有分量皆非正(即 $a_{ij} \leqslant 0, i=1,$

$2, \cdots, m)$,则该线性规划目标函数值无界。

现证明如下。

令这时的基可行解为

$$\boldsymbol{X}^{(1)} = (x_1, x_2, \cdots, x_m, 0, \cdots, 0)^{\mathrm{T}}$$

共目标函数值为 $z^{(1)}$,则有

$$x_1 \boldsymbol{A}_1 + x_2 \boldsymbol{A}_2 + \cdots + x_m \boldsymbol{A}_m = \boldsymbol{b}$$

或

$$x_1 \boldsymbol{A}_1 + x_2 \boldsymbol{A}_2 + \cdots + x_m \boldsymbol{A}_m - \lambda \boldsymbol{A}_j + \lambda \boldsymbol{A}_j = \boldsymbol{b} \tag{2-13}$$

其中 λ 为任意一个实数。

因 a_{ij} 为向量 $\boldsymbol{A}_j$ 对于基 $\boldsymbol{A}_1, \boldsymbol{A}_2, \cdots, \boldsymbol{A}_m$ 的坐标,故有

$$\boldsymbol{A}_j = a_{1j} \boldsymbol{A}_1 + a_{2j} \boldsymbol{A}_2 + \cdots + \boldsymbol{A}_{mj} \boldsymbol{A}_m$$

将 $\boldsymbol{A}_j$ 之表达式代入式(2-13),得

$$(x_1 - \lambda a_{1j}) \boldsymbol{A}_1 + (x_2 - \lambda a_{2j}) \boldsymbol{A}_2 + \cdots + (x_m - \lambda a_{mj}) \boldsymbol{A}_m + \lambda \boldsymbol{A}_j = b$$

由于 $a_{ij} \leqslant 0 (i = 1, 2, \cdots, m)$,故当 $\lambda > 0$ 时,$x_i - \lambda a_{ij} \geqslant 0 (i = 1, 2, \cdots, m)$。也就是说,$x_i - \lambda a_{ij} (i = 1, 2, \cdots, m)$ 和 λ 构成该线性规划问题的一个可行解,它有 $m+1$ 个分量大于零。而且,对于 $\lambda \geqslant 0$ 的任意值,上述可行解均保持可行。其目标函数值 $z^{(2)}$ 等于

$$z^{(2)} = c_1 (x_1 - \lambda a_{1j}) + c_2 (x_2 - \lambda a_{2j}) + \cdots + c_m (x_m - \lambda a_{mj}) + c_j \lambda$$

$$= z^{(1)} - \lambda \sum_{i=1}^{m} c_j a_{ij} + c_j \lambda$$

$$= z^{(1)} + \lambda (c_j - z_j) = z^{(1)} + \lambda \sigma_j$$

由于 $\lambda \geqslant 0$,故随着 λ 的无限增大,目标函数 $z^{(2)}$ 将无限增大。

3. 基可行解的转换

当对一基可行解经检验后证明它不是最优解时,即应设法找出另一更好(能使目标函数值改善)的基可行解,由于基可行解和可行基相对应,因而基可行解的转换也称为换基。

$$\begin{cases} x_1 & + a_{1,m+1} x_{m+1} + \cdots + a_{1k} x_k + \cdots + a_{1n} x_n = b_1 & (2\text{-}14\text{-}1) \\ & x_2 & + a_{2,m+1} x_{m+1} + \cdots + a_{2k} x_k + \cdots + a_{2n} x_n = b_2 & (2\text{-}14\text{-}2) \\ & \ddots & \vdots \\ & \quad x_l & + a_{l,m+1} x_{m+1} + \cdots + a_{lk} x_k + \cdots + a_{ln} x_n = b_l & (2\text{-}14\text{-}3) \\ & \quad \ddots & \vdots \\ & x_m + a_{m,m+1} x_{m+1} + \cdots + a_{mk} x_k + \cdots + a_{mn} x_n = b_m & (2\text{-}14\text{-}4) \end{cases}$$

它对应的基可行解(设非退化)是

$$\boldsymbol{X}_B = (x_1, x_2, \cdots, x_l, \cdots, x_m)^{\mathrm{T}} = (b_1, b_2, \cdots, b_l, \cdots, b_m)^{\mathrm{T}}$$

现假定 $\boldsymbol{X}_B$ 不是最优解,并根据检验数已选定 x_k 为引入变量,用适当方法(见本节后面所述)确定 x_l 为退出变量,它们的系数列向量分别为

$$\boldsymbol{A}_l = \begin{pmatrix} 0 \\ 0 \\ \vdots \\ l \\ \vdots \\ 0 \end{pmatrix} \leftarrow \text{第 } l \text{ 个} \qquad \boldsymbol{A}_k = \begin{pmatrix} a_{1k} \\ a_{2k} \\ \vdots \\ a_{lk} \\ \vdots \\ a_{mk} \end{pmatrix}$$

将 x_k 引入并退出 x_l 后,得一新的基可行解 $\boldsymbol{X}'_B$,其基变量应为

$$\boldsymbol{X}'_B = (x_1, x_2, \cdots, x_{l-1}, x_k, x_{l+1}, \cdots, x_m)^\top$$

上述其变量的替换是通过对约束方程组进行初等行变换实现的,即在变换后使 x_k 的系数列向量变成如原来 $\boldsymbol{A}_l$ 那样的单位列向量(变换后 $\boldsymbol{A}_l$ 和 $\boldsymbol{A}_k$ 分别变为 $\boldsymbol{A}'_l$ 和 $\boldsymbol{A}'_k$):

$$\boldsymbol{A}'_l = \begin{pmatrix} a'_{1l} \\ a'_{2l} \\ \vdots \\ a'_{ll} \\ \vdots \\ a'_{ml} \end{pmatrix} \qquad \boldsymbol{A}'_k = \begin{pmatrix} 0 \\ 0 \\ \vdots \\ l \\ \vdots \\ 0 \end{pmatrix} \leftarrow \text{第 } l \text{ 个}$$

实现这种变换的步骤如下:

(1)用 a_{lk} 除约束条件式(2-14-3)的两端,得新的第 l 个约束方程为

$$\frac{x_l}{a_{lk}} + \frac{a_{l,m+1}}{a_{lk}} x_{m+1} + \cdots + x_k + \cdots + \frac{a_{ln}}{a_{lk}} x_n = \frac{b_l}{a_{lk}} \tag{2-15-1}$$

(2)用 a_{1k} 乘式(2-15-1),再从式(2-14-1)减去,得新的第 1 个约束方程:

$$x_1 - \frac{a_{1k}}{a_{lk}} x_l + \left(a_{1,m+1} - \frac{a_{1k}}{a_{lk}} a_{l,m+1} \right) x_{m+1} + \cdots + \left(a_{1k} - \frac{a_{1k}}{a_{lk}} a_{lk} \right) x_k$$

$$+ \cdots + \left(a_{1n} - \frac{a_{1k}}{a_{lk}} a_{ln} \right) x_n = b_1 - \frac{a_{1k}}{a_{lk}} b_l \tag{2-15-2}$$

(3)用 a_{2k} 乘式(2-15-1),再从式(2-14-2)减去,得新的第 2 个约束方程:

$$x_2 - \frac{a_{2k}}{a_{lk}} x_l + \left(a_{2,m+1} - \frac{a_{2k}}{a_{lk}} a_{l,m+1} \right) x_{m+1} + \cdots + \left(a_{2k} - \frac{a_{2k}}{a_{lk}} a_{lk} \right) x_k$$

$$+ \cdots + \left(a_{2n} - \frac{a_{2k}}{a_{lk}} a_{ln} \right) x_n = b_2 - \frac{a_{2k}}{a_{lk}} b_l \tag{2-15-3}$$

(4)一般地,用 a_{ik} 乘式(2-15-1),再由原来的第 i 个约束方程减去,得新的第 i 个约束方程:

$$x_i - \frac{a_{ik}}{a_{lk}} x_l + \left(a_{i,m+1} - \frac{a_{ik}}{a_{lk}} a_{l,m+1} \right) x_{m+1} + \cdots + \left(a_{ik} - \frac{a_{ik}}{a_{lk}} a_{lk} \right) x_k$$

$$+ \cdots + \left(a_{in} - \frac{a_{ik}}{a_{lk}} a_{ln} \right) x_n = b_i - \frac{a_{ik}}{a_{lk}} b_l \tag{2-15-4}$$

如此得到的新的第 m 个约束方程:

$$-\frac{a_{mk}}{a_{lk}}x_l + x_m + \left(a_{m,m+1} - \frac{a_{mk}}{a_{lk}}a_{l,m+1}\right)x_{m+1} + \cdots + \left(a_{mk} - \frac{a_{mk}}{a_{lk}}a_{lk}\right)x_k$$

$$+\cdots + \left(a_{mn} - \frac{a_{mk}}{a_{lk}}a_{ln}\right)x_n = b_m - \frac{a_{mk}}{a_{lk}}b_l \qquad (2\text{-}15\text{-}5)$$

经如此变换,就得到了和新基可行解相对应的新的约束方程组如下(用带"'"者表示变换后的系数值):

$$\begin{cases} x_1 \quad + a'_{1l}x_l \quad\quad + a'_{1,m+1}x_{m+1} + \cdots + 0 + \cdots + a'_{1n}x_n = b'_1 \\ \quad x_2 + a'_{2l}x_l \quad\quad + a'_{2,m+1}x_{m+1} + \cdots + 0 + \cdots + a'_{2n}x_n = b'_2 \\ \qquad \ddots \\ \qquad a'_{ll}x_l \quad\quad + a'_{l,m+1}x_{m+1} + \cdots + x_k + \cdots + a'_{ln}x_n = b'_l \\ \qquad \ddots \\ \qquad a'_{ml}x_l + x_m + a'_{m,m+1}x_{m+1} + \cdots + 0 + \cdots + a'_{mn}x_n = b'_m \end{cases} \qquad (2\text{-}16)$$

由上述变换过程可知,式(2-16)的第 1 个方程是由原来的第 1 个方程除以 a_{lk} 而得到的;其他方程可用统一的方法进行变换:由原来的方程减去该方程中引入变量 x_k 前面的系数 a_{ik} 乘以式(2-15-1)。如此,即可得到系数的变换公式如下:

$$\begin{cases} a'_{lj} = \dfrac{a_{lj}}{a_{lk}} \\ a'_{ij} = a_{ij} - \dfrac{a_{ik}}{a_{lk}}a_{lj} \quad i \neq l \end{cases} \qquad (2\text{-}17)$$

其中 a'_{ij} 为 a_{ij} 变换后之值。

上式也适用于约束方程组的左侧常数,这时上式变为

$$\begin{cases} b'_l = \dfrac{b_l}{a_{lk}} \\ b'_l = b_i - \dfrac{b_l}{a_{lk}}a_{lj} \quad i \neq l \end{cases} \qquad (2\text{-}18)$$

得到的新基可行解是:

$$\boldsymbol{X_B} = (x_1, x_2, \cdots, x_k, \cdots, x_m)^{\mathrm{T}} = (b'_1, b'_2, \cdots, b'_l, \cdots, b'_m)^{\mathrm{T}}$$

其各个基变量的值由式(2-18)计算确定。

式(2-17)是单纯形法迭代计算中的一个重要公式;原约束方程组中的元素 x_{lk} 起着极为重要的作用,称为主元素(pivot element)。

需要注意,按式(2-17)和式(2-18)进行转换,仅能使得到的新解为基解,并不能保证新解的可行性。要想使得到的新解为基可行解,还需满足:

$$\begin{cases} b'_l = \dfrac{b_l}{a_{lk}} = \theta > 0 \\ b'_l = b_i - \dfrac{b_l}{a_{lk}}a_{ik} = b_i - \theta a_{ik} \geqslant 0, i = 1, 2, \cdots, m; i \neq l \end{cases} \qquad (2\text{-}19)$$

则可满足上述要求。

式(2-19)称为最小比值规则,也称 θ 规则,用此规则确定退出变量 x_{Bl}(第 l 个基变量,它对应的单位系数向量中的 1 位于第 l 行)。

由以上论述可知,任一线性规划问题的解必属于以下几种情形之一:

①无可行解,即该线性规划问题无解;

②有最优解,包括有唯一最优解和多重最优解两种情况;

③目标函数无界,二者必居其一。当得到一个基可行解之后,如果它不是最优解,可以进行基本可行解的转换(换基),每次替换其中的一个分量,而得到新的基可行解,经一步步地有限次迭代,或者达到最优解,或者查明目标函数无界。

四、用单纯形法求解线性规划问题的步骤

用单纯形法求解线性规划问题时,可按如下步骤进行。

(1)将实际问题表示成线性规划的数学模型,即在认真分析问题目标和限制条件的基础上,选定适宜的决策变量,建立约束条件和目标函数。

(2)给出初始基可行解。根据约束条件的结构,常借助于引入松弛(剩余)变量和人工变量的方法。

(3)计算非基变量的检验数 σ_j。若所有非基变量的检验数均非正时,这个解就是最优解;否则,转下一步。

(4)在检验数为正的那些非基变量中,选检验数最大的那个变量为换入变量,例如说这个变量是 x_k,它对应的系数列向量为 $\boldsymbol{P}_k$。

(5)查看 $\boldsymbol{P}_k$ 的各个分量 a_{ik},$i=1,2,\cdots,m$,若所有 $a_{ik} \leqslant 0$,则该线性规划问题无界。否则,转下一步。

(6)按最小比值规则确定 θ,即

$$\theta = \min\left\{\frac{x_{Bi}}{a_{lk}} \mid a_{ik} > 0, i=1,2,\cdots,m\right\} = \frac{x_{Bl}}{a_{lk}}$$

(7)以相应于 θ 的那个变量 x_{Bl}(基变量中的第 l 个变量)为退出变量,以 a_{lk} 为主元素,对约束方程组按式(2-17)进行变换,从而得一新的基本可行解。

(8)转回第(3)步,继续进行检验和交换,直至得出最优解或查明目标函数无界。

上述步骤说明,单纯形算法为一系列迭代过程。需要注意,如果迭代到某一步发现所有非基变量的检验数均小于等于零,但解中仍包含人工变量,即某人工变量为非零基变量,则该线性规划问题无可行解。

五、单纯形法的基本概念

单纯形解的概念:

$$\max z = \sum_{j=1}^{n} c_j x_j$$

$$\text{s.t.} \begin{cases} \sum_{j=1}^{n} a_{ij}x_j = b_i & (i=1,\cdots,m) \\ x_j \geqslant 0 & (j=1,\cdots,n) \end{cases}$$

定义 2.8 **可行解**(向量形式):满足约束条件的解 $\boldsymbol{X} = (x_1,x_2,\cdots,x_n)^{\mathrm{T}}$,称为线性规划

问题的可行解,其中使目标函数达到最大值的可行解称为最优解。

定义 2.9　基:设 A 是约束方程组的 $m \times n$ 维系数矩阵,其秩为 m。B 是矩阵 A 中 $m \times m$ 阶非奇异子矩阵,则称 B 是线性规划问题的一个基。这就是说矩阵 B 是由 m 个线性独立的列向量组成。为不失一般性,可设

$$B = \begin{pmatrix} a_{11} & \cdots & a_{1m} \\ \vdots & \ddots & \vdots \\ a_{m1} & \cdots & a_{mm} \end{pmatrix} = (P_1, P_2, \cdots, P_m)$$

称 P_j 为基向量,与基向量 P_j 相应的变量 x_j 为基变量,否则称为非基变量。

为了进一步讨论线性规划问题的解,下面研究约束方程组中的求解问题。假设该方程组系数矩阵 A 的秩为 m,且 $m < n$,故它有无穷多个解。假设前 m 个变量的系数列向量是线性独立的。这时约束方程组可以写成

$$\begin{pmatrix} a_{11} \\ a_{21} \\ \vdots \\ a_{m1} \end{pmatrix} x_1 + \begin{pmatrix} a_{12} \\ a_{22} \\ \vdots \\ a_{m2} \end{pmatrix} x_2 + \cdots + \begin{pmatrix} a_{1m} \\ a_{2m} \\ \vdots \\ a_{mm} \end{pmatrix} x_m = \begin{pmatrix} b_1 \\ b_2 \\ \vdots \\ b_m \end{pmatrix} - \begin{pmatrix} a_{1,m+1} \\ a_{2,m+1} \\ \vdots \\ a_{m,m+1} \end{pmatrix} x_{m+1} - \cdots - \begin{pmatrix} a_{1n} \\ a_{2n} \\ \vdots \\ a_{mn} \end{pmatrix} x_n$$

或

$$\sum_{j=1}^{n} P_j x_j = b - \sum_{j=m+1}^{n} P_j x_j$$

上面这个方程组的一个基是

$$B = \begin{pmatrix} a_{11} & a_{12} & \cdots & a_{1m} \\ a_{21} & a_{22} & \cdots & a_{2m} \\ \vdots & \vdots & & \vdots \\ a_{m1} & a_{m2} & \cdots & a_{mm} \end{pmatrix} = (P_1, P_2, \cdots, P_m)$$

设 X_B 是对应于这个基的基变量

$$X_B = (x_1, x_2, \cdots, x_m)^T$$

现若令方程组中的非基变量 $x_{m+1} = x_{m+2} = \cdots = x_n = 0$,这时变量的个数等于线性方程的个数。用高斯消去法,求出一个解

$$X = (b_1, b_2, \cdots, b_m, 0, \cdots, 0)^T$$

该解的非零向量的数目不大于方程个数 m,称 X 为基解。由此可见,有一个基,就可以求出一个基解。

定义 2.10　基可行解:满足约束方程组中非负条件的基解,称为基可行解。基可行解的非零向量的数目也不大于 m,并且都是非负的。

定义 2.11　可行基:对应于基可行解的基,称为可行基。

第五节　单纯形法的表格形式

根据上一节讨论的结果,将求解线性规划问题的单纯形法的表格形式计算步骤归纳如下。

一、单纯形法的表格布局

为了计算上的方便和标准化,单纯形表布局应遵循固定形式见表 2.2。

表 2.2

$c_j \rightarrow$			c_1	$\cdots\cdots$	c_m	c_{m+1}	$\cdots\cdots$	c_n	θ_i
C_B	X_B	b	x_1	$\cdots\cdots$	x_m	x_{m+1}	$\cdots\cdots$	x_n	
c_1	x_1	b_1	1	$\cdots\cdots$	0	$a_{1,m+1}$	$\cdots\cdots$	a_{1n}	θ_1
c_2	x_2	b_2	0	$\cdots\cdots$	0	$a_{2,m+1}$	$\cdots\cdots$	a_{2n}	θ_2
$\vdots$	$\vdots$	$\vdots$	$\vdots$		$\vdots$	$\vdots$		$\vdots$	$\vdots$
c_m	x_m	b_m	0	$\cdots\cdots$	1	$a_{m,m+1}$	$\cdots\cdots$	a_{mn}	θ_m
$c_j - z_j$			0	$\cdots\cdots$	0	$c_{m+1} - \sum_{i=1}^{m} c_i a_{i,m+1}$	$\cdots\cdots$	$c_n - \sum_{i=1}^{m} c_i a_{in}$	

在单纯形表的第二、三列给出基可行解中的基变量及它们的取值,接下来列出问题中的所有变量。在基变量下面各列数字分别是对应的基向量数字。表中变量 $x_1, x_2, \cdots, x_m$ 下面各列组成的单位矩阵就是初始基可行解对应的基。

其中:每个基变量 x_j 下面的数字,是该变量在约束方程的系数向量 $\boldsymbol{P}_j$,表达为基向量线性组合时的系数。

- c_j 为表最上端的一行数,是各变量的目标函数中的系数值;
- C_B 为表中最左端一列数,是与各基变量对应的目标函数中的系数值;
- b 为列中填入约束方程右端的常数;
- 检验数 $\sigma_j = c_j - z_j (j = m+1, \cdots, n)$ 称为变量 x_j 的检验数,将 x_j 下面的这列数字 $\boldsymbol{P}_j$ 与 C_B 这列数中同行的数字分别相乘,再用 x_j 上端 c_j 值减去上述乘积之和,即:

$$\sigma_j = c_j - (c_1 a_{1j} + c_2 a_{2j} + \cdots + c_m a_{mj}) = c_j - \sum_{i=1}^{m} c_i a_{ij}$$

- θ_i 列的数字是在确定换入变量后,按 θ 规则计算后填入;其中 $\theta_i = \dfrac{b_i}{a_{ij}} (a_{ij} > 0)$。(其中 x_j 为换入变量)。

二、单纯形表法的计算步骤

线性规划问题的单纯形表法求解的计算步骤归纳如下:

第一步:求出线性规划的初始基可行解,列出初始单纯形表。

第二步:进行最优性检验。各非基变量检验数为 $\sigma_j = c_j - z_j (j = m+1, \cdots, n)$,如果,$\sigma_j \leqslant 0$,则表中的基可行解是问题的最优解,计算到此结束,否则进入下一步。

第三步:在 $\sigma_j > 0 (j = m+1, \cdots, n)$ 中,若有某个 σ_k 对应 x_k 的系数列向量 $\boldsymbol{P}_k \leqslant 0$,则此问题无界,停止计算。否则,转入下一步。

第四步:从一个基可行解换到另一个目标函数值更大的基可行解,列出新的单纯形表。

(1)确定换入变量，有 $\sigma_j>0$，对应的变量 x_j 就可作为换入变量，当有两个以上检验数大于零，一般取最大的 σ_k，即 $\sigma_k=\max\{\sigma_j\mid\sigma_j>0\}$，取 x_k 作为换入变量。

(2)确定换出变量。根据最小 θ 规则，对 P_k 列由公式计算得：$\theta=\min\left\{\dfrac{b_i}{a_{ik}}\mid a_{ik}>0\right\}=\dfrac{b_l}{a_{lk}}$ 确定是 x_l 换出变量。

(3)元素 a_{lk} 决定了从一个基本可行解到另一个可行解的转移去向，取名为主元素。以 a_{lk} 为主元素进行旋转变换，得到新的单纯形表，转到步骤二。

现在用本章例 2.1 的标准型来说明单纯形表格的计算步骤。

$$\max z=7x_1+5x_2+0x_3+0x_4+0x_5$$

$$\text{s. t.}\begin{cases}3x_1+2x_2+x_3=90\\4x_1+6x_2+x_4=200\\7x_2+x_5=210\\x_j\geqslant0,j=1,2,3,4,5\end{cases}$$

(1)根据例 2.1 的标准型，取松弛变量 x_3,x_4,x_5 为基变量，对应的单位矩阵为初始基。此时可得到初始基本可行解 $X^{(0)}=(0,0,90,200,210)^T$，得到初始单纯形表，如表 2.3 所示。

表 2.3

C_B	X_B	b	x_1 7	x_2 5	x_3 0	x_4 0	x_5 0	θ_i
0	x_3	90	[3]	2	1	0	0	30
0	x_4	200	4	6	0	1	0	50
0	x_5	210	0	7	0	0	1	—
	c_j-z_j		7	5	0	0	0	$z=0$

其中，非基变量的检验数

$$\sigma_1=c_1-C_BB^{-1}P_1=7-(0,0,0)\begin{pmatrix}3\\4\\0\end{pmatrix}=7$$

$$\sigma_2=c_2-C_BB^{-1}P_2=5-(0,0,0)\begin{pmatrix}2\\6\\7\end{pmatrix}=5$$

(2)由检验数 σ_1,σ_2 大于零，P_1,P_2 有正分量，转入下一步

(3) $\max(\sigma_1,\sigma_2)=\max(7,5)=7$，对应 x_1 为入基变量，

$$\theta=\min\{b_i/a_{i1}\mid a_{i1}>0\}=\min\{30,50,-\}=30$$

它所在行对应的基变量是 x_3，确定为出基变量，基变量 x_3 的行与入基变量 x_1 的列交叉处元素 3 为主元素，再对主元素进行旋转变换，使 x_1 列变为单位向量 $(1,0,0)^T$。在 X_B 列将 x_3 换成 x_1 得到新单纯形表（表 2.4）。

表 2.4

C_B	X_B	b	x_1	x_2	x_3	x_4	x_5	θ_i
	$c_j \rightarrow$		7	5	0	0	0	
7	x_1	30	1	2/3	1/3	0	0	45
0	x_4	80	0	[10/3]	−4/3	1	0	24
0	x_5	210	0	7	0	0	1	30
	$c_j - z_j$		0	1/3	−7/3	0	0	$z=210$

此时,新基变量 $X_B = (x_1, x_4, x_5)^T$,对应于基可行解 $X^{(1)} = (30,0,0,80,210)^T$,相应的目标值 $Z = 210$(万元)。检验表 2.4 中的检验数行得知 x_2 的检验数为 $1/3 > 0$,说明 x_2 为入基变量,计算 θ 值:

$$\theta = \min\left\{\frac{b_i}{a_{i2}} \mid a_{i2} > 0\right\} = \min\{45, 24, 30\} = 24$$

所以对应的 x_4 为换出基变量,基变量 x_4 的行与进入基变量 x_2 的列交叉处元素 10/3 为主元素,再对主元素进行旋转变换,使 x_2 列变为单位向量 $(0,1,0)^T$ 得到表 2.5。

表 2.5

C_B	X_B	b	x_1	x_2	x_3	x_4	x_5	θ_i
	$c_j \rightarrow$		7	5	0	0	0	
7	x_1	14	1	0	3/5	−1/5	0	
5	x_2	24	0	1	−2/5	3/10	0	
0	x_5	42	0	0	14/5	−21/10	1	
	$c_j - z_j$		0	0	−7/3	−1/10	0	$z=218$

此时,基变量为 $X_B = (x_1, x_2, x_5)^T$,对应的基可行解为 $X^{(3)} = (14,24,0,0,42)^T$,对应目标函数值 $Z = 218$(万元)。由于表格最后一行的所有检验数均为负或零,这表示目标函数值已不可能再增大,所以此解是最优解,对应基为最优基。由此看出,可以用单纯形表法对线性规划问题进行表格计算求得最优解的结果。通常在计算时,可以连续画出单纯形表,共享同一个表头。

第六节　单纯形法的进一步讨论

一、人工变量法

在前面几节的讨论中提到用人工变量法可以得到初始基可行解。但加入人工变量的数学模型与未加人工变量的数学模型一般是不等价的,一般情况下关于人工变量的引入有以下结论:

(1)加入人工变量的线性规划用单纯形方法得到的最优解中,人工变量处在非基变量位置。

(2)最优解中,人工变量可能在基变量中,但取值为零,则可以求出原问题的最优解。若最优解中包含有非零的人工变量,则原问题无可行解。

对以上结论不作更多的理论上的证明,只介绍具体算法。证明过程同学们可以结合单纯形法的代数求解过程进行讨论。

设线性规划问题的约束条件是

$$\sum_{j=1}^{n} p_j x_j = b$$

分别给每一个约束方程加入人工变量 $x_{n+1}, \cdots, x_{n+m}$，再以 $x_{n+1}, \cdots, x_{n+m}$ 为基变量，并可得到一个 $m \times m$ 单位矩阵。得到标准形式如下：

$$\begin{cases} a_{11}x_1 + a_{12}x_2 + \cdots + a_{1n}x_n + x_{n+1} = b_1 \\ a_{21}x_1 + a_{22}x_2 + \cdots + a_{2n}x_n + x_{n+2} = b_2 \\ \vdots \\ a_{m1}x_1 + a_{1m2}x_2 + \cdots + a_{mn}x_n + x_{n+m} = b_m \\ x_1, x_2, \cdots, x_n \geqslant 0, x_{n+1}, \cdots x_{n+m} \geqslant 0 \end{cases}$$

令非基变量 $x_1, \cdots, x_n$ 为零，便可得到一个初始基可行解

$$\boldsymbol{X}^{(0)} = (0, \cdots, 0, b_1, b_2, \cdots, b_m)^{\mathrm{T}}$$

因为人工变量是最后加入到原约束条件中的虚拟变量，要求将它们从基变量中逐个替换出来。若经过基的变换，基变量中含有某个非零人工变量，这表示有可行解。若在最终表中当所有 $c_j - z_j \leqslant 0$，而在其中还有某个非零人工变量，这表示无可行解。下面讨论如何求解含有人工变量的线性规划问题。

1. 大 M 法

在一个线性规划问题的约束条件中加入人工变量后，要求人工变量对目标函数取值不受影响，为此假定人工变量在目标函数（max z）中的系数为（$-M$）（M 为任意大的正数），若目标函数为 min z，则人工变量在目标函数中系数为 M，这样目标函数要实现最大化（最小化）时，应把人工变量从基变量换出，或者人工变量在基变量中，但取值为 0。否则目标函数不可能实现最大化。

例 2.16 现有线性规划问题：

$$\min z = -3x_1 + x_2 + x_3$$

$$\text{s.t.} \begin{cases} x_1 - 2x_2 + x_3 \leqslant 11 \\ -4x_1 + x_2 + 2x_3 \geqslant 3 \\ -2x_1 \quad\quad + x_3 = 1 \\ x_1, x_2, x_3 \geqslant 0 \end{cases}$$

试用大 M 法求解。

解： 在上述问题的约束条件中加入松弛变量，剩余变量，人工变量，得到

$$\min z = -3x_1 + x_2 + x_3 + 0x_4 + 0x_5 + Mx_6 + Mx_7$$

$$\text{s.t.} \begin{cases} x_1 - 2x_2 + x_3 + x_4 \quad\quad\quad = 11 \\ -4x_1 + x_2 + 2x_3 \quad - x_5 + x_6 \quad = 3 \\ -2x_1 \quad\quad + x_3 \quad\quad\quad + x_7 = 1 \\ x_1, x_2, x_3, x_4, x_5, x_6, x_7 \geqslant 0 \end{cases}$$

这里 M 是一个任意大的正数。

用单纯形法进行计算时,见表 2.6。因本例是求 min,所以用所有 $c_j - z_j \geq 0$ 来判别目标函数是否实现了最小化。表中的最终迭代表格可得到最优解:

$$x_1 = 4, x_2 = 1, x_3 = 9, x_4 = x_5 = x_6 = x_7 = 0$$

最优值:
$$z = -2$$

表 2.6

C_B	X_B	b	$c_j \to$ x_1 -3	x_2 1	x_3 1	x_4 0	x_5 0	x_6 M	x_7 M	θ_i
0	x_4	11	1	−2	1	1	0	0	0	11
M	x_6	3	−4	1	2	0	−1	1	0	3/2
M	x_7	1	−2	0	【1】	0	0	0	1	1
$c_j - z_j$			$-3+6M$	$1-M$	$1-3M$	0	M	0	0	
0	x_4	10	3	−2	0	1	0	0	−1	
M	x_6	1	0	【1】	0	0	−1	1	−2	1
1	x_3	1	−2	0	1	0	0	0	1	
$c_j - z_j$			−1	$1-M$	0	0	M	0	$3M-1$	
0	x_4	10	【3】	0	0	1	−2	2	−5	
1	x_6	1	0	1	0	0	−1	1	−2	
1	x_3	1	−2	0	1	0	0	0	1	4
$c_j - z_j$			−1	0	0	0	1	$M-1$	$M+1$	
−3	x_1	4	1	0	0	1/3	−2/3	2/3	−5/3	
1	x_2	1	0	1	0	−1	−1	1	−2	
1	x_3	9	0	0	1	−2/3	−4/3	4/3	−7/3	
$c_j - z_j \to$			2	0	0	1/3	1/3	$M-1/3$	$M-2/3$	

2. 两阶段法

用电子计算机求解含人工变量的线性规划问题时,只能用很大的数代替 M,这就可能造成计算上的错误。故介绍两阶段法求线性规划问题。

第一阶段:不考虑原问题是否存在基可行解;给原线性规划问题加入人工变量,并构造仅含人工变量的目标函数和要求实现最小化。如

$$\min \omega = x_{n+1} + \cdots + x_{n+m} + 0x_1 + \cdots + 0x_n$$

$$\text{s.t.} \begin{cases} a_{11}x_1 + \cdots + a_{1n}x_n + x_{n+1} = b_1 \\ a_{21}x_1 + \cdots + a_{2n}x_n + x_{n+2} = b_2 \\ \vdots \\ a_{m1}x_1 + \cdots + a_{mn}x_n + x_{n+m} = b_m \\ x_1, x_2, \cdots, x_{n+m} \geq 0 \end{cases}$$

然后用单纯形法求解上述模型,若得到 $\omega = 0$,这说明原问题存在基可行解,可以进行第二

阶段计算。否则原问题不可行解，应停止计算。

第二阶段：将第一阶段计算得到的最终表，除去人工变量。将目标函数换回原问题的目标函数，作为第二阶段的计算方法及步骤与单纯形法的相同。下面举例说明。

例 2.17　试用两阶段法求解下面线性规划问题。

$$\min z = -3x_1 + x_2 + x_3$$

$$\text{s.t.} \begin{cases} x_1 - 2x_2 + x_3 \leqslant 11 \\ -4x_1 + x_2 + 2x_3 \geqslant 3 \\ -2x_1 \quad\quad + 2x_3 = 1 \\ x_1, x_2, x_3 \geqslant 0 \end{cases}$$

解： 先在上述线性规划问题的约束方程中加入人工变量，给出第一阶段的数学模型为：

$$\min w = x_6 + x_7$$

$$\text{s.t.} \begin{cases} x_1 - 2x_2 + x_3 + x_4 \quad\quad\quad = 11 \\ -4x_1 + x_2 + 2x_3 \quad - x_5 + x_6 \quad = 3 \\ -2x_1 \quad\quad + 2x_3 \quad\quad\quad + x_7 = 1 \\ x_1, x_2, x_3, x_4, x_5, x_6, x_7 \geqslant 0 \end{cases}$$

这里 x_6、x_7 是人工变量。用单纯形法求解，见表 2.7。第一阶段求得的结果是 $w=0$。得到最优解是

$$x_1 = 0, \ x_2 = 1, x_3 = 1, x_4 = 12, x_5 = x_6 = x_7 = 0$$

因人工变量 $x_6 = x_7 = 0$，所以 $(0,1,1,12,0,0,0)^T$ 是这线性规划问题的基可行解。于是可以进行第二阶段运算。将第一阶段的最终表中的人工变量取消填入原问题的目标函数的系数。进行阶段计算。见表 2.8。

表 2.7

	$c_j \rightarrow$		0	0	0	0	0	1	1	θ_i
C_B	X_B	b	x_1	x_2	x_3	x_4	x_5	x_6	x_7	
0	x_4	11	1	-2	1	1	0	0	0	11
1	x_6	3	-4	1	2	0	-1	1	0	3/2
1	x_7	1	-2	0	【1】	0	0	0	1	1
	$c_j - z_j$		6	-1	-3	0	1	0	0	
0	x_4	10	3	-2	0	1	0	0	-1	
1	x_6	1	0	【1】	0	0	-1	1	-2	1
0	x_3	1	-2	0	1	0	0	0	1	
			0	-1	0	0	1	0	3	
0	x_4	12	3	0	0	1	-2	2	-5	
1	x_2	1	0	1	0	0	-1	1	-2	4
1	x_3	1	-2	0	1	0	0	0	1	
	$c_j - z_j$		0	0	0	0	0	1	1	

表 2.8

C_B	X_B	b	$c_j \rightarrow$ x_1 -3	x_2 1	x_3 1	x_4 0	x_5 0	θ_i
0	x_4	12	【3】	0	0	1	-2	4
1	x_2	1	0	1	0	0	-1	—
1	x_3	1	-2	0	1	0	0	—
	$c_j - z_j$		-1	0	0	0	1	$z=2$
0	x_1	4	1	0	0	1/3	$-2/3$	
1	x_2	1	0	1	0	0	-1	
1	x_3	9	0	0	1	2/3	$-4/3$	
	$c_j - z_j$		0	0	0	1/3	1/3	$z=-2$

从表 2.8 中得到最优解为 $x_1=4, x_2=1, x_3=9$，目标函数值 $z=-2$。

二、解的判别规则

运用单纯形表格法求解线性规划问题时，不同解的情况在表格中呈现明显不同的数字特征。

1. 无可行解
例 2.18　用两阶段法求解下列线性规划问题。

$$\min z = 5x_1 - 8x_2$$
$$\text{s. t.} \begin{cases} 3x_1 + x_2 \leqslant 6 \\ x_1 - 2x_2 \geqslant 4 \\ x_1, x_2 \geqslant 0 \end{cases}$$

解： 先加入松弛变量 x_3，剩余变量 x_4 转换为标准型

$$\min z = 5x_1 - 8x_2$$
$$\text{s. t.} \begin{cases} 3x_1 + x_2 + x_3 = 6 \\ x_1 - 2x_2 - x_4 = 4 \\ x_1, x_2, x_3, x_4 \geqslant 0 \end{cases}$$

在标准型的第二个约束条件中加入人工变量 x_5 后，构造第一阶段的问题

$$\min w = x_5$$
$$\text{s. t.} \begin{cases} 3x_1 + x_2 + x_3 = 6 \\ x_1 - 2x_2 - x_4 + x_5 = 4 \\ x_j \geqslant 0 (j=1,2,3,4,5) \end{cases}$$

用单纯形表格计算如表 2.9 所示。

表 2.9

C_B	X_B	b	x_1	x_2	x_3	x_4	x_5	θ_i
	$c_j \rightarrow$		0	0	0	0	1	
0	x_3	6	【3】	1	1	0	0	
1	x_5	4	1	-2	0	-1	1	
	$\sigma_j = c_j - z_j$		-1	2	0	1	0	
0	x_1	2	1	1/3	1/3	0	0	
1	x_5	2	0	-7/3	-1/3	-1	1	
	$\sigma_j = c_j - z_j$		0	7/3	1/3	1	0	

$\sigma_j \geqslant 0$,得到第一阶段的最优解 $X = (2,0,0,0,2)^{\mathrm{T}}$,最优目标值 $\omega = 2 \neq 0$,由于人工变量 x_5 仍在基变量中,从而原问题无可行解。

2. 无界解

例 2.19　用单纯形表格法求解下面线性规划问题:

$$\max z = x_1 + x_2$$

$$\mathrm{s.\,t.} \begin{cases} x_1 - x_2 \leqslant 1 \\ -3x_1 + 2x_2 \leqslant 6 \\ x_1, x_2 \geqslant 0 \end{cases}$$

解: 先进行标准化,得到

$$\max z = x_1 + x_2$$

$$\mathrm{s.\,t.} \begin{cases} x_1 - x_2 + x_3 = 1 \\ -3x_1 + 2x_2 + x_4 = 6 \\ x_1, x_2, x_3, x_4 \geqslant 0 \end{cases}$$

填入单纯形表中计算,如表 2.10 所示。

表 2.10

C_B	X_B	b	x_1	x_2	x_3	x_4	θ_i
	$c_j \rightarrow$		1	1	0	0	
0	x_3	1	【1】	-1	1	0	1
0	x_4	6	-3	2	0	1	—
	$\sigma_j = c_j - z_j$		1	1	0	0	
1	x_1	1	1	-1	1	0	
0	x_4	9	0	-1	3	1	
	$\sigma_j = c_j - z_j$		0	2	-1	0	

观察表格中的检验数,第 2 次迭代的检验数 $\sigma_2 = 2$,可知此时的基可行解 $x_1 = 1, x_2 = 0$, $x_3 = 0, x_4 = 9$ 不是最优解。如果进行第 3 次迭代,则应该选 x_2 为入基变量,但是在选择出基变量时无法选择。因 $\bar{a}_{12} = -1, \bar{a}_{22} = -1$,找不到非负的 a_{ij} 来确定出基变量。此时,该线性规划问题具有无界解。即此线性规划问题在约束条件下的目标函数值可以取到无界。从第 2 次迭代的单纯形表中,得到约束方程:

$$x_1 - x_2 + x_3 = 1$$
$$-x_2 + 3x_3 + x_4 = 9$$

移项可得

$$x_1 = 1 + x_2 - x_3$$
$$x_4 = x_2 - 3x_3 + 9$$

不妨设 $x_2 = M, x_3 = 0$,可以得到一组解:

$$x_1 = M + 1$$
$$x_2 = M$$
$$x_3 = 0$$
$$x_4 = M + 9$$

可知这是此线性规划的一组可行解,此时目标函数值为

$$z = x_1 + x_2 = M + 1 = 2M + 1$$

由于 M 是任意大的正数,可知此目标函数值无界。线性规划问题出现无界解通常是由于建模错误引起的。

3. 无穷多解

例 2.20 用单纯形表求解下面的线性规划问题:

$$\max z = 50x_1 + 50x_2$$
$$\text{s.t.} \begin{cases} x_1 + x_2 \leqslant 300 \\ 2x_1 + x_2 \leqslant 400 \\ \quad\quad x_2 \leqslant 250 \\ x_1, x_2 \geqslant 0 \end{cases}$$

解:先加入松弛变量转换为标准形式:

$$\max z = 50x_1 + 50x_2$$
$$\text{s.t.} \begin{cases} x_1 + x_2 + x_3 \quad\quad\quad = 300 \\ 2x_1 + x_2 \quad\quad + x_4 \quad = 400 \\ \quad\quad x_2 \quad\quad\quad + x_5 = 250 \\ x_1, x_2, x_3, x_4, x_5 \geqslant 0 \end{cases}$$

填入单纯形表格进行计算,如表 2.11 所示。

表 2.11

C_B	X_B	b	$c_j \rightarrow$ 50	50	0	0	0	θ_i
			x_1	x_2	x_3	x_4	x_5	
0	x_3	300	1	1	1	0	0	300
0	x_4	400	2	1	0	1	0	400
0	x_5	250	0	【1】	0	0	1	250
$\sigma_j = c_j - z_j$			50	50	0	0	0	$z = 0$
0	x_3	50	【1】	0	1	0	-1	50
0	x_4	150	2	0	0	1	-1	75
50	x_2	250	0	1	0	0	1	—
$\sigma_j = c_j - z_j$			50	0	0	0	-50	$z = 12\,500$
50	x_1	50	1	0	1	0	-1	—
0	x_4	50	0	0	-2	1	1	50
50	x_2	250	0	1	0	0	1	250
$\sigma_j = c_j - z_j$			0	0	-50	0	0	$z = 15\,000$

求得最优解为 $x_1 = 50, x_2 = 250, x_3 = 0, x_4 = 50, x_5 = 0$,此线性规划问题的最优目标函数值为 15 000。该最优解是否是唯一的呢?在第 3 次迭代的检验数中除了基变量的检验数 σ_1,σ_2,σ_4 等于零外,非基变量 x_5 的检验数也等于零,由此可以断定该线性规划问题有无穷多最优解。为了求出其他的最优解,可以将检验数也为零的非基变量选为入基变量进行迭代。具体计算过程可以参照表 2.12。

表 2.12

C_B	X_B	b	$c_j \rightarrow$ 50	50	0	0	0	θ_i
			x_1	x_2	x_3	x_4	x_5	
50	x_1	100	1	0	-1	1	0	
0	x_5	50	0	0	-2	1	1	
50	x_2	200	0	1	2	-1	0	
$\sigma_j = c_j - z_j$			0	0	-50	0	0	$z = 15\,000$

此时从表 2.12 中可读出最优解为 $x_1 = 10, x_2 = 200, x_3 = 0, x_4 = 0, x_5 = 50$。其实,若用图解法求解该线性规划问题可知连接以上两组最优解所对应的两点的线段上的任一点都是此线性规划的最优解。利用向量形式可将所有最优解表示为:

$$\boldsymbol{P}_1 = (50, 250, 0, 50, 0)$$
$$\boldsymbol{P}_2 = (100, 200, 0, 0, 50)$$

两点连线上的任一点(即最优解)可以表示为：$\alpha \boldsymbol{P}_1 + (1-\alpha)\boldsymbol{P}_2$，其中 $0 \leqslant \alpha \leqslant 1$。

4. 退化与循环

单纯形法计算中用 θ 规则确定换出变量时，有时存在两个以上相同的最小比值，这样在下一次迭代中就有一个或几个基变量等于零，这就出现退化解。这时换出变量 $x_l = 0$，迭代后目标函数值不变。这时不同基表示为同一顶点。有人构造了一个特例，当出现退化时，进行多次迭代，而基从 $\boldsymbol{B}_1, \boldsymbol{B}_2, \cdots$ 又返回到 $\boldsymbol{B}_1$，即出现计算过程的循环，便永远达不到最优解。

例 2.21 求解下列线性规划问题

$$\min z = -x_1 - x_2 - 4x_3 + x_4$$

$$\text{s.t.} \begin{cases} x_1 & + x_3 - x_4 = 1 \\ & x_2 + x_3 + x_4 = 1 \\ x_j \geqslant 0 (j=1,2,3,4) \end{cases}$$

解： 用单纯形法求解其过程如表 2.13 所示。

表 2.13

C_B	X_B	b	$c_j \rightarrow$ x_1 (-1)	x_2 (-1)	x_3 (-4)	x_4 (1)	θ_i
-1	x_1	1	1	0	【1】	-1	1
-1	x_2	1	0	1	1	1	1
	$\sigma_j = c_j - z_j$		0	0	-2	1	$z=-2$
-4	x_3	1	1	0	1	-1	—
-1	x_2	0	-1	1	0	【2】	0
	$\sigma_j = c_j - z_j$		2	0	0	-1	$z=-4$
-4	x_3	1	1/2	1/2	1	0	
1	x_4	0	$-1/2$	1/2	0	1	
	$\sigma_j = c_j - z_j$		3/2	1/2	0	0	$z=-4$

由表 2.13 可看出，最小比值有两个，迭代后基变量 $x_2 = 0$，这样的基可行解称为退化解。

在退化解的情况下，迭代前后目标函数值可能不变，在本线性规划问题中从第二张表到第三张表，z 都为 -4，因而存在这样的情况：经过若干次迭代后，又转回到原来的基可行解，继续迭代出现了无穷的循环，最优解永远得不到。

但在实际中几乎不会出现循环现象。如有相同的比值时也可以任意选择出基变量，不必考虑出现循环的后果，如果发现了循环，就选择另一个出基变量。

尽管计算过程的循环现象极少出现，但还是有可能的。如何解决这问题？先后有人提出了"摄动法"，"辞典序"。1974 年由勃兰特(Bland)提出一种简便的规则，简称勃兰特规则：

1) 选取 $c_j - z_j > 0$ 中下标最小的非基变量 x_k 为换入变量，即

$$k = \min(j \mid c_j - z_j > 0)$$

2）当按 θ 规则计算存在两个以上最小比值时,选取下标最小的基变量为换出变量。

按勃兰特规则计算时,一定能避免出现循环。

三、单纯形法小结

对给定的线性规划问题应首先化为标准形式,选取或构造一个单位矩阵作为基,求出初始基可行解并列出初始单纯形表。对各种类型的线性规划问题如何化为标准形式可参见表 2.14。其中 x_{si} 为松弛变量（或剩余变量）,x_{ai} 为人工变量。见表 2.14。

表 2.14

变量	$x_j \geqslant 0$		不需要处理
	$x_j \leqslant 0$		令 $x'_j = -x_j; x'_j \geqslant 0$
	x_j 无约束		令 $x_j = x'_j - x''_j; x'_j, x''_j \geqslant 0$
约束条件	$b \geqslant 0$		不需要处理
	$b < 0$		约束条件两端同乘 -1
	$\leqslant$		加松弛变量 x_{si}
	$=$		加人工变量 x_{ai}
	$\geqslant$		减去剩余（松弛）变量 x_{si},加人工变量 x_{ai}
目标函数	$\max z$		不需要处理
	$\min z$		令 $z' = -z$,求 $\max z'$
	加入变量的系数	松弛变量 x_{si}	0
		人工变量 x_{ai}	$-M$

对目标函数 max 的线性规划问题,单纯形法计算步骤的框图如图 2.9 所示。

根据本节的分析讨论,总结线性规划问题几种特殊的解的情形:

(1)唯一最优解的判断:最优表中所有非基变量的检验数非零,则线性规划具有唯一最优解。

(2)多重最优解的判断:最优表中存在非基变量的检验数为零,则线性规划具有多重最优解。

(3)无界解的判断:存在某一个检验数 $\sigma_j \geqslant 0$,且该列的系数向量的每个元素 $a_{ij} \leqslant 0 (i=1, 2, \cdots, m)$,则线性规划具有无界解。

(4)无可行解的判断:

①当用大 M 单纯形法计算得到最优解并且存在 $x_{ai} > 0$ 时,则表明原线性规划无可行解。

②当第一阶段的最优值 $z > 0$ 时,则原问题无可行解。

(5)退化基本可行解的判断:存在某个基变量为零的基本可行解。

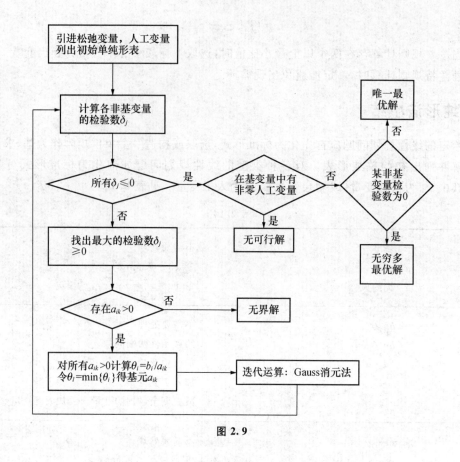

图 2.9

第七节　线性规划应用举例

　　线性规划在生产和管理中有着非常广泛的应用,大到一个国家或者一个部门的发展规划,小到一个工厂、车间或一个班组的生产安排,一个公司的投资决策等问题,都有成功运用的案例。本节选取几个经过简化了的例题,使初学者在建立模型解决实际问题方面得到一些启发,了解或掌握一些常用的步骤和技巧。

　　线性规划的应用非常广泛,特别是在经济管理领域有大量的实际问题可以归纳为线性规划问题来研究,有些问题背景不同、表现各异,但它们的数学模型却有着完全相同的形式。尽可能多地掌握一些典型模型不仅有助于深刻理解线性规划本身的理论,而且有利于灵活地处理千差万别的问题,提高解决实际问题的能力。下面举例说明线性规划在经济管理方面的应用与分析。

　　线性规划的理论与计算方法比较成熟,所以,对具体的问题,建立起正确的线性规划模型,进行计算,直至获取解。根据实际问题建立线性规划数学模型是本章的重点内容之一。建立线性规划模型,主要遵循以下三个步骤:

　　(1)定义决策变量:每一个实际问题往往都归结为求一个最佳方案,为了寻找最优方案,首先需要设定一组决策变量,用以表示待求方案。

　　(2)整理约束条件:每一个实际问题在解决时都要受到一定条件的制约,因此,模型中要把各种制约因素用决策变量的线性等式或不等式表示出来。

（3）确定目标函数：就是把所要达到的最优目标用决策变量的线性函数求极值表示出来。

一、最优生产计划问题

例 2.22　某企业拟用 m 种资源（$i=1,2,\cdots,m$）生产 n 种产品（$j=1,2,\cdots,n$）。已知第 i 种资源的数量为 b_i，其单价为 P_i，第 j 种单位产品的产值为 V_j，消耗第 i 种资源的数量为 a_{ij}，合同量为 e_j，最高需求为 d_j。问企业应如何拟订生产计划使得所获利润最大？

解：根据题意，设 x_j（$j=1,2,\cdots,n$）为第 j 种产品的生产量，z_1 表示产值，z_2 表示消耗的资源成本，z 表示企业所获利润，则有：

（1）第 j 种产品的生产量要不少于合同量，即 $x_j \geqslant e_j$（$j=1,2,\cdots,n$）

（2）第 j 种产品的生产量不高于最高需求量，即 $x_j \leqslant d_j$，（$j=1,2,\cdots,n$）

（3）所有产品共消耗第 i 种资源数小于 b_i，即 $\sum_{j=1}^{n} a_{ij}x_j \leqslant b_i$（$i=1,2,\cdots,m$）

又有利润＝产值－成本，所以有

$$z = z_1 - z_2 = \sum_{j=1}^{n} V_j x_j - \sum_{i=1}^{m} P_i \sum_{j=1}^{n} a_{ij}x_j = \sum_{j=1}^{n} \left(V_j - \sum_{i=1}^{m} P_i a_{ij} \right) x_j$$

建立线性规划模型可表示如下：

$$\max z = z_1 - z_2 = \sum_{j=1}^{n} \left(V_j - \sum_{i=1}^{m} P_i a_{ij} \right) x_j$$

$$\text{s.t.} \begin{cases} x_j \geqslant e_j (j=1,2,\cdots,n) \\ x_j \leqslant d_j (j=1,2,\cdots,n) \\ \sum_{j=1}^{n} a_{ij}x_j \leqslant b_i (i=1,2,\cdots,m) \\ x_j \geqslant 0 (j=1,2,\cdots,n) \end{cases}$$

二、配料问题

例 2.23　某染化料厂要用 C、P、H 三种原料混合配制出 A、B、D 三种不同规格的产品，原料 C、P、H 每天的最大供产量分别为 100、100、60 kg，每千克单价分别为 65、25、35 元。产品 A 要求原料 C 含量不少于 50%，含原料 P 不超过 25%；产品 B 含原料 C 不得少于 25%，含原料 P 不超过 50%；产品 D 的原料配比没有限制。产品 A、B 含原料 H 的数量没有限制要求，产品 A、B、D 每千克的单价分别为 50、35、25 元。问应如何安排生产，使得利润达到最大？

解：安排生产计划，即安排每天三种产品的产量及每种产品所用的原料的数量。

设 A_C、A_R、A_H 分别表示产品 A（同时也用 A 表示 A 的产量）中三种原料的成分，产品 B、D 类似。由题意：

$$A_C \geqslant \frac{1}{2}A, A_P \leqslant \frac{1}{4}A, B_C \geqslant \frac{1}{4}B, B_P \leqslant \frac{1}{2}B$$

再由原料配比约束、用量约束得到：

$$\begin{cases} A_C + A_P + A_H = A \\ B_C + B_P + B_H = B \end{cases}$$

$$\begin{cases} -\dfrac{1}{2}A_C + \dfrac{1}{2}A_P + \dfrac{1}{2}A_H \leqslant 0 \\[2mm] -\dfrac{1}{4}A_C + \dfrac{3}{4}A_P - \dfrac{1}{4}A_H \leqslant 0 \\[2mm] -\dfrac{3}{4}B_C + \dfrac{1}{4}B_P + \dfrac{1}{4}B_H \leqslant 0 \\[2mm] -\dfrac{1}{2}B_C + \dfrac{1}{2}B_P - \dfrac{1}{2}B_H \leqslant 0 \end{cases}$$

$$\begin{cases} A_C + B_C + D_C \leqslant 100 \\ A_P + B_P + D_P \leqslant 100 \\ A_H + B_H + D_H \leqslant 60 \end{cases}$$

产量的销售额为：

$$50(A_C + A_P + A_H) + 35(B_C + B_P + B_H) + 25(D_C + D_P + D_H)$$

原料的费用为：

$$65(A_C + B_C + D_C) + 25(A_P + B_P + D_P) + 35(A_H + B_H + D_H)$$

为了书写方便，依次用 $x_1, x_2, \cdots, x_9$ 表示 $A_C, A_P, A_H, B_C, B_P, B_H, D_C, D_P, D_H$ 销售额减去原料费用（假定不计其他成本）为利润，经整理，线性规划模型为：

$$\max z = -15x_1 + 25x_2 + 15x_3 - 30x_4 + 10x_5 - 40x_7 - 10x_9$$

$$\text{s.t.} \begin{cases} -x_1 + x_2 + x_3 & \leqslant 0 \\ -x_1 + 3x_2 - x_3 & \leqslant 0 \\ -3x_4 + x_5 + x_6 & \leqslant 0 \\ -x_4 + x_5 - x_6 & \leqslant 0 \\ x_1 \quad\quad + x_4 \quad\quad + x_7 & \leqslant 100 \\ x_2 \quad\quad + x_5 \quad\quad + x_8 & \leqslant 100 \\ x_3 \quad\quad + x_6 \quad\quad + x_9 & \leqslant 60 \\ x_j \geqslant 0, j = 1, \cdots, 9 \end{cases}$$

经过计算，最优解为 $x_1^* = 100, x_2^* = 50, x_3^* = 50$，其余变量为零。$Z^* = 500$，即每天只生产产品 A 200 kg，需原料 C 为 100 kg，P 为 50 kg，H 为 50 kg，每天获利 500 元。

三、招工问题

例 2.24 某公司有三项工作需分别招收技工和力工来完成。第一项工作可由一个技工单独完成，或由一个技工和两个力工组成的小组来完成。第二项工作可由一个技工或一个力工单独去完成。第三项工作可由五个力工组成的小组完成，或由一个技工领着三个力工来完成。已知技工和力工每周工资分别为 100 元和 80 元，他们每周都工作 48 h，但他们每人实际的有效工作小时数分别为 42 h 和 36 h。为完成这三项工作任务，该公司需要每周总有效工作小时数为:第一项工作 10 000 h。第二项工作 20 000 h,第三项工作 30 000 h。又能招收到的工人数为技工不超过 400 人,力工不超过 800 人。试建立数学模型,确定招收技工和力工各多少人。使总的工资支出为最少?

解:设 x_{ij} 为用 $j(j=1,2)$ 种方式完成第 $i(i=1,2,3)$ 项工作时招收的工人组数(第一项工作用第一种方式完成时,每个工人组内含技工 1 人,如用第二种方式完成时,每种组合需要技工 1 人、力工 3 人等)。由于该公司追求的目标是使得公司用于招募工人的工资成本最小化,如果我们用 z 表示用于招募工人的总成本,那么该公司的目标函数可以写成以下形式:

$$\min z = 100(x_{11}+x_{12}+x_{21}+x_{32})+80(2x_{12}+x_{22}+5x_{31}+3x_{32})$$

由于该公司对每项工作都有有效工作时间的规定,即从使任何一项工作的实际时间都不得小于该项工作的有效工作时间,所以得到以下的约束条件不等式组:

$$40x_{11}+(40+2\times32)x_{12}\geqslant 10\ 000$$
$$40x_{21}+32x_{22}\geqslant 20\ 000$$
$$(5\times32)x_{31}+(40+3\times32)x_{32}\geqslant 30\ 000$$

又因为每一工种的人数一定,所以实际使用的人员数量不能超过各工种的实际拥有量,因此,得出下列不等式约束条件组:

$$x_{11}+x_{12}+x_{21}+x_{32}\leqslant 400$$
$$2x_{12}+x_{22}+5x_{31}+3x_{32}\leqslant 800$$

于是,该问题的线性规划模型表示为:

$$\min z = 100(x_{11}+x_{12}+x_{21}+x_{32})+80(2x_{12}+x_{22}+5x_{31}+3x_{32})$$

$$\text{s.t.}\begin{cases} 40x_{11}+(40+2\times32)x_{12}\geqslant 10\ 000 \\ 40x_{21}+32x_{22}\geqslant 20\ 000 \\ (5\times32)x_{31}+(40+3\times32)x_{32}\geqslant 30\ 000 \\ x_{11}+x_{12}+x_{21}+x_{32}\leqslant 400 \\ 2x_{12}+x_{22}+5x_{31}+3x_{32}\leqslant 800 \\ x_{ij}\geqslant 0,(i=1,2,3;j=1,2) \end{cases}$$

四、人力资源问题

例 2.25　某昼夜服务公交公司的公交线路每天各时段内所需司机和乘务人员如表 2.15 所示。

表 2.15

班次	时间	所需人数	班次	时间	所需人数
1	6:00—10:00	60	4	18:00—22:00	50
2	10:00—14:00	70	5	22:00—2:00	20
3	14:00—18:00	60	6	2:00—6:00	30

设司机和乘务人员分别在各时间段一开始时上班,并连续工作 8 h,问该公交线路怎样安排司机和乘务人员,既能满足工作需要,又配备最少司机和乘务人员?

解:设 x_i 表示第 i 班次时开始上班的司机和乘务人员数,建立如下的数学模型。

目标函数: $\min z = x_1 + x_2 + x_3 + x_4 + x_5 + x_6$

约束条件:

$$\text{s.t.}\begin{cases} x_1 + x_6 \geqslant 60 \\ x_1 + x_2 \geqslant 70 \\ x_2 + x_3 \geqslant 60 \\ x_3 + x_4 \geqslant 50 \\ x_4 + x_5 \geqslant 20 \\ x_5 + x_6 \geqslant 30 \\ x_1, x_2, x_3, x_4, x_5, x_6 \geqslant 0 \end{cases}$$

例 2.26 一家中型的百货商场,它对售货员的需求经过统计分析如表 2.16 所示。为了保证售货人员充分休息,售货人员每周工作 5 天,休息两天,并要求休息的两天是连续的。问应该如何安排售货人员的作息,既满足工作需要,又使配备的售货人员的人数最少?

表 2.16

时间	所需售货员人数	时间	所需售货员人数
星期日	28	星期四	19
星期一	15	星期五	31
星期二	24	星期六	28
星期三	25		

解:设 $x_i(i=1,2,\cdots,7)$ 表示星期一至星期日开始休息的人数,建立如下的线性规划模型。

目标函数: $\min z = x_1 + x_2 + x_3 + x_4 + x_5 + x_6 + x_7$

约束条件:

$$\text{s.t.}\begin{cases} x_1 + x_2 + x_3 + x_4 + x_5 \geqslant 28 \\ x_2 + x_3 + x_4 + x_5 + x_6 \geqslant 15 \\ x_3 + x_4 + x_5 + x_6 + x_7 \geqslant 24 \\ x_4 + x_5 + x_6 + x_7 + x_1 \geqslant 25 \\ x_5 + x_6 + x_7 + x_1 + x_2 \geqslant 19 \\ x_6 + x_7 + x_1 + x_2 + x_3 \geqslant 31 \\ x_7 + x_1 + x_2 + x_3 + x_4 \geqslant 28 \\ x_1, x_2, x_3, x_4, x_5, x_6, x_7 \geqslant 0 \end{cases}$$

五、合理下料问题

例 2.27 现要将长度为 10 m 的钢材截成 3 m、4 m、5 m 长的材料各 70 根。应如何安排,使消耗的钢材的根数最少(使用的原材料最省)?

解:由题意知可有 6 种可供选择的下料方案,如表 2.17 所示。

表 2.17

方案	I	II	III	IV	V	VI
3 m	0			1	2	3
4 m	1	2			1	
5 m	1		2	1		
余料	1	2	0	2	0	1

因此,设有 6 种下料方案,每一种下料方案的原材料根数分别为 x_1,x_2,x_3,x_4,x_5,x_6,根据题意可得到如下线性规划模型:

$$\min z = x_1 + 2x_2 + 2x_4 + x_6$$

$$\text{s.t.} \begin{cases} x_4 + 2x_5 + 3x_6 = 70 \\ x_1 + 2x_2 \qquad\quad + x_5 \qquad = 70 \\ x_1 \qquad + 2x_3 + x_4 \qquad = 70 \\ x_i \geqslant 0 (i = 1,2,\cdots,6) \end{cases}$$

或

$$\min z = x_1 + x_2 + x_3 + x_4 + x_5 + x_6$$

$$\text{s.t.} \begin{cases} x_4 + 2x_5 + 3x_6 = 70 \\ x_1 + 2x_2 + \quad x_5 = 70 \\ x_1 + 2x_3 + \quad x_4 = 70 \\ x_i \geqslant 0 (i = 1,2,\cdots,6) \end{cases}$$

通过计算可以得出两个模型的最优解相同。

六、投资问题

例 2.28　已知某集团有 10 000 万元的资金用于投资,该集团有 5 个可供选择的投资项目。各项目数据如表 2.18 所示:

表 2.18

投资项目	风险/%	红利/%	增长/%	评级
1	10	5	10	11
2	6	8	17	3
3	18	7	14	2
4	12	6	22	4
5	4	10	7	2

该集团的目标为:每年红利至少是 800 万元,最低平均增长率 14%,平均评级不超过 2.5,该集团应如何安排投资,使投资风险最小?

解:设 x_i 表示第 i 项目的投资额 $i=1,2,3,4,5$。

目标是投资风险最小化,因此目标函数为

$$\min z = 0.1x_1 + 0.06x_2 + 0.18x_3 + 0.12x_4 + 0.04x_5$$

约束条件分别为:

各项目投资总额为 10 000 元：

$$x_1 + x_2 + x_3 + x_4 + x_5 = 10\ 000$$

所得红利最少为 800 万元：

$$0.05x_1 + 0.08x_2 + 0.07x_3 + 0.06x_4 + 0.1x_5 \geqslant 800$$

增加额不低于 1 400 万元：

$$0.1x_1 + 0.17x_2 + 0.14x_3 + 0.22x_4 + 0.07x_5 \geqslant 1\ 400$$

平均评级不超过 2.5：

$$\frac{11x_1 + 3x_2 + 2x_3 + 4x_4 + 2x_5}{x_1 + x_2 + x_3 + x_4 + x_5} \leqslant 2.5$$

这是一个非线性约束，很容易转化为线性约束：

$$8.5x_1 + 0.5x_2 - 0.5x_3 + 1.5x_4 - 0.5x_5 \leqslant 0$$

非负约束

$$x_i \geqslant 0 (i = 1, 2, \cdots, 5)$$

数学模型为：

$$\min z = 0.1x_1 + 0.06x_2 + 0.18x_3 + 0.12x_4 + 0.04x_5$$

$$\text{s.t.} \begin{cases} x_1 + x_2 + x_3 + x_4 + x_5 = 10\ 000 \\ 0.05x_1 + 0.08x_2 + 0.07x_3 + 0.06x_4 + 0.1x_5 \geqslant 800 \\ 0.1x_1 + 0.17x_2 + 0.14x_3 + 0.22x_4 + 0.07x_5 \geqslant 1\ 400 \\ 8.5x_1 + 0.5x_2 - 0.5x_3 + 1.5x_4 - 0.5x_5 \leqslant 0 \\ x_i \geqslant 0 (i = 1, 2, \cdots, 5) \end{cases}$$

通过仿真软件求解可以得到最优解为：

$$x_1 = 0, x_2 = 4\ 357, x_3 = 3\ 750, x_4 = 0, x_5 = 1\ 875$$

主要概念及内容

线性规划（linear programming, LP）　　目标函数（objective function）

约束条件（constraint set）　　可行解（feasible solution）

可行域（feasible region）　　数学模型（mathematical models）

单纯形法（simplex method）　　右端项（right-hand side）

图解法（graphical solution）　　基（basis）

基变量（basic variable）　　非基变量（non.basic variable）

基本解（basic solution）　　基本可行解（basic feasible solution）

最优解（opti-mal solution）　　决策变量（decision variable）

大 M 法（the big M method）　　两阶段法（the two phase method）

复习思考题

1. 线性规划问题的一般形式有何特征?

2. 建立一个实际问题的数学模型一般要几步?

3. 两个变量的线性规划问题的图解法的一般步骤是什么?

4. 求解线性规划问题时可能出现几种结果,哪种结果反映建模时有错误?

5. 什么是线性规划的标准型? 如何把一个非标准形式的线性规划问题转化成标准形式?

6. 试述线性规划问题的可行解、基础解、基础可行解、最优解、最优基础解的概念及它们之间的相互关系。

7. 试述单纯形法的计算步骤,如何在单纯形表上判别问题具有唯一最优解、有无穷多个最优解、无界解或无可行解?

8. 在什么样的情况下采用人工变量法? 人工变量法包括哪两种解法?

9. 大 M 法中,M 的作用是什么? 对最小化问题,在目标函数中人工变量的系数取什么? 最大化问题呢?

10. 什么是单纯形法的两阶段法? 两阶段法的第一段是为了解决什么问题? 在怎样的情况下,继续第二阶段?

习题

1. 请用图解法求解下列线性规划问题并指出解的类型。

(1) $\max z = -2x_1 + x_2$

$$\text{s.t.} \begin{cases} x_1 + x_2 \geqslant 1 \\ x_1 - 3x_2 \geqslant -1 \\ x_1, x_2 \geqslant 0 \end{cases}$$

(2) $\min z = -x_1 - 3x_2$

$$\text{s.t.} \begin{cases} 2x_1 - x_2 \geqslant -2 \\ 2x_1 + 3x_2 \leqslant 12 \\ x_1 \geqslant 0, x_2 \geqslant 0 \end{cases}$$

(3) $\min z = -3x_1 + 2x_2$

$$\text{s.t.} \begin{cases} x_1 + 2x_2 \leqslant 11 \\ -x_1 + 4x_2 \leqslant 10 \\ 2x_1 - x_2 \leqslant 7 \\ x_1 - 3x_2 \leqslant 1 \\ x_1, x_2 \geqslant 0 \end{cases}$$

(4) $\max z = x_1 + x_2$

$$\text{s.t.} \begin{cases} 3x_1 + 8x_2 \leqslant 12 \\ x_1 + 2x_2 \leqslant 2 \\ 2x_1 \leqslant 3 \\ x_1, x_2 \geqslant 0 \end{cases}$$

(5) $\min z = x_1 + 2x_2$

$$\text{s.t.} \begin{cases} x_1 - x_2 \geqslant 2 \\ x_1 \geqslant 3 \\ x_2 \leqslant 6 \\ x_1, x_2 \geqslant 0 \end{cases}$$

(6) $\max z = x_1 + 2x_2$

$$\text{s.t.} \begin{cases} x_1 - x_2 \geqslant 2 \\ x_1 \geqslant 3 \\ x_2 \leqslant 6 \\ x_1, x_2 \geqslant 0 \end{cases}$$

(7) $\min z = 2x_1 - 5x_2$

$$\text{s.t.} \begin{cases} x_1 + 2x_2 \geqslant 6 \\ x_1 + x_2 \leqslant 2 \\ x_1, x_2 \geqslant 0 \end{cases}$$

(8) $\max z = 2.5x_1 + 2x_2$

$$\text{s.t.} \begin{cases} 2x_1 + x_2 \leqslant 8 \\ 0.5x_1 \leqslant 1.5 \\ x_1 + 2x_2 \leqslant 10 \\ x_1, x_2 \geqslant 0 \end{cases}$$

2. 将下列线性规划化为标准形式。

(1) max $z = x_1 + 4x_2 - x_3$

$$\text{s.t.} \begin{cases} 2x_1 + x_2 + 3x_3 \leqslant 20 \\ 5x_1 - 7x_2 + 4x_3 \geqslant 3 \\ 10x_1 + 3x_2 + 6x_3 \geqslant -5 \\ x_1 \geqslant 0, x_2 \geqslant 0, x_3 \text{ 无限制} \end{cases}$$

(2) min $z = 9x_1 - 3x_2 + 5x_3$

$$\text{s.t.} \begin{cases} |6x_1 + 7x_2 - 4x_3| \leqslant 20 \\ x_1 \geqslant 5 \\ x_1 + 8x_2 = -8 \\ x_1 \geqslant 0, x_2 \geqslant 0, x_3 \geqslant 0 \end{cases}$$

(3) max $z = 2x_1 + 3x_2$

$$\text{s.t.} \begin{cases} 1 \leqslant x_1 \leqslant 5 \\ -x_1 + x_2 = -1 \\ x_1 \geqslant 0, x_2 \geqslant 0 \end{cases}$$

(4) max $z = \min(3x_1 + 4x_2, x_1 + x_2 + x_3)$

$$\text{s.t.} \begin{cases} x_1 + 2x_2 + x_3 \leqslant 30 \\ 4x_1 - x_2 + 2x_3 \geqslant 15 \\ 9x_1 + x_2 + 6x_3 \geqslant -5 \\ x_1 \text{ 无约束}, x_2, x_3 \geqslant 0 \end{cases}$$

3. 设线性规划

$$\max z = 5x_1 + 2x_2$$

$$\text{s.t.} \begin{cases} 2x_1 + 3x_2 + x_3 = 50 \\ 4x_1 - 2x_2 + x_4 = 60 \\ x_j \geqslant 0, j = 1, \cdots, 4 \end{cases}$$

取基 $\boldsymbol{B}_1 = (\boldsymbol{P}_1, \boldsymbol{P}_3) = \begin{bmatrix} 2 & 1 \\ 4 & 0 \end{bmatrix}$、$\boldsymbol{B}_2 = \begin{bmatrix} 2 & 0 \\ 4 & 1 \end{bmatrix}$，分别指出 $\boldsymbol{B}_1$ 和 $\boldsymbol{B}_2$ 对应的基变量和非基变量，求出基本解，并说明 $\boldsymbol{B}_1$、$\boldsymbol{B}_2$ 是不是可行基。

4. 分别用图解法和单纯形法求解下列线性规划，指出单纯形法迭代的每一步的基可行解对应于图形上的哪一个极点。

(1) max $z = x_1 + 3x_2$

$$\text{s.t.} \begin{cases} -2x_1 + x_2 \leqslant 2 \\ 2x_1 + 3x_2 \leqslant 12 \\ x_1, x_2 \geqslant 0 \end{cases}$$

(2) min $z = -3x_1 - 5x_2$

$$\text{s.t.} \begin{cases} x_1 + 2x_2 \leqslant 6 \\ x_1 + 4x_2 \leqslant 10 \\ x_1 + x_2 \leqslant 4 \\ x_1 \geqslant 0, x_2 \geqslant 0 \end{cases}$$

5. 求出以下不等式组所定义的多面体的所有极点。

(1)

$$\begin{aligned} x_1 \qquad + x_2 + x_3 &\leqslant 5 \\ -x_1 \qquad + x_2 + 2x_3 &\leqslant 6 \\ x_1, x_2, x_3 &\geqslant 0 \end{aligned}$$

(2)

$$\begin{aligned} x_1 + x_2 + x_3 &\leqslant 1 \\ -x_1 + 2x_2 \qquad &\leqslant 4 \\ x_1, x_2, x_3 &\geqslant 0 \end{aligned}$$

6. 在以下问题中，列出所有的基，指出其中的可行基，基础可行解以及最优解。

$$\max z = 2x_1 + x_2 - x_3$$

$$\text{s.t.}\begin{cases} x_1 + x_2 + 2x_3 \leqslant 6 \\ x_1 + 4x_2 - x_3 \leqslant 4 \\ x_1, x_2, x_3 \geqslant 0 \end{cases}$$

7. 用单纯形法求解下列线性规划。

(1) $\max z = 3x_1 + 4x_2 + x_3$

$$\text{s.t.}\begin{cases} 2x_1 + 3x_2 + x_3 \leqslant 1 \\ x_1 + 2x_2 + 2x_3 \leqslant 3 \\ x_j \geqslant 0, j = 1, 2, 3 \end{cases}$$

(2) $\max z = 2x_1 + x_2 - 3x_3 + 5x_4$

$$\text{s.t.}\begin{cases} x_1 + 5x_2 + 3x_3 - 7x_4 \leqslant 30 \\ 3x_1 - x_2 + x_3 + x_4 \leqslant 10 \\ 2x_1 - 6x_2 - x_3 + 4x_4 \leqslant 20 \\ x_j \geqslant 0, j = 1, \cdots, 4 \end{cases}$$

(3) $\max z = 3x_1 + 2x_2 - \dfrac{1}{8}x_3$

$$\text{s.t.}\begin{cases} -x_1 + 2x_2 + 3x_3 \leqslant 4 \\ 4x_1 - 2x_3 \leqslant 12 \\ 3x_1 + 8x_2 + 4x_3 \leqslant 10 \\ x_1, x_2, x_3 \geqslant 0 \end{cases}$$

(4) $\min z = -2x_1 - x_2 - 4x_3 + x_4$

$$\text{s.t.}\begin{cases} x_1 + 2x_2 + x_3 - 3x_4 \leqslant 8 \\ -x_2 + x_3 + 2x_4 \leqslant 10 \\ 2x_1 + 7x_2 - 5x_3 - 10x_4 \leqslant 20 \\ x_j \geqslant 0, j = 1, \cdots, 4 \end{cases}$$

8. 分别用大 M 法和两阶段法求解下列线性规划。

(1) $\max z = 10x_1 - 5x_2 + x_3$

$$\text{s.t.}\begin{cases} 5x_1 + 3x_2 + x_3 = 10 \\ -5x_1 + x_2 - 10x_3 \leqslant 15 \\ x_j \geqslant 0, j = 1, 2, 3 \end{cases}$$

(2) $\min z = 5x_1 - 6x_2 - 7x_3$

$$\text{s.t.}\begin{cases} x_1 + 5x_2 - 3x_3 \geqslant 15 \\ 5x_1 - 6x_2 + 10x_3 \leqslant 20 \\ x_1 + x_2 + x_3 = 5 \\ x_j \geqslant 0, j = 1, 2, 3 \end{cases}$$

9. 在第 3 题中，对于基 $\boldsymbol{B} = \begin{bmatrix} 2 & 1 \\ 4 & 0 \end{bmatrix}$，求所有变量的检验数 $\sigma_j (j = 1, \cdots, 4)$，并判断 $\boldsymbol{B}$ 是不是最优基。

10. 已知线性规划

$$\max z = 5x_1 + 8x_2 + 7x_3 + 4x_4$$

$$\text{s.t.}\begin{cases} 2x_1 + 3x_2 + 3x_3 + 2x_4 \leqslant 20 \\ 3x_1 + 5x_2 + 4x_3 + 2x_4 \leqslant 30 \\ x_j \geqslant 0, j = 1, \cdots, 4 \end{cases}$$

的最优基为 $\boldsymbol{B} = \begin{bmatrix} 2 & 3 \\ 2 & 5 \end{bmatrix}$，试用矩阵公式求(1)最优解；(2)单纯形乘子；(3) $\overline{N}_1$ 及 $\overline{N}_3$；(4) σ_1 和 σ_3。

11. 已知线性规划

$$\max z = c_1 x_1 + c_2 x_2 + c_3 x_3$$

$$\text{s.t.}\begin{cases} a_{11}x_1 + a_{12}x_2 + a_{13}x_3 \leqslant b_1 \\ a_{21}x_1 + a_{22}x_2 + a_{23}x_3 \leqslant b_2 \\ x_1, x_2, x_3 \geqslant 0 \end{cases}$$

的最优单纯形表如表 2.19 所示,求原线性规划矩阵 $\boldsymbol{C}$、$\boldsymbol{A}$、及 $\boldsymbol{b}$,最优基 $\boldsymbol{B}$ 及 $\boldsymbol{B}^{-1}$。

表 2.19

C_j		c_1	c_2	c_3	c_4	c_5	b
C_B	X_B	x_1	x_2	x_3	x_4	x_5	
c_1	x_1	1	0	4	1/6	1/15	6
c_2	x_2	0	1	−3	0	1/5	2
λ_j		0	0	−1	−2	−3	

12. 已知线性规划的单纯形表 2.20。

表 2.20

C_j		−3	a	−1	−1	b
C_B	X_B	x_1	x_2	x_3	x_4	
−1	x_3	−2	2	1	0	b_1
−1	x_4	3	1	0	1	b_2
λ_j		λ_1	λ_2	λ_3	λ_4	

当 $b_1=($), $b_2=($), $a=($)时,$X=(0,0,b_1,b_2)$ 为唯一最优解。

当 $b_1=($), $b_2=($), $a=($)时,有多重解,此时 $\lambda=($)。

13. 工厂每月生产 A、B、C 三种产品,单件产品的原材料消耗量、设备台时的消耗量、资源限量及单件产品利润如表 2.21 所示。

表 2.21

资源 \ 产品	A	B	C	资源限量
材料/kg	1.5	1.2	4	2 500
设备/台时	3	1.6	1.2	1 400
利润/(元/件)	10	14	12	

根据市场需求,预测三种产品最低月需求量分别是 150、260 和 120,最高月需求是 250、310 和 130。试建立该问题的数学模型,使每月利润最大。

14. 建筑公司需要用 6 m 长的塑钢材料制作 A、B 两种型号的窗架。两种窗架所需材料规格及数量如表 2.22 所示。

表 2.22

	型号 A		型号 B	
	长度/m	数量/根	长度/m	数量/根
每套窗架需要材料	A_1:1.7	2	B_1:2.7	2
	A_2:1.3	3	B_1:2.0	3
需要量/套	200		150	

问怎样下料使得(1)用料最少;(2)余料最少。

15. A、B 两种产品,都需要经过前后两道工序加工,每一个单位产品 A 需要前道工序 1 h 和后道工序 2 h,每一个单位产品 B 需要前道工序 2 h 和后道工序 3 h。可供利用的前道工序有 11 h,后道工序有 17 h。

每加工一个单位产品 B 的同时,会产生两个单位的副产品 C,且不需要任何费用,产品 C 一部分可出售赢利,其余的只能加以销毁。

出售单位产品 A、B、C 的利润分别为 3 元、7 元、2 元,每单位产品 C 的销毁费为 1 元。预测表明,产品 C 最多只能售出 13 个单位。试建立总利润最大的生产计划数学模型。

16. 某投资人现有下列四种投资机会,三年内每年年初都有 3 万元(不计利息)可供投资:

方案一:在三年内投资人应在每年年初投资,一年结算一次,年收益率是 20%,下一年可继续将本息投入获利;

方案二:在三年内投资人应在第一年年初投资,两年结算一次,收益率是 50%,下一年可继续将本息投入获利,这种投资最多不超过 2 万元;

方案三:在三年内投资人应在第二年年初投资,两年结算一次,收益率是 60%,这种投资最多不超过 1.5 万元;

方案四:在三年内投资人应在第三年年初投资,一年结算一次,年收益率是 30%,这种投资最多不超过 1 万元.

投资人应采用怎样的投资决策使三年的总收益最大,建立数学模型。

17. Ⅳ发展公司是商务房地产开发项目的投资商。公司有机会在三个建设项目中投资:高层办公楼、宾馆及购物中心,各项目不同年份所需资金和净现值见表 2.23。三个项目的投资方案是:投资公司现在预付项目所需资金的百分比数,那么以后三年每年必须按此比例追加项目所需资金,也获得同样比例的净现值。例如,公司按 10% 投资项目 1,现在必须支付 400 万元,今后三年分别投入 600 万元、900 万元和 100 万元,获得净现值 450 万元。公司目前和预计今后三年可用于三个项目的投资金额是:现有 2 500 万元,一年后 2 000 万元,两年后 2 000 万元,三年后 1 500 万元。当年没有用完的资金可以转入下一年继续使用。Ⅳ 公司管理层希望设计一个组合投资方案,在每个项目中投资多少百分比,使其投资获得的净现值最大。

表 2.23

年份	10%项目所需资金/万元		
	项目 1	项目 2	项目 3
0	400	800	900
1	600	800	500
2	900	800	200
3	100	700	600
净现值	450	700	500

18. 有 1、2、3、4 四种零件均可在设备 A 或设备 B 上加工,已知在这两种设备上分别加工一个零件的费用如表 2.24 所示。又知设备 A 或 B 只要有零件加工均需要设备的启动费用,分别为 100 元和 150 元。现要求加工 1、2、3、4 种零件各三件。问应如何安排使总的费用最

小。试建立线性规划模型。

表 2.24　　　　　　　　　　　　　　　　元

设备＼零件	1	2	3	4
A	50	80	90	40
B	30	100	50	70

第三章　对偶理论与灵敏度分析

【本章导读】

线性规划有一个有趣的特性,就是每一个LP问题都存在一个与之相应的LP问题,一般称其中任一个为原问题(记为LP),另一个为对偶问题(记为DP)。线性规划的这个特性称为对偶性。原问题与对偶问题有着非常密切的关系,研究线性规划的对偶问题,不仅可以获得许多原问题的知识,还可以得到原问题不易直接弄清楚的问题,从而有利于原问题的求解。然而,对偶性质远不仅是一种奇妙的对应关系,它在理论和实践上都有着广泛的应用。

灵敏度分析是指对系统因环境变化显示出来的敏感程度的分析。在线性规划问题中讨论灵敏度分析,目的是描述一种能确定线性规划模型结构中元素变化对问题解的影响的分析方法。前面的讨论都假定价值系数、资源系数和技术系数向量或矩阵中的元素是常数,但实际上这些系数往往只是估计值,不可能十分准确或一成不变。这就是说,随着时间的推移或情况的改变,往往需要修改原线性规划问题中的若干参数。因此,求得线性规划的最优解,还不能说问题已得到了完全的解决。决策者还需要获得这样两方面的信息:一是当这些系数有一个或几个发生变化时,已求得的最优解会有什么变化;二是这些系数在什么范围内变化时,线性规划问题的最优解(或最优基)不变。显然,当线性规划问题中的某些量发生变化时,原来已得的结果一般会发生变化。

本章将从经济意义上研究线性规划的对偶问题,揭示原问题与对偶问题之间的关系,间接地获得更多的有用的信息,为企业经营决策提供更多的科学依据。本章重点是:线性规划的对偶问题概念、理论及经济意义;线性规划的对偶单纯形法和线性规划的灵敏度分析。

第一节　对偶问题的提出

内涵一致但从相反角度提出的一对问题互为对偶(Dual)问题。例如,当四边形的周长一定时,什么形状的面积最大? 答案是正方形;同样,四边形的面积一定时,什么形状的周长最短? 答案同样是正方形。对偶现象相当普遍,它广泛地存在于数学、物理学、经济学等诸多领域。

对偶理论是以对偶问题为基础的,研究对偶理论,首先必须讨论对偶问题的提出。对偶问题可以从经济学和数学两个角度来提出,下面仅限于从经济学角度提出对偶问题。

例 3.1 构造例 2.1 的对偶问题。例 2.1 的 LP 模型如下:

$$\max z = 7x_1 + 5x_2$$

$$\text{s.t.} \begin{cases} 3x_1 + 2x_2 \leqslant 90 \\ 4x_1 + 6x_2 \leqslant 200 \\ \qquad\quad 7x_2 \leqslant 210 \\ x_1 \geqslant 0, x_2 \geqslant 0 \end{cases}$$

分析:第二章已构造了例 2.1 追求最大利润的数学模型,现在从另外一个侧面来讨论该问题。倘若工厂有意放弃 Ⅰ、Ⅱ 两种产品的生产,而将其所拥有的资源转让出去;即假设有一厂商要购买该工厂的三种资源,那么对三种资源的报价问题将成为关注的焦点。设 y_1、y_2 和 y_3 分别代表厂商对原料 A、原料 B 以及设备台时 C 三种资源的报价,那么站在厂商的立场上,该问题的数学模型又将是什么样? 首先分析一下厂商购买所付出的代价 $w = 90y_1 + 200y_2 + 210y_3$。自然,作为买方厂商当然是希望价格压得越低越好,因此厂商追求的应是付出代价的最小值,即:

$$\min w = 90y_1 + 200y_2 + 210y_3$$

然而,价格能否无限地压低呢? 答案当然是否定的,因为最低报价必须以卖方能够接受为前提,否则报价再低也没有意义,必须保证企业让出资源的收益不低于自己生产创造的利润,即:

$$
\begin{aligned}
3y_1 + 4y_2 \quad\;\;\; &\geqslant 7 \\
2y_1 + 6y_2 + 7y_3 &\geqslant 5 \\
y_1, y_2, y_3 &\geqslant 0
\end{aligned}
$$

至此可以得到一个具有完整表达意义的线性规划模型:

$$\min w = 90y_1 + 200y_2 + 210y_3$$
$$
\text{s.t.}\begin{cases}
3y_1 + 4y_2 \quad\;\;\; \geqslant 7 \\
2y_1 + 6y_2 + 7y_3 \geqslant 5 \\
y_1, y_2, y_3 \geqslant 0
\end{cases}
$$

将站在厂商的立场上建立起来的数学模型同站在工厂立场上所建立的数学模型加以对比,可以发现它们的参数是一一对应的。也就是说,建立后一个模型并不需要在前一个模型的基础上增加任何补充信息。进一步分析,后一个线性规划问题是前一个线性规划问题从相反角度所作的阐述;如果前者称为线性规划的原问题,那么后者就称为其对偶问题。容易得出,对偶决策变量 y_i 代表对第 i 种资源的估价;这种估价不是资源的市场价格,而是根据资源在生产中的贡献而给出的一种价值判断。为了将该价格与市场价格相区别,称其为影子价格(shadow price)。影子价格的相关概念将在本章第三节讨论。

上面从经济角度提出对偶问题,是通过一个生产两种产品、消耗三种资源的特定示例进行的,可以将其推广到生产 n 种产品、消耗 m 种资源的一般形式:

原问题

$$
\begin{cases}
\max z = c_1 x_1 + c_2 x_2 + \cdots + c_n x_n \\
a_{11} x_1 + a_{12} x_2 + \cdots + a_{1n} x_n \leqslant b_1 \\
a_{21} x_1 + a_{22} x_2 + \cdots + a_{2n} x_n \leqslant b_2 \\
\vdots \\
a_{m1} x_1 + a_{m2} x_2 + \cdots + a_{mn} x_n \leqslant b_m \\
x_j \geqslant 0 (j = 1, 2, \cdots, n)
\end{cases}
$$

对偶问题

$$
\begin{cases}
\min w = b_1 y_1 + b_2 y_2 + \cdots + b_m y_m \\
a_{11} y_1 + a_{21} y_2 + \cdots + a_{m1} y_m \geqslant c_1 \\
a_{12} y_1 + a_{22} y_2 + \cdots + a_{m2} y_m \geqslant c_2 \\
\vdots \\
a_{1n} y_1 + a_{2n} y_2 + \cdots + a_{mn} y_m \geqslant c_n \\
y_i \geqslant 0 (i = 1, 2, \cdots, m)
\end{cases}
$$

第二节 线性规划的对偶理论

上一节的讨论可直观地了解到原线性规划的问题与对偶问题之间的关系,本节将从理论上进一步讨论线性规划的对偶问题。

一、原问题与对偶问题的关系

对于"$\leqslant$"不等式约束条件的原问题与"$\geqslant$"不等式约束条件的对偶问题的展开形式如下:

(LP) 原问题 $\quad \max z = c_1 x_1 + c_2 x_2 + \cdots + x_n x_n$

$$
\begin{bmatrix}
a_{11} & a_{12} & \cdots & a_{1n} \\
\vdots & \vdots & & \vdots \\
a_{m1} & a_{m2} & \cdots & a_{mn}
\end{bmatrix}
\begin{bmatrix}
x_1 \\ x_2 \\ \vdots \\ x_n
\end{bmatrix}
\leqslant
\begin{bmatrix}
b_1 \\ \vdots \\ b_m
\end{bmatrix}
$$

$$x_1, x_2, \cdots, x_n \geqslant 0$$

(DP) 对偶问题 $\quad \min w = y_1 b_1 + y_2 b_2 + \cdots + y_m b_m$

$$
(y_1, y_2, \cdots, y_m)
\begin{bmatrix}
a_{11} & a_{12} & \cdots & a_{1n} \\
\vdots & \vdots & & \vdots \\
a_{m1} & a_{m2} & \cdots & a_{mn}
\end{bmatrix}
\geqslant (c_1, c_2, \cdots, c_n)
$$

$$y_1, y_2, \cdots, y_m \geqslant 0$$

或表示成 $\begin{cases} \max z = \boldsymbol{CX} \\ \boldsymbol{AX} \leqslant \boldsymbol{b} \\ \boldsymbol{X} \geqslant \boldsymbol{0} \end{cases}$ 互为对偶 $\begin{cases} \min w = \boldsymbol{Yb} \\ \boldsymbol{A}^{\mathrm{T}} \boldsymbol{Y} \geqslant \boldsymbol{C}^{\mathrm{T}} \\ \boldsymbol{Y} \geqslant 0 \end{cases}$

一般地,对称形式的两个互为对偶的问题具有如上标准形式,它们之间的关系如表 3.1 所示。

表 3.1

x_j / y_i	$x_1, x_2, \cdots, x_n$			原关系	$\min w$
y_1	a_{11}	a_{12}	$\cdots \quad a_{1n}$	$\leqslant$	b_1
y_2	a_{21}	a_{22}	$\cdots \quad a_{2n}$	$\leqslant$	b_2
$\vdots$	$\vdots$	$\vdots$	$\vdots$	$\vdots$	$\vdots$
y_m	a_{m1}	a_{m2}	a_{mn}	$\leqslant$	b_m
对偶关系	$\geqslant$	$\geqslant$	$\cdots \quad \geqslant$	$\max z = \min w$	
$\max z$	$c_1,$	$c_2,$	$\cdots, \quad c_n$		

不难看出上述互为对偶的两个线性规划具有如下关系:

(1)原问题目标函数求极大值,对偶问题目标函数求极小值;

(2)原问题约束条件的数目等于对偶问题决策变量的数目;

(3)原问题决策变量的数目等于对偶问题约束条件的数目;

（4）原问题的价值系数成为对偶问题的资源系数；

（5）原问题的资源系数成为对偶问题的价值系数；

（6）原问题的技术系数矩阵与对偶问题的技术系数矩阵互为转置；

（7）原问题约束条件为小于等于号，对偶问题约束条件为大于等于号；

（8）原问题决策变量大于等于零，对偶问题决策变量大于等于零。

将目标函数求极大值、约束条件取小于等于号、决策变量非负的线性规划问题称为对称形式的原问题，同样，将目标函数求极小值、约束条件取大于等于号、决策变量非负的线性规划问题称为对称形式的对偶问题。

例 3.2 由对称形式的对偶问题的关系可以直接写出一个 LP 的对偶问题，线性规划问题如下：

$$\max z = 3x_1 + 3x_2$$

$$\text{s.t.} \begin{cases} x_1 + 2x_2 \leqslant 8 \\ 4x_1 \quad\quad \leqslant 16 \\ \quad\quad 4x_2 \leqslant 12 \\ x_1, x_2 \geqslant 0 \end{cases}$$

解： 直接写出该线性规划问题对称形式的对偶问题：

$$\Rightarrow \text{s.t.} \quad \begin{aligned} &\min w = 8y_1 + 16y_2 + 12y_3 \\ &\begin{cases} y_1 + 4y_2 \quad\quad \geqslant 3 \\ 2y_1 \quad\quad + 4y_3 \geqslant 3 \\ y_1, y_2, y_3 \geqslant 0 \end{cases} \end{aligned}$$

二、非对称形式的对偶问题

如果线性规划不具有"max，≤"和"min，≥"形式，变量也不都具有非负约束，其对偶问题就不是对称形式的，被称为非对称形式的对偶问题。那么在非对称形式下，原问题与其对偶问题一般的对应关系是怎样的呢？一般线性规划问题中遇到非对称形式时，处理如下：

原问题的约束条件中含有等式约束条件时，按以下步骤处理。

设含有等式约束条件的线性规划问题

$$\max z = \sum_{j=1}^{n} c_j x_j$$

$$\sum_{j=1}^{n} a_{ij} x_j = b_i, i = 1, 2, \cdots, m$$

$$x_j \geqslant 0, j = 1, 2, \cdots, n$$

第一步 先将等式约束条件分解为两个不等式约束条件。这时上述线性规划问题可表示为：

$$\max z = \sum_{j=1}^{n} c_j x_j$$

$$\sum_{j=1}^{n} a_{ij} x_j \leqslant b_i, i = 1, 2, \cdots, m \tag{3-1}$$

$$-\sum_{j=1}^{n} a_{ij}x_j \leqslant -b_i, i=1,2,\cdots,m \tag{3-2}$$

$$x_j \geqslant 0, j=1,2,\cdots,m$$

设 y_i' 是对应式(3-1)的对偶变量，y_i'' 是对应式(3-2)的对偶变量。这时 $i=1,2,\cdots,m$。

第二步　按对称形式变换关系可写出它的对偶问题

$$\min w = \sum_{i=1}^{m} b_i y_i' + \sum_{i=1}^{m} (-b_i y_i'')$$

$$\sum_{i=1}^{m} a_{ij}y_i' + \sum_{i=1}^{m} (-a_{ij}y_i'') \geqslant c_j, j=1,2,\cdots,n$$

$$y_i', y_i'' \geqslant 0, i=1,2,\cdots,m$$

将上述规划问题的各式整理后得到

$$\min w = \sum_{i=1}^{m} b_i (y_i' - y_i'')$$

$$\sum_{i=1}^{m} a_{ij}(y_i' - y_i'') \geqslant c_j, j=1,2,\cdots,n$$

令 $y_i = y_i' - y_i''$，$y_i', y_i'' \geqslant 0$。由此可见 y_i 不受正、负限制。将 y_i 代入上述规划问题，便得到对偶问题

$$\min w = \sum_{i=1}^{m} b_i y_i$$

$$\sum_{i=1}^{m} a_{ij}y_i \geqslant c_j, j=1,2,\cdots,n$$

$$y_i \text{ 为无约束}, i=1,2,\cdots,m$$

综合上述，线性规划的原问题与对偶问题的关系，其变换形式归纳如表 3.2 所示。

表 3.2

原问题（或对偶问题）	对偶问题（或原问题）
目标函数 max z	目标函数 min w
变量 $\begin{cases} n \text{ 个} \\ \geqslant 0 \\ \leqslant 0 \\ \text{无约束} \end{cases}$	$\begin{cases} n \text{ 个} \\ \geqslant \\ \leqslant \\ = \end{cases}$ 约束条件
约束条件 $\begin{cases} m \text{ 个} \\ \leqslant \\ \geqslant \\ = \end{cases}$	$\begin{cases} m \text{ 个} \\ \geqslant 0 \\ \leqslant 0 \\ \text{无约束} \end{cases}$ 变量
约束条件右端项 目标函数变量的系数	目标函数变量的系数 约束条件右端项

例 3.3 试求下述线性规划问题的对偶问题。

$$\min z = 2x_1 + 3x_2 - 5x_3 + x_4$$

$$\text{s.t.}\begin{cases} x_1 + x_2 - 3x_3 + x_4 \geqslant 5 & \text{(3-3)} \\ 2x_1 \quad\quad + 2x_3 - x_4 \leqslant 4 & \text{(3-4)} \\ x_2 + x_3 + x_4 = 6 & \text{(3-5)} \\ x_1 \leqslant 0; x_2, x_3 \geqslant 0; x_4 \ \text{无约束} \end{cases}$$

解：设对应于约束条件式(3-3)、式(3-4)、式(3-5)的对偶变量分别为 y_1, y_2, y_3；则由表 3.2 中原问题和对偶的对应关系，可以直接写出上述问题的对偶问题，它是：

$$\max z' = 5y_1 + 4y_2 + 6y_3$$

$$\text{s.t.}\begin{cases} y_1 + 2y_2 \quad\quad \geqslant 2 \\ y_1 \quad\quad + y_3 \leqslant 3 \\ -3y_1 + 2y_2 + y_3 \leqslant -5 \\ y_1 - y_2 + y_3 = 1 \\ y_1 \geqslant 0, y_2 \leqslant 0, y_3 \ \text{无约束} \end{cases}$$

例 3.4 试求下述线性规划问题的对偶问题。

$$\max z = 50y_1 + 100y_2$$

$$\text{s.t.}\begin{cases} y_1 + y_2 \leqslant 300 \\ 2y_1 + y_2 \geqslant 400 \\ y_2 = 250 \\ y_1, y_2 \geqslant 0 \end{cases}$$

解：这是一个极大化问题，为了写出其对偶问题，可以将其约束条件化成"$\leqslant$"号的等价形式，以便利用对称形式写出其对偶问题。为此将第二个约束条件两边乘(-1)，使之变成"$\leqslant$"号。因为这里不是标准化，所以无须满足右边常数非负条件。第三个约束条件可以用两个等价的不等式代替，即

$$y_2 \Leftrightarrow \begin{cases} y_2 \leqslant 250 \\ y_2 \geqslant 250 \end{cases} \Leftrightarrow \begin{cases} y_2 \leqslant 250 \\ -y_2 \leqslant -250 \end{cases}$$

经等价变换后原模型可改写为：

$$\max z = 50y_1 + 100y_2$$

$$\text{s.t.}\begin{cases} y_1 + y_2 \leqslant 300 \\ -2y_1 - y_2 \leqslant -400 \\ y_2 \leqslant 250 \\ -y_2 \leqslant -250 \\ y_1, y_2 \geqslant 0 \end{cases}$$

将此问题看作原问题，利用前面介绍的对称形式的对偶关系可以直接写出其对偶问题如下：

$$\min w = 300x - 400x'_2 + 250x'_3 - 250x''_3$$

$$\text{s.t.} \begin{cases} x_1 - 2x'_2 & \geqslant 50 \\ x_1 - x'_2 + x'_3 - x''_3 \geqslant 100 \\ x_1, x'_2, x'_3, x''_3 \geqslant 0 \end{cases}$$

式中:x_1 对应于原问题第一个约束条件,x'_2 对应于原问题的第二个约束条件的等价约束;x'_3, x''_3 对应于原问题的第三个约束条件的两个等价约束。为了让对偶变量与原问题的约束条件一一对应,我们令 $x'_2 = -x_2, x'_3 - x''_3 = x_3$ 代入上式作替换,则上式变为:

$$\min w = 300x_1 + 400x_2 + 250x_3$$

$$\text{s.t.} \begin{cases} x_1 + 2x_2 & \geqslant 50 \\ x_1 + x_2 + x_3 \geqslant 100 \\ x_1 \geqslant 0, x_2 \leqslant 0, x_3 \text{ 无约束} \end{cases}$$

由此可见,当原问题中某个约束条件为等式约束时,在其对偶问题中,与该等式约束对应的变量取值无约束;而当原问题中某个变量取值无约束时,在其对偶问题中,与该变量对应的约束为等式型。

三、对偶问题的基本性质

1. 对称性　对偶问题的对偶是原问题。

证明:设原问题是

$$\max z = CX; AX \leqslant b; X \geqslant 0$$

根据对偶问题的对称变换关系,可以找到它的对偶问题是

$$\min w = Yb; YA \geqslant C; Y \geqslant 0$$

若将上式两边取负号,又因 $\min w = \max(-w)$ 可得到

$$\max(-w) = -Yb; -YA \leqslant -C; Y \geqslant 0$$

根据对称变换关系,得到上式的对偶问题是

$$\min(-w') = -CX; -AX \geqslant -b; X \geqslant 0$$

又因

$$\min(-w') = \max w'$$

可得

$$\max w' = \max z = CX; AX \leqslant b; X \geqslant 0 \qquad\qquad \text{证毕。}$$

这就是原问题。

2. 弱对偶性　若 $\overline{X}$ 是原问题的可行解,$\overline{Y}$ 是对偶问题的可行解。则存在

$$C\overline{X} \leqslant \overline{Y}b$$

证明:设原问题是

$$\max z = \mathbf{CX}; \mathbf{AX} \leqslant \mathbf{b}; \mathbf{X} \geqslant \mathbf{0}$$

因 $\overline{\mathbf{X}}$ 是原问题的可行解，所以满足约束条件，即

$$A\overline{\mathbf{X}} \leqslant \mathbf{b}$$

若 $\overline{\mathbf{Y}}$ 是给定的一组值，设它是对偶问题的可行解。将 $\overline{\mathbf{Y}}$ 左乘上式，得到

$$\overline{\mathbf{Y}}A\overline{\mathbf{X}} \leqslant \overline{\mathbf{Y}}\mathbf{b}$$

原问题的对偶问题是

$$\min w = \mathbf{Yb}; \mathbf{YA} \geqslant \mathbf{C}; \mathbf{Y} \geqslant \mathbf{0}$$

因为 $\overline{\mathbf{Y}}$ 是对偶问题的可行解，所以满足

$$\overline{\mathbf{Y}}A \geqslant \mathbf{C}$$

将 $\overline{\mathbf{X}}$ 右乘上式，得到

$$\overline{\mathbf{Y}}A\overline{\mathbf{X}} \geqslant \mathbf{C}\overline{\mathbf{X}}$$

于是得到

$$\mathbf{C}\overline{\mathbf{X}} \leqslant \overline{\mathbf{Y}}A\overline{\mathbf{X}} \leqslant \overline{\mathbf{Y}}\mathbf{b} \qquad \text{证毕。}$$

这一性质表明 LP 的目标函数最大值也不会超过 DP 的目标函数最小值。

3. 无界性 若原问题（对偶问题）为无界解，则其对偶问题（原问题）无可行解。反之不一定。

证明：用反证法，因为如果另一个问题（假设为 DP）有可行解，对应的目标函数值为 F（是有限实数），则按弱对偶性质有，$Z \leqslant F$，这与无界条件相矛盾。

注意这个的性质逆方向不一定成立。当原问题（对偶问题）无可行解时，其对偶问题（原问题）或具有无界解或无可行解。例如下一对问题两者皆无可行解。

原问题（对偶问题）　　　　对偶问题（原问题）

$$\min w = -x_1 - x_2 \qquad\qquad \max z = y_1 + y_2$$

$$\text{s.t.} \begin{cases} x_1 - x_2 \geqslant 1 \\ -x_1 + x_2 \geqslant 1 \\ x_1, x_2 \geqslant 0 \end{cases} \qquad \text{s.t.} \begin{cases} y_1 - y_2 \leqslant -1 \\ -y_1 + y_2 \leqslant -1 \\ y_1, y_2 \geqslant 0 \end{cases}$$

4. 最优性 设 $\hat{\mathbf{X}}$ 是原问题的可行解，$\hat{\mathbf{Y}}$ 是对偶问题的可行解，当 $\mathbf{C}\hat{\mathbf{X}} = \hat{\mathbf{Y}}\mathbf{b}$ 时，$\hat{\mathbf{X}}, \hat{\mathbf{Y}}$ 分别是 LP 和 DP 的最优解。

证明：若 $\mathbf{C}\hat{\mathbf{X}} = \hat{\mathbf{Y}}\mathbf{b}$，根据性质 2，可知：对偶问题的所有可行解 $\overline{\mathbf{Y}}$ 都存在 $\overline{\mathbf{Y}}\mathbf{b} \geqslant \mathbf{C}\hat{\mathbf{X}}$，因 $\mathbf{C}\hat{\mathbf{X}} = \hat{\mathbf{Y}}\mathbf{b}$，所以 $\overline{\mathbf{Y}}\mathbf{b} \geqslant \hat{\mathbf{Y}}\mathbf{b}$。可见 $\hat{\mathbf{Y}}$ 是使目标函数取值最小的可行解，因而是最优解。同样可证明：对于原问题的所有可行解 $\overline{\mathbf{X}}$，存在

$$\mathbf{C}\hat{\mathbf{X}} = \hat{\mathbf{Y}}\mathbf{b} \geqslant \mathbf{C}\overline{\mathbf{X}}$$

所以 $\hat{\mathbf{X}}$ 是最优解。证毕。

5. 对偶定理（强对偶性） 若原问题有最优解，那么对偶问题也有最优解，且目标函数值

相等。

证明:设 $\hat{X}$ 是原问题的最优解,它对应的基矩阵 B 必存在 $C-C_B B^{-1}A\leqslant 0$。即得到 $\hat{Y}A\geqslant C$,其 $\hat{Y}=C_B B^{-1}$。

若这时 $\hat{Y}$ 是对偶问题的可行解,它使

$$w=\hat{Y}b=C_B B^{-1}b$$

因原问题的最优解是 $\hat{X}$,使目标函数取值

$$z=C\hat{X}=C_B B^{-1}b$$

由此,得到

$$\hat{Y}b=C_B B^{-1}b=C\hat{X}$$

可见 $\hat{Y}$ 是对偶问题的最优解。

通过上述讨论,可总结原问题和对偶问题解的情形如表 3.3 所示。

表 3.3

原问题	关系	对偶问题
(1)有有限最优解	$CX^n=Y^m b$	(1)有有限最优解
(2)有可行解,目标函数无界		(2)有可行解,目标函数无界
(3)无可行解		(3)无可行解

6. 互补松弛性

在 LP(或 DP)的最优解中,如果第 i 个约束条件对应的对偶变量 $y_i^*\neq 0$,则该约束条件取严格等式(即松弛或剩余变量为 0);反之如果第 i 个约束条件取严格不等式(松弛或剩余变量大于 0),则其对应的对偶变量 $y_i^*=0$。即若 $\hat{X},\hat{Y}$ 分别是原问题和对偶问题的可行解。那么 $\hat{Y}X_s=0$ 和 $Y_s\hat{X}=0$,而且仅当 $\hat{X},\hat{Y}$ 为最优解。具体表示为:

如果 $y_i^*>0$,则 $\sum_{j=1}^{n}a_{ij}x_j^*=b_i$(其中松弛变量等于 0)

如果 $\sum_{j=1}^{n}a_{ij}x_j^*<b_i$,则 $y_i^*=0$

如果 $x_j^*>0$,则 $\sum_{i=1}^{m}a_{ij}y_i^*=c_j$(其中剩余变量等于 0)

如果 $\sum_{i=1}^{m}a_{ij}y_i^*>c_j$,则 $x_j^*=0$

7. 原问题和对偶问题解的对应

分别用单纯形表求解原问题和对偶问题,在单纯形表中,原问题 LP 的检验数的相反数 $(-\sigma)$ 是其对偶问题 DP 的一个基解,该基解对应的目标值 F 与表中原问题的基可行解的目标值 z 相等,并且该基解中各对偶变量值就是原问题中松弛变量检验数的相反数。

由这一性质可知,在最优表中,松弛(剩余)变量检验数的相反数就是其对偶问题的最优解,二者最优值相等。

注意：上述性质对任何形式（含非对称形式）的对偶问题均有效。

设原问题是

$$\max z = CX ; AX + X_s = b ; X , X_s \geq 0$$

它的对偶问题是

$$\min w = Yb ; YA - Y_s = C ; Y , Y_s \geq 0$$

将原问题目标函数中的系数向量 C 用 $C = YA - Y_s$ 代替后，得到

$$z = (YA - Y_s)X = YAX - Y_s X \tag{3-6}$$

将对偶问题的目标函数中系数列向量，用 $b = AX + X_s$ 代替后，得到

$$w = Y(AX + X_s) = YAX + YX_s \tag{3-7}$$

若 $Y_s \hat{X} = 0 , \hat{Y} X_s = 0$；则 $\hat{Y} b = \hat{Y} A \hat{X} = C \hat{X}$ 由性质 3 可知 $\hat{X} , \hat{Y}$ 是最优解。

又若 $\hat{X} , \hat{Y}$ 分别是原问题和对偶问题的最优解，根据性质 3，则有

$$C \hat{X} = \hat{Y} A \hat{X} = \hat{Y} b$$

由式（3-6），式（3-7）可知，必有 $YX_s = 0 , Y_s X = 0$ 证毕。

对偶关系中，原问题单纯形表的检验数行对应其对偶问题的一个基解，其矩阵形式的对应关系见表 3.4。

表 3.4

原问题	价值系数		C_B	C_N	0
	变量		X_B	X_N	X_s
	系数矩阵	初始表	B	N	I
		最终表	I	$B^{-1}N$	B^{-1}
	检验数		0	$C_N - C_B B^{-1}N$	$-C_B B^{-1}$
对应的对偶变量			$-Y_{s1}$	$-Y_{s2}$	$-Y$

这里 Y_{s1} 是对应原问题中基变量 X_B 的剩余变量，Y_{s2} 是对应原问题中非基变量 X_N 的剩余变量。

证明：设 B 是原问题的一个可行基，于是 $A = (B , N)$；原问题可以改写为

$$\max z = C_B X_B + C_N X_N$$
$$BX_B + NX_N + X_s = b$$
$$X_B , X_N , X_s \geq 0$$

相应地对偶问题可表示为

$$\min w = Yb$$
$$YB - Y_{s1} = C_B \tag{3-8}$$
$$YN - Y_{s2} = C_N \tag{3-9}$$
$$Y , Y_{s1} , Y_{s2} \geq 0$$

这里 $\boldsymbol{Y}_s = (\boldsymbol{Y}_{s1}, \boldsymbol{Y}_{s2})$ 。

当求得原问题的一个解

$$\boldsymbol{X}_B = \boldsymbol{B}^{-1}\boldsymbol{b}$$

其相应的检验数为 $\boldsymbol{C}_N - \boldsymbol{C}_B\boldsymbol{B}^{-1}$ 与 $-\boldsymbol{C}_B\boldsymbol{B}^{-1}$ 。现分析这些检验数与对偶问题的解之间的关系：令 $\boldsymbol{Y} = \boldsymbol{C}_B\boldsymbol{B}^{-1}$ ，将它代入式(3-8)，式(3-9)得

$$\boldsymbol{Y}_{s1} = 0$$
$$-\boldsymbol{Y}_{s2} = \boldsymbol{C}_N - \boldsymbol{C}_B\boldsymbol{B}^{-1}\boldsymbol{N}$$

例 3.5　已知线性规划问题如下，试用对偶理论证明该问题无最优解。

$$\max z = x_1 + x_2$$
$$\text{s.t.} \begin{cases} -x_1 + x_2 + x_3 \leqslant 2 \\ -2x_1 + x_2 - x_3 \leqslant 1 \\ x_1, x_2, x_3 \geqslant 0 \end{cases}$$

证明：容易观察知道该问题存在可行解，例如 $\boldsymbol{X} = (0,0,0)^{\mathrm{T}}$ ；其对偶问题为

$$\min w = 2y_1 + y_2$$
$$\text{s.t.} \begin{cases} -y_1 - 2y_2 \geqslant 1 \\ y_1 + y_2 \geqslant 1 \\ y_1 - y_2 \geqslant 0 \\ y_1, y_2 \geqslant 0 \end{cases}$$

由第一约束条件可知对偶问题无可行解，因而无最优解。由此原问题也无最优解。证毕。

例 3.6　线性规划问题

$$\min w = 2x_1 + 3x_2 + 4x_3 + 2x_4 + 3x_5$$
$$\text{s.t.} \begin{cases} x_1 + x_2 + 2x_3 + x_4 + 3x_5 \geqslant 4 \\ 2x_1 - x_2 + 3x_3 + x_4 + x_5 \geqslant 3 \\ x_j \geqslant 0, j = 1, 2, \cdots, 5 \end{cases}$$

已知其对偶问题的最优解为 $y_1^* = 4/5, y_2^* = 3/5; z = 5$ 。试用对偶理论找出原问题的最优解。

解：先写出它的对偶问题

$$\max z = 4y_1 + 3y_2$$
$$\text{s.t.} \begin{cases} y_1 + 2y_2 \leqslant 2 & \text{①} \\ y_1 - y_2 \leqslant 3 & \text{②} \\ 2y_1 + 3y_2 \leqslant 5 & \text{③} \\ y_1 + y_2 \leqslant 2 & \text{④} \\ 3y_1 + y_2 \leqslant 3 & \text{⑤} \\ y_1, y_2 \geqslant 0 \end{cases}$$

将 y_1^*, y_2^* 的值代入约束条件,得式②,式③,式④为严格不等式;由互补松弛性得 $x_2^* = x_3^* = x_4^* = 0$。因 $y_1, y_2 \geqslant 0$;原问题的两个约束条件应取等式,故有

$$3x_1^* + x_5^* = 4$$
$$2x_1^* + x_5^* = 3$$

求解后得到 $x_1^* = 1, x_5^* = 1$;故原问题的最优解为:$\boldsymbol{X}^* = (1,0,0,0,1)^\mathrm{T}; w^* = 5$。

例 3.7 用单纯形法求解下面互为对偶的两个问题,所得到的最优表如表 3.5 和表 3.6 所示:

原问题:
$$\max z = 2x_1 + x_2$$
$$\text{s.t.} \begin{cases} 5x_2 \leqslant 15 \\ 6x_1 + 2x_2 \leqslant 24 \\ x_1 + x_2 \leqslant 5 \\ x_1, x_2 \geqslant 0 \end{cases}$$

表 3.5

$\boldsymbol{X}_B$	原问题变量		原问题的松弛变量			$\boldsymbol{b}$
	x_1	x_2	x_3	x_4	x_5	
x_3	0	0	1	$5/4$	$-15/2$	$15/2$
x_1	1	0	0	$1/4$	$-1/2$	$7/2$
x_2	0	1	0	$-1/4$	$3/2$	$3/2$
σ_j	0	0	0	$-1/4$	$-1/2$	$Z=8.5$
	对偶问题的剩余变量值		对偶问题的变量值的相反数			

对偶问题:
$$\min F = 15y_1 + 24y_2 + 5y_3$$
$$\text{s.t.} \begin{cases} 6y_2 + y_3 \geqslant 2 \\ 5y_1 + 2y_2 + y_3 \geqslant 1 \\ y_1, y_2, y_3 \geqslant 0 \end{cases}$$

表 3.6

$\boldsymbol{X}_B$	对偶问题的变量			对偶问题剩余变量		$\boldsymbol{b}$
	y_1	y_2	y_3	y_4	y_5	
y_2	$-5/4$	1	0	$1/4$	$-1/4$	$1/4$
y_3	$15/2$	0	1	$-1/2$	$3/2$	$1/2$
σ_j	$15/2$	0	0	$-7/2$	$-3/2$	$F=8.5$
	原始问题松弛变量值		原始问题变量值的相反数			

从原问题和对偶问题的单纯形表 3.5、表 3.6 中,不难看出原问题与其对偶问题最优解的关系。根据对偶性质,通常根据需要只求解其中一个问题,从最优表中同时可以得到另一个问题的最优解。不难得出原问题检验数对应其对偶问题基解的结论,对应关系见表 3.7。

表 3.7

	基变量 X_B	非基变量 X_N	松弛变量 X_S
检验数	0	$C_N - C_B B^{-1} N$	$-C_B B^{-1}$
对偶变量	Y_{S1}	Y_{S2}	Y

　　大量实例表明,约束条件个数对求解工作量的影响要比变量个数影响大得多,也就是说,增加一个约束条件比增加一个变量会给求解工作带来更多计算量。由上面例子可以看出,原问题与其对偶问题的约束条件个数不都一样。因此,当对偶问题的约束条件数少时,可以选择单纯形法求解其对偶问题,同样可得原问题的最优解,大大减少了计算工作量。由于实际工作中所遇到的线性规划,其变量个数和约束条件个数都比较多,会给求解带来很大工作量,所以减少计算工作量也是非常必要的。

第三节　对偶单纯形法

一、对偶单纯形法的定义和特点

　　对偶单纯形法和单纯形法一样都是求解原线性规划问题的一种方法。根据对偶问题的性质,利用单纯形法求解线性规划进行迭代时,在 b 列得到的是原问题的一个基可行解,而在检验数行得到的是对偶问题的一个基解。在保持 b 列是原问题的基可行解的前提下,通过迭代使检验数行逐步成为对偶问题的基可行解,即得到了原问题与对偶问题的最优解。根据对偶问题的对称性,如果我们将"对偶问题"看成为"原问题",那么"原问题"便成为了"对偶问题";因此我们也可以这样来考虑,在保持检验数行是对偶问题的基可行解的前提下,通过迭代使 b 列逐步成为原问题的基可行解,这样,自然也可以得到原问题的最优解。这种在对偶可行基的基础上进行的单纯形法,即为对偶单纯形法。

　　单纯形法的求解过程是在保持原问题为可行解(即表中最后一列无负数)的基础上(这时一般检验数行有正数,故其对偶问题的基解是不可行解),通过迭代逐步改善目标函数值,当检验数全非正时(即其对偶问题的基解变为可行解时),就得到了最优值解。

　　对偶单纯形法,是将单纯形法用于对偶问题的计算,其基本思想是在保持对偶问题为可行解(即检验数行无正数)的基础上,这时表中最后一列一般有负数,即原问题的解不可行,通过迭代逐步改善目标函数值,当表中最后一列无负数时,即原问题的解变为可行时,就得到了最优解。其优点是原问题的初始解不要求是基可行解,可以从非可行的基解开始迭代,从而省去了引入人工变量的麻烦。当然对偶单纯形法的应用也是有前提条件的,这一前提条件就是对偶问题的解是基可行解,也就是说原问题(max)所有变量的检验数必须非正,或原问题是(min)所有检验数必须非负。可以说应用对偶单纯形法的前提条件十分苛刻,所以直接应用对偶单纯形法求解线性规划问题并不多见,对偶单纯形法重要的作用是为接下来将要介绍的灵敏度分析提供工具。

二、对偶单纯形法的计算步骤

　　(1)根据线性规划问题列出初始单纯形表,要求检验数非正(max)或非负(min),而对资源

系数列向量 b 无非负的要求。若 b 非负,则已得到最优解;若 b 列还存在负分量,转入下一步。

(2)选择出基变量:在 b 列的负分量中选取绝对值最大的分量 $\min\{b_i \mid b_i < 0\}$,该分量所在的行称为主行,主行所对应的基变量即为出基变量。

(3)选择入基变量:若主行中所有的元素均为非负,则问题无可行解;若主行中存在负元素,计算 $\theta = \min\left\{\dfrac{\sigma_j}{-a_{ij}} \mid a_{ij} < 0\right\}$(这里的 a_{ij} 为主行中的元素),最小比值发生的列所对应的变量即为入基变量。

(4)迭代运算:同单纯形法一样,对偶单纯形法的迭代过程也是以主元素为轴所进行的旋转运算。

(5)重复(1)~(4)步,直到问题得到解决。

下面用例子来说明对偶单纯形法具体计算过程:

例 3.8 用对偶单纯形法求解下述线性规划问题。

<table>
<tr><td>原问题</td><td>对偶问题</td></tr>
</table>

$$\max z = 7x_1 + 5x_2 \qquad\qquad \min w = 90y_1 + 200y_2 + 210y$$

$$\text{s.t.} \begin{cases} 3x_1 + 2x_2 \leqslant 90 \\ 4x_1 + 6x_2 \leqslant 200 \\ \qquad\quad 7x_2 \leqslant 210 \\ x_1 \geqslant 0, x_2 \geqslant 0 \end{cases} \qquad \text{s.t.} \begin{cases} 3y_1 + 4y_2 \qquad\quad \geqslant 7 \\ 2y_1 + 6y_2 + 7y_3 \geqslant 5 \\ y_1, y_2, y_3 \geqslant 0 \end{cases}$$

解: 引入松弛变量转换成如下的标准形式:

$$\min w = 90x_1 + 200x_2 + 210x_3$$

$$\text{s.t.} \begin{cases} 3x_1 + 4x_2 \qquad\quad - x_4 \qquad = 7 \\ 2x_1 + 6x_2 + 7x_3 \qquad\quad - x_5 = 5 \\ x_1, x_2, x_3, x_4, x_5 \geqslant 0 \end{cases}$$

将第一、第二约束条件方程两端同乘"-1",取 x_4 和 x_5 为基变量可得表 3.8 所示的初始单纯形表,完成第一步。

表 3.8

c_j			90	200	210	0	0	θ_i
C_B	X_B	b	x_1	x_2	x_3	x_4	x_5	
0	x_4	-7	【-3】	-4	0	1	0	
0	x_5	-5	-2	-6	-7	0	1	
	σ_j		90	200	210	0	0	$w=0$

表 3.8 给出了原问题一个非可行的基解 $\boldsymbol{X}^{(0)} = (0, 0, 0, -7, -5)^{\mathrm{T}}$,转入第二步。

$\min\{-7, -5\} = -7$,所以第一行为主行,x_4 为出基变量,转入第三步。

$$\theta = \min\left\{\frac{90}{-(-3)}, \frac{200}{-(-4)}, -, -, -\right\} = 30,\text{最小比值发生的第一列,故 } x_1 \text{ 为入基变量,}$$

转入第四步。

迭代过程:①主行除以主元素"-1",目的是将主元素转换为"1";②主行乘"2"加入第二行,目标是将同主元素同列的元素变为"0";迭代结果见表 3.9。

表 3.9

c_j			90	200	210	0	0	θ_i
C_B	X_B	b	x_1	x_2	x_3	x_4	x_5	
90	x_1	7/3	1	4/3	0	-1/3	0	
0	x_5	-1/3	0	【-10/3】	-7	-2/3	1	
	σ_j		0	80	210	30	0	$w=210$

因 b 列仍然存在负分量,所以需要继续迭代。同前可知,x_5 为出基变量,

$$\theta = \min\left\{ -, \frac{80}{-(-10/3)}, \frac{210}{-(-7)}, \frac{30}{-(-2/3)}, - \right\} = 24, x_2 \text{ 为入基变量,迭代结果见表 3.10。}$$

表 3.10

c_j			90	200	210	0	0	θ_i
C_B	X_B	b	x_1	x_2	x_3	x_4	x_5	
90	x_1	11/5	1	0	-14/5	-3/5	2/5	
200	x_2	1/10	0	1	21/10	1/5	-3/10	
	σ_j		0	1/2	0	1/2	2	$w=218$

表 3.10 的 b 列已经不存在负分量,故表 3.10 给出了此问题的最优解和最优值:

$$\boldsymbol{X}^* = (11/5, 1/10, 0, 0, 0)^\mathrm{T}, \boldsymbol{Z}^* = 218$$

例 3.9 用对偶单纯形法求解下面线性规划问题:

$$\min f = 15x_1 + 24x_2 + 5x_3$$

$$\text{s.t.} \begin{cases} 6x_2 + x_3 \geqslant 2 \\ 5x_1 + 2x_2 + x_3 \geqslant 1 \\ x_1, x_2, x_3 \geqslant 0 \end{cases}$$

解: 先将问题化为标准形:

$$\max(-f) = -15x_1 - 24x_2 - 5x_3$$

$$\text{s.t.} \begin{cases} 6x_2 + x_3 - x_4 = 2 \\ 5x_1 + 2x_2 + x_3 - x_5 = 1 \\ x_1, x_2, x_3, x_4, x_5 \geqslant 0 \end{cases}$$

为了让 x_4, x_5 做基变量,将约束条件两端乘(-1)得:

$$\max(-f) = -15x_1 - 24x_2 - 5x_3$$

$$\text{s.t.} \begin{cases} -6x_2 - x_3 + x_4 = -2 \\ -5x_1 - 2x_2 - x_3 + x_5 = -1 \\ x_1, x_2, x_3, x_4, x_5 \geqslant 0 \end{cases}$$

因为对偶单纯形法只要求保持对偶问题的解可行(非负)，开始时并不要求原问题的解可行(非负)，所以列表时不要求约束常数 b 非负，只要求所有检验数非正。下面列表用对偶单纯形法求解，其计算过程见表 3.11。

表 3.11

	c_j		-15	-24	-5	0	0	θ_i
C_B	X_B	b	x_1	x_2	x_3	x_4	x_5	
0	x_4	-2	0	$[-6]$	-1	1	0	
0	x_5	-1	-5	-2	-1	0	1	
	σ_j		-15	-24	-5	0	0	0
-24	x_2	$1/3$	0	1	$1/6$	$-1/6$	0	
0	x_5	$1/6$	$5/2$	0	$[1/3]$	$1/6$	$-1/2$	
	σ_j		-15	0	-1	-4	0	8
-24	x_2	$1/4$	$-5/4$	1	0	$-1/4$	$1/4$	
-5	x_3	$1/2$	$15/2$	0	1	$1/2$	$-3/2$	
	σ_j		$-15/2$	0	0	$-7/2$	$-3/2$	8.5

三、对偶单纯形法的优点

从以上表中看出，用对偶单纯形法求解 LP 时的优点：

(1)初始解可以是非可行解，当检验数都为非正(原问题 max)时，就可以进行基的变换，这时不需要加入人工变量，可以简化计算。

(2)当约束条件为"≥"时，不必引进人工变量，可以使计算简化。

(3)当变量多于约束条件，对这样的线性规划问题，用对偶单纯形法计算可以减少计算工作量，因此对变量较少，而约束条件很多的线性规划问题，可先将它变换成对偶问题，然后用对偶单纯形法求解。

(4)在初始表中要求对偶问题有一个基可行解(即所有非基变量 $\sigma_j \leqslant 0$)，这个要求，对多数 LP 问题是很难实现。因此，对偶单纯形法一般不单独使用，主要应用于下一节的灵敏度分析及整数规划等问题中。

需要注意的是，在对偶单纯形法中，总是存在着对偶问题的可行解，因此对于能用对偶单纯形法求解的线性规划来说，其解不存在无界的可能，即只能是有最优解或无可行解这两种情况中的一种。对偶单纯形法无可行解的识别是通过入基变量选择失败来加以反映的，即当主行的所有元素均为非负时，就可得出问题无可行解的结论。

第四节 灵敏度分析

灵敏度分析是指对系统或事物因周围条件变化显示出来的敏感程度的分析。

在前面讨论的 LP 问题中，总是假定问题模型中的各个系数 a_{ij}，b_i，c_j 是已知并确定的常数，但实际上这些参数通常是根据经验估计或用统计数据预测的方法得到的，是一些估计和预测的数字。由于市场情况不断变化的原因,上述系数往往也会发生变动。例如,如果市场条件变化,各种产品的利润 c_j 的值就会变化;a_{ij} 是随着工艺技术条件的改变而改变,而 b_i 值则是根据材料供应量是否发生变化,资源投入后能产生多大的经济效果来决定的一种决策选择。因此,求得线性规划的最优解,还不能说问题已得到了完全的解决。决策者还需要获得这样两方面的信息:

一是当这些系数有一个或几个发生变化时,已求得的最优解会有什么变化;

二是这些系数在什么范围内变化时,线性规划问题的最优解(或最优基)不变。

显然,当线性规划问题中的某些系数发生变化时,原来已得的结果一般会发生变化。必须要考虑这些系数的变化对变化前最优解的影响。本节要研究解决如下问题:

- 当这些参数中的一个或几个发生变化时,问题的最优解有什么变化;
- 这些参数在多大范围内变化时,问题的最优解不变。
- 增加新变量或新约束条件对最优解的影响。

具体进行灵敏度分析时主要从两个方面入手:

(1)系数 c_j 的灵敏度分析,就是在资源 b_i 条件不变的前提下,最优解保持不变时,求每个系数 c_j 允许变动的范围;

(2)资源量 b_i 的灵敏度分析,就是在系数 C_j 不变的前提下,最优基不变时,求每种资源 b_i 允许变动的范围。

为此,需要考虑两个方面:一是解的最优性,即非基变量检验数是否仍保持 $\leqslant 0$。二是解的可行性,即解是否仍满足非负条件。在单纯形法迭代时,每次运算都和基 B 有关,所以可以把发生变化的系数经过一定计算,直接反映进最终单纯形表并按表 3.12 处理。

灵敏度分析的步骤可归纳如下:

第一步:将参数的改变计算反映到最终单纯形表上来:

$$\Delta \boldsymbol{b}' = \boldsymbol{B}^{-1} \Delta \boldsymbol{b} \qquad \Delta \boldsymbol{P}_j' = \boldsymbol{B}^{-1} \Delta \boldsymbol{P}_j \qquad (c_j - z_j)' = c_j - \sum_{i=1}^{m} a_{ij} y_j^*$$

第二步:检查原问题是否仍为可行解。

第三步:检查对偶问题是否仍为可行解。

第四步:按表 3.12 所列情况得出结论和决定继续计算的步骤。

表 3.12

原问题	对偶问题	结论或继续计算步骤
可行解	可行解	问题最优解或最优基不变
可行解	非可行解	用单纯形法继续迭代求最优解
非可行解	可行解	用对偶单纯形法继续迭代求最优解
非可行解	非可行解	引进人工变量,编制新的单纯形表重新计算

总之,在经济活动中,只求出最优解是不够的,还需要研究最优解对数据变化的敏感程度,即灵敏度分析。根据市场变化采取相应的措施,才能取得更好的经济效益。否则就会导致决策失误和经济损失。当数据发生变化时,把问题重新计算,也是一种办法,但是这样做有时没有必要。灵敏度分析的目的是研究上述系数在什么范围内变化时,最优解不受影响,以减少反

复从头计算的工作量。

一、价值系数 C_j 变化的灵敏度分析

将原迭代过程继承下来,价值系数的变化只会对最终单纯形表中的检验数发生影响,而与其他变量无关。因此,将变化的价值系数反映进最终单纯形表,只需对检验数行进行修正。

[情况1] 价值系数发生变化的变量在最终单纯形表中为非基变量

价值系数发生变化的变量在最终单纯形表中为非基变量,所以将变化的价值系数反映进最终单纯形表只会影响此变量自身的检验数,而与其他变量的检验数无关。

例 3.10 已知第二章例 2.1 中的 LP 问题:

$$\max z = 7x_1 + 5x_2$$

$$\text{s.t.} \begin{cases} 3x_1 + 2x_2 \leqslant 90 \\ 4x_1 + 6x_2 \leqslant 200 \\ 7x_2 \leqslant 210 \\ x_1 \geqslant 0, x_2 \geqslant 0 \end{cases}$$

单纯形求解可得如表 3.13 所示的最终单纯形表,问:c_3 在什么范围内变化时,最优解保持不变;

表 3.13

C_B	X_B	b	x_1	x_2	x_3	x_4	x_5	θ_i
	$c_j \rightarrow$		7	5	0	0	0	
7	x_1	14	1	0	3/5	-1/5	0	
5	x_2	24	0	1	-2/5	3/10	0	
0	x_5	42	0	0	14/5	-21/10	1	
	$\sigma_j = c_j - z_j$		0	0	-11/5	-1/10	0	$z = 218$

解:由于 x_3 在最终单纯形表中是非基变量,因此 c_3 的变化只会影响 x_3 自身的检验数 σ_3,而与其他变量的检验数无关。计算变化后的 σ_3 并令其非负,即可求得保持最优解不变 c_3 的变化范围。

$$\sigma_3 = c_3' - (7,5,0)\begin{pmatrix} 3/5 \\ -2/5 \\ 14/5 \end{pmatrix} = c_3' - 11/5 \leqslant 0$$

$$c_3' \leqslant 11/5$$

$$c_3' = c_3 + \Delta c_3 - z_3 \leqslant 0$$

$$\text{即} \quad \sigma_3 + \Delta c_3 \leqslant 0$$

$$\Delta c_3 \leqslant -\sigma_3$$

即只要 $\Delta c_3 \leqslant 11/5$,就可以保持最优解不变。

例 3.11 已知 LP 问题

$$\min w = -2x_1 - 3x_2 - x_3 + 0x_4 + 0x_5$$

$$\text{s.t.}\begin{cases} x_1 + x_2 + x_3 + x_4 & = 3 \\ x_1 + 4x_2 + 7x_3 & + x_5 = 9 \\ x_1, x_2, x_3, x_4, x_5 \geqslant 0 \end{cases}$$

单纯形求解可得如表 3.14 所示的最终单纯形表,问

(1)c_3 在什么范围内变化时,最优解保持不变;

(2)c_3 由"-1"减少至"-6",求新的最优解。

解(1):由于 x_3 在最终单纯形表中是非基变量,因此 c_3 的变化只会影响 x_3 自身的检验数 σ_3,而与其他变量的检验数无关。计算变化后的 σ_3 并令其非负,即可求得保持最优解不变 c_3 的变化范围。见表 3.14。

表 3.14

	c_j		-2	-3	-1	0	0	θ_i
C_B	X_B	b	x_1	x_2	x_3	x_4	x_5	
-2	x_1	1	1	0	-1	$4/3$	$-1/3$	
-3	x_2	2	0	1	2	$-1/3$	$1/3$	
	σ_j		0	0	3	$5/3$	$1/3$	$w=-8$

$$\sigma_3 = c_3' - (-2, -3)\begin{pmatrix} -1 \\ 2 \end{pmatrix} = c_3' + 4 \geqslant 0$$

所以,$c_3' \geqslant -4$,即只要 $c_3' \geqslant -4$,就可以保持最优解不变。

解(2):将 $c_3' = -6$ 直接反映进最终单纯形表,用单纯形法继续迭代即可得到新的最优解,过程见表 3.15。

表 3.15

	c_j		-2	-3	-6	0	0	θ_i
C_B	X_B	b	x_1	x_2	x_3	x_4	x_5	
-2	x_1	1	1	0	-1	$4/3$	$-1/3$	
-3	x_2	2	0	1	[2]	$-1/3$	$1/3$	
	σ_j		0	0	-2	$5/3$	$1/3$	$w=-8$
-2	x_1	2	1	$1/2$	0	$7/6$	$-1/6$	
-6	x_3	1	0	$1/2$	1	$-1/6$	$1/6$	
	σ_j		0	1	0	$4/3$	$2/3$	$w=-10$

[情况 2]　价值系数发生变化的变量在最终单纯形表中为基变量

因为基变量的价值系数发生变化会引起 C_B 的变化,进而可能引起整个检验数行的变化。

例 3.12　对于例 3.10 中的线性规划问题,问:

(1)c_1 在什么范围内变化时,最优解保持不变;

(2)c_1 由"7"增加至"8",求新的最优解。

表 3.16

$c_j \to$			$7(c_1)$	5	0	0	0	θ_i
C_B	X_B	b	x_1	x_2	x_3	x_4	x_5	
$7(c_1)$	x_1	14	1	0	3/5	−1/5	0	
5	x_2	24	0	1	−2/5	3/10	0	
0	x_5	42	0	0	14/5	−21/10	1	
$c_j - z_j$			0	0	−11/5	−1/10	0	$z=218$

解(1):由最终单纯形表 3.16 可知,为保持原最优解不变应有检验数 σ_3 和 σ_4 仍保持非正,即

$$\sigma_3 = 0 - (c_1, 5, 0)\begin{pmatrix} 3/5 \\ -2/5 \\ 14/5 \end{pmatrix} = -\frac{3}{5}c_1 + 2 \leqslant 0 \to c_1 \geqslant \frac{10}{3}$$

$$\sigma_4 = 0 - (c_1, 5, 0)\begin{pmatrix} -1/5 \\ 3/10 \\ -21/10 \end{pmatrix} = +\frac{1}{5}c_1 - \frac{3}{2} \leqslant 0 \to c_1 \leqslant \frac{15}{2}$$

即保持原最优解不变应有 $c_1 \in \left[\frac{10}{3}, \frac{15}{2}\right]$。

解(2):将 $c_1 = 8$ 直接反映到最终单纯形表,用单纯形法继续迭代即可得到新的最优解,过程见表 3.17。

表 3.17

$c_j \to$			8	5	0	0	0	θ_i
C_B	X_B	b	x_1	x_2	x_3	x_4	x_5	
8	x_1	14	1	0	3/5	−1/5	0	—
5	x_2	24	0	1	−2/5	3/10	0	80
0	x_5	42	0	0	14/5	−21/10	1	—
$c_j - z_j$			0	0	−14/5	1/10	0	$z=218$
8	x_1	30	1	2/3	1/3	0	0	
0	x_4	80	0	10/3	−4/3	1	0	
0	x_5	210	0	7	0	0	1	
$c_j - z_j$			0	−1/3	−8/3	0	0	$z=240$

例 3.13 对于例 3.11 中的线性规划问题,问:

(1)c_1 在什么范围内变化时,最优解保持不变?

(2)c_1 由"−2"减少至"−6",求新的最优解。

解(1)：由最终单纯形表（表 3.18）可知，为保持原最优解不变应有：

表 3.18

C_B	X_B	b	x_1	x_2	x_3	x_4	x_5	θ_i
	$c_j \rightarrow$		-2	-3	-1	0	0	
$-2(c_1)$	x_1	1	1	0	-1	$4/3$	$-1/3$	
-3	x_2	2	0	1	2	$-1/3$	$1/3$	
	σ_j		0	0	3	$5/3$	$1/3$	$w=-8$

$$\sigma_3 = -1 - (c_1, -3)\binom{-1}{2} = c_1 + 5 \geqslant 0 \rightarrow c_1 \geqslant -5$$

$$\sigma_4 = 0 - (c_1, -3)\binom{4/3}{-1/3} = -\frac{4}{3}c_1 - 1 \geqslant 0 \rightarrow c_1 \leqslant -\frac{3}{4}$$

$$\sigma_5 = 0 - (c_1, -3)\binom{-1/3}{1/3} = \frac{1}{3}c_1 + 1 \geqslant 0 \rightarrow c_1 \geqslant -3$$

即保持原最优解不变应有 $c_1 \in \left[-3, -\frac{3}{4}\right]$。

解(2)：将 $c_1 = -6$ 直接反映进最终单纯形表，用单纯形法继续迭代即可得到新的最优解，过程见表 3.19。

表 3.19

C_B	X_B	b	x_1	x_2	x_3	x_4	x_5	θ_i
	$c_j \rightarrow$		-6	-3	-1	0	0	
-6	x_1	1	1	0	-1	$4/3$	$-1/3$	
-3	x_2	2	0	1	[2]	$-1/3$	$1/3$	
	σ_j		0	0	-1	7	-1	$w=-12$
-6	x_1	2	1	$1/2$	0	$7/6$	$-1/6$	
-1	x_3	1	0	$1/2$	1	$-1/6$	$(1/6)$	
	σ_j		0	$1/2$	0	$41/6$	$-5/6$	$w=-13$
-6	x_1	3	1	1	1	1	0	
0	x_5	6	0	3	6	-1	1	
	σ_j		0	3	5	6	0	$w=-18$

例 3.14　下面是某厂用原材料 1 和 2 生产三种产品的生产优化模型，目标函数为求最大利润（三个决策变量分别是三种产品的产量）。

$$\max z = 20x_1 + 12x_2 + 10x_3$$

$$\text{s.t.} \begin{cases} 8x_1 + 4x_2 + 7x_3 \leqslant 600 & \text{原材料 1} \\ x_1 + 3x_2 + 3x_3 \leqslant 400 & \text{原材料 2} \\ x_1, x_2, x_3 \geqslant 0 \end{cases}$$

求解这个模型得到的最终表如下(其中 x_4,x_5 为引入的松弛变量)。

表 3.20

X_B	x_1	x_2	x_3	x_4	x_5	$B^{-1}b$
x_1	1	0	9/20	3/20	−1/5	10
x_2	0	1	17/20	−1/20	2/5	130
σ_j	0	0	−9.2	−2.4	−0.8	1 760

由表 3.20 可知,最优解为生产第一种产品 10 件,第二种产品 130 件,不生产第三种产品,最大利润为 1 760 万元。现在问:

(1)当目标函数中 x_3 的系数 c_3 有改变量 Δc_3 时,对最优解有何影响?

(2)当目标函数中 x_1 的系数 c_1 有改变量 Δc_1 时,对最优解有何影响?

解(1):因为 c_3 是目标函数中非基变量 x_3 的系数,因此,当 c_3 有改变量 Δc_3 时,基变量的系数 $\boldsymbol{C}_B=(c_1 \quad c_2)$ 并无变化,于是用检验数计算公式

$$\sigma_j = c_j - \boldsymbol{C}_B \boldsymbol{B}^{-1} \boldsymbol{P}_j = c_j - \boldsymbol{C}_B \boldsymbol{P}'_j$$

计算非基变量检验数时,有

$$\begin{cases} \sigma_3 = c_3 - [c_1,c_2] \boldsymbol{P}'_3 \\ \sigma_4 = c_4 - [c_1,c_2] \boldsymbol{P}'_4 \\ \sigma_5 = c_5 - [c_1,c_2] \boldsymbol{P}'_5 \end{cases}$$

可见,只有 σ_3 受 c_3 变化影响,即

$$\sigma_3 \rightarrow \sigma'_3 = (c_3 + \Delta c_3) - \boldsymbol{C}_B \boldsymbol{P}'_j = (c_3 - \boldsymbol{C}_B \boldsymbol{P}'_3) + \Delta c_3 = \sigma_3 + \Delta c_3$$

而其他检验数并不受影响,因此,要使最优解不变,只需保持 $\sigma'_3 = \sigma_3 + \Delta c_3 \leq 0$,从而有 $\Delta c_3 \leq -\sigma_3 = 9.2$。

这表明,c_3 的允许增加量为:$-\sigma_3 = 9.2$,而允许减少量没有限制。即 c_3 在 $(-\infty, c_3 + 9.2)$ 范围内变化时,最优解不会改变。

解(2):因为 c_1 是目标函数中基变量 x_1 的系数,因此当 c_1 有改变量 Δc_1 时,$\boldsymbol{C}_B=(c_1 + \Delta c_1, c_2)$。而计算各非基变量检验数都要用到 $\boldsymbol{C}_B=(c_1 + \Delta c_1, c_2)$,于是所有非基变量的检验数都会发生变化。这表明 $\boldsymbol{C}_B$ 发生变化将影响到所有非基变量检验数的变化。为此,要将 c_1 的改变量 Δc_1 加入公式中,重新计算所有非基变量的检验数,即:

$$\sigma'_3 = 10 - (20 + \Delta c_1, 12)\binom{9/20}{17/20} = 10 - \left(\frac{180 + 9\Delta c_1}{20} + \frac{204}{20}\right) = \frac{-184 - 9\Delta c_1}{20}$$

$$\sigma'_4 = 0 - (20 + \Delta c_1, 12)\binom{3/20}{-1/20} = -\left(\frac{60 + 3\Delta c_1}{20} - \frac{12}{20}\right) = -\frac{48 - 3\Delta c_1}{20}$$

$$\sigma'_5 = 0 - (20 + \Delta c_1, 12)\binom{-1/5}{2/5} = \frac{20 + \Delta c_1}{5} - \frac{24}{5} = \frac{\Delta c_1 - 4}{5}$$

要使最优解不变,必须保持 $\sigma'_3, \sigma'_4, \sigma'_5 \leq 0$,于是解上面不等式组得:

$$-16 \leq \Delta c_1 \leq 4$$

这表明 c_1 的允许增加量为 4,允许减少量为 16,即 c_1 在 $[20-16,20+4]$ 范围内变化时,最优解不变,否则最优解将发生变化。

综上分析,不难看出最优解对目标函数中的系数的改变并不十分灵敏。对此,企业可以在不改变资源优化分配的前提下,在一定的幅度内改变价值系数的值,来积极应对市场挑战。

二、资源系数 b_i 变化的灵敏度分析

资源系数发生变化,即 b 发生变化的灵敏度分析;该类问题关键是如何将 b 的变化直接反映进原问题的最终单纯形表。单纯形法的迭代过程,实际上是矩阵的初等变换过程;由线性代数的知识可知,对分块矩阵:

$$[B \quad I] = b$$

进行初等变换,当矩阵 B 变为单位矩阵 I 时,单位矩阵 I 将变为矩阵 B^{-1},即:

$$[I \quad B^{-1}] = B^{-1}b$$

在最终单纯形表上,基变量 X_B 的值就是常数项列中的数据 $B^{-1}b$,即 $X_B = B^{-1}b$,所以当 b 有改变量 Δb 时,即有:

$$X_B{}' = B^{-1}(b + \Delta b) = B^{-1}b + B^{-1}\Delta b$$

其中 $B^{-1}\Delta b$ 就是常数项列的改变量。由于检验数 $\sigma_j = c_j - C_B P_j'$ 与 b 的变化无关,所以 b 的变动,并不影响检验数和影子价格 $Y = -\sigma$,只影响到原最优表中的解是否可行,如果新的 X_B 值仍满足非负,则新解仍可行,最优基 B 不变。

由此可知,如果已知最终单纯形表中基可行解所对应的基"B"(最终单纯形表中的基变量在初始单纯形表中的列向量所构成的矩阵),即可在最终单纯形表中找到"B^{-1}"(注意,最优基 B 的逆矩阵 B^{-1} 就在最优表中,为初始单纯形表中的单位矩阵 I 在最终单纯形表中所对应的矩阵),B^{-1} 的第 j 个列向量 P_j' 对应于初始表中单位向量 e_j。而最终单纯形表中的每一列均可用其在初始单纯形表中的相应列左乘 B^{-1} 来得到,即 $b' = B^{-1}b$。

例 3.15 已知第二章例 2.1 的单纯形求解最终单纯形表如表 3.21 所示,试求:

(1)b_2 在什么范围内变化时,最优解(在此实际上是最优基)保持不变;

(2)b_2 由 200 减少至 100,求新的最优解。

表 3.21

C_B	X_B	b	x_1	x_2	x_3	x_4	x_5	θ_i
	$c_j \rightarrow$		7	5	0	0	0	
7	x_1	14	1	0	3/5	$-1/5$	0	
5	x_2	24	0	1	$-2/5$	3/10	0	
0	x_5	42	0	0	14/5	$-21/10$	1	
	$c_j - z_j$		0	0	$-11/5$	$-1/10$	0	$z=218$

解(1):给 b_2 一个增量 Δb_2 并利用 $b' = B^{-1}b$ 将变化直接反映进最终单纯形表。在上面的单纯形表中:

$$\boldsymbol{B}^{-1} = \begin{bmatrix} 3/5 & -1/5 & 0 \\ -2/5 & 3/10 & 0 \\ 14/5 & -21/10 & 1 \end{bmatrix} \quad \boldsymbol{b}' = \begin{bmatrix} 3/5 & -1/5 & 0 \\ -2/5 & 3/10 & 0 \\ 14/5 & -21/10 & 1 \end{bmatrix} \begin{bmatrix} 90 \\ 200+\Delta b_2 \\ 210 \end{bmatrix} = \begin{bmatrix} 14-\Delta b_2 \\ \dfrac{240+3\Delta b_2}{10} \\ \dfrac{420-\Delta b_2}{10} \end{bmatrix}$$

为保持最优解不变,应有 $\boldsymbol{b}' \geqslant 0$,即:

$$14 - \Delta b_2 \geqslant 0$$

$$\frac{240 + 3\Delta b_2}{10} \geqslant 0$$

$$\frac{420 - \Delta b_2}{10} \geqslant 0$$

所以有 Δb_2 的变化范围是 $[-80, 20]$,b_2 的变化范围应在 $[120, 220]$ 之内。

解(2): 将 $b_2 = 100$ 直接填入最终单纯形表,得表 3.22。

$$\boldsymbol{b}' = \begin{bmatrix} 3/5 & -1/5 & 0 \\ -2/5 & 3/10 & 0 \\ 14/5 & -21/10 & 1 \end{bmatrix} \begin{bmatrix} 90 \\ 100 \\ 210 \end{bmatrix} = \begin{bmatrix} 34 \\ -6 \\ 252 \end{bmatrix}$$

表 3.22

C_B	X_B	b	x_1	x_2	x_3	x_4	x_5	θ_i
	$c_j \rightarrow$		7	5	0	0	0	
7	x_1	34	1	0	3/5	-1/5	0	
5	x_2	-6	0	1	[-2/5]	3/10	0	
0	x_5	252	0	0	14/5	-21/10	1	
	$c_j - z_j$		0	0	-11/5	-1/10	0	$z=218$

利用对偶单纯形法继续迭代,可得如表 3.23 所示的新的最优解。

表 3.23

C_B	X_B	b	x_1	x_2	x_3	x_4	x_5	θ_i
	$c_j \rightarrow$		7	5	0	0	0	
7	x_1	25	1	3/2	0	1/4	0	
0	x_3	15	0	-5/2	1	-3/4	0	
0	x_5	210	0	7	0	0	1	
	$c_j - z_j$		0	-11/2	0	-7/4	0	$z=175$

例 3.16 已知线性规划问题如下:

$$\min w = -5x_1 - 12x_2 - 4x_3 + 0x_4 + Mx_5$$

$$\text{s.t.} \begin{cases} x_1 + 2x_2 + x_3 + x_4 = 5 \\ 2x_1 - x_2 + 3x_3 + x_5 = 2 \\ x_1, x_2, x_3, x_4, x_5 \geqslant 0 \end{cases}$$

单纯形求解可得如表 3.24 所示的最终单纯形表,试进行灵敏度分析:

(1)b_2 在什么范围内变化时,最优解(在此实际上是最优基)保持不变;

(2)b_2 由 2 增加至 15,求新的最优解。

表 3.24

C_B	X_B	b	c_j					θ_i
			-5	-12	-4	0	M	
			x_1	x_2	x_3	x_4	x_5	
-12	x_2	$8/5$	0	1	$-1/5$	$2/5$	$-1/5$	
-5	x_1	$9/5$	1	0	$7/5$	$1/5$	$2/5$	
	σ_j		0	0	$-3/5$	$-29/5$	$2/5-M$	$w=-141/5$

解(1):给 b_2 一个增量 Δb_2 并利用 $\boldsymbol{b}' = \boldsymbol{B}^{-1}\boldsymbol{b}$ 将变化直接反映到最终单纯形表。在表 3.24 的单纯形表中:

$$\boldsymbol{B}^{-1} = \begin{bmatrix} 2/5 & -1/5 \\ 1/5 & 2/5 \end{bmatrix}$$

$$\boldsymbol{b}' = \begin{bmatrix} 2/5 & -1/5 \\ 1/5 & 2/5 \end{bmatrix} \begin{bmatrix} 5 \\ 2+\Delta b_2 \end{bmatrix} = \begin{bmatrix} \dfrac{8-\Delta b_2}{5} \\ \dfrac{9+2\Delta b_2}{5} \end{bmatrix}$$

为保持最优解不变,应有 $\boldsymbol{b}' \geqslant 0$,即:$\dfrac{8-\Delta b_2}{5} \geqslant 0$,$\dfrac{9+2\Delta b_2}{5} \geqslant 0$,所以有 b_2 的变化范围应在 $\left[-\dfrac{5}{2}, 10 \right]$ 之内。

解(2) 将 $b_2 = 15$ 直接反映进最终单纯形表,得表 3.25。

$$\boldsymbol{b}' = \begin{bmatrix} 2/5 & -1/5 \\ 1/5 & 2/5 \end{bmatrix} \begin{bmatrix} 5 \\ 15 \end{bmatrix} = \begin{bmatrix} -1 \\ 7 \end{bmatrix}$$

表 3.25

C_B	X_B	b	c_j					θ_i
			-5	-12	-4	0	M	
			x_1	x_2	x_3	x_4	x_5	
-12	x_2	-1	0	1	【$-1/5$】	$2/5$	$-1/5$	
-5	x_1	7	1	0	$7/5$	$1/5$	$2/5$	
	σ_j		0	0	$+3/5$	$+29/5$	$M-2/5$	$w=-23$

利用对偶单纯形法继续迭代,可得如表 3.26 所示的新的最优解。

表 3.26

	c_j		-5	-12	-4	0	M	θ_i
C_B	X_B	b	x_1	x_2	x_3	x_4	x_5	
-4	x_3	5	0	-5	1	-2	1	
-5	x_1	0	1	7	0	3	-1	
	σ_j		0	3	0	7	$M-1$	$w=-20$

通过对资源系数的灵敏度分析可以知道,b_j 在对应范围内变化时,最优基 B 不变,基变量 X_B 结构不变,只是基变量 X_B 的取值改变了。如果 b_j 变化超出上述范围,必有基变量的值变成负数(即常数项列中出现了负数),这时,要用对偶单纯形法继续迭代求解。

一般来说,一个线性规划问题,最优解有两种类型的约束条件:起作用约束和不起作用约束。最优解的起作用约束是指最优解以等式方式满足(或松弛变量为零)的约束条件,也称为最优解的紧约束。最优解的不起作用约束是指最优解以不等式方式满足(或松弛变量不为零)的约束条件,也称为最优解的松约束。

对于资源条件的灵敏度分析,有以下两个重要结论:

一是对起作用约束的资源数量作任何改变都会影响最优解;二是对不起作用约束的资源数量作少量改变(即减少量不超出该约束中的松弛变量值时)不会影响最优生产方案,即原模型中决策变量值不会变,最优值不会变。因为松弛变量值代表资源的剩余量,所以适量减少,对最优生产方案没有影响。

三、技术参数 a_{ij} 变化的灵敏度分析

通过前面的讨论可知,如果将原迭代过程继承下来,就可以通过 B^{-1} 将技术系数的变化反映进最终单纯形表。需要强调的是,如果发生变化的变量在最终单纯形表中为非基变量,那么只需在将变化反映进最终单纯表后,重新计算该非基变量的检验数即可完成对问题的求解;如果发生变化的变量在最终单纯形表中为基变量,那么必须在将变化反映进最终单纯表后,首先围绕该变量进行初等变换,将该基变量的列向量变为单位向量,再重新计算各个变量的检验数,才能完成对问题的求解。这里只讨论一个非基变量 x_j 的消耗系数 a_{ij} 变化的情况,其他数据不变。

[情况 1]   技术系数发生变化的变量在最终单纯形表中为非基变量

设 $a_{ij} \rightarrow a_{ij} + \Delta a_{ij}$,$\Delta a_{ij}$ 为改变量,这种情况只影响一个非基变量检验数 σ_j。

设 $Y^* = C_B B^{-1}$,所以检验数的另一形式为:

$$\sigma_j = C_j - C_B B^{-1} P_j = C_j - Y^* P_j$$
$$= C_j - (y_1^*, \cdots, y_m^*)(a_{1j}, \cdots, a_{mj})^T (j = 1, \cdots, n)$$

则由这一检验数计算公式有:

$$\sigma_j \rightarrow \sigma_j' = c_j - Y^* \left\{ \begin{pmatrix} a_{1j} \\ \vdots \\ a_{ij} \\ \vdots \\ a_{mj} \end{pmatrix} + \begin{pmatrix} 0 \\ \vdots \\ \Delta a_{ij} \\ \vdots \\ 0 \end{pmatrix} \right\} = (c_j - Y^* P_j) - (y_1^*, \cdots, y_i^*, \cdots, y_m^*) \begin{pmatrix} 0 \\ \vdots \\ \Delta a_{ij} \\ \vdots \\ 0 \end{pmatrix}$$

$$= \sigma_j - y_j^* \Delta a_{ij}$$

式中:Y^* 为对偶问题的最优解,y_i^* 为 Y^* 的第 i 个分量。

　　要使最优解保持不变,就要保证所有 $\sigma_j' \leqslant 0$,于是有:

$$\sigma_j \leqslant y_i^* \Delta a_{ij}$$

$$\Delta a_{ij} \geqslant \frac{\sigma_j}{y_i^*}$$

　　例 3.17　对于本章例 3.11 中的线性规划问题单纯形求解的最终单纯形表格如表 3.27 所示,试分析 a_{23} 在什么范围内变化时,最优解保持不变。

表 3.27

C_B	X_B	b	c_j					θ_i
			-2	-3	-1	0	0	
			x_1	x_2	x_3	x_4	x_5	
-2	x_1	1	1	0	-1	4/3	$-1/3$	
-3	x_2	2	0	1	2	$-1/3$	1/3	
	σ_j		0	0	3	5/3	1/3	$w=-8$

解:

$$\sigma_3 = c_3 - C_B B^{-1} P_3 = -1 - (-2, -3) \begin{pmatrix} 4/3 & -1/3 \\ -1/3 & 1/3 \end{pmatrix} \begin{pmatrix} 1 \\ a_{23} \end{pmatrix} = \frac{1}{3} a_{23} + \frac{2}{3}$$

$$\sigma_3 = \frac{1}{3} a_{23} + \frac{2}{3} \geqslant 0 \rightarrow a_{23} \geqslant -2$$

即保持原最优解不变应有 $a_{23} \in [-2, +\infty]$。

　　[情况 2]　技术系数发生变化的变量在最终单纯形表中为基变量

　　由于基变量的技术系数发生了变化,将变化的量反映进最终单纯形表,必将破坏基变量在最终单纯形表中的单位向量形式;为获得变化后新问题的基解,必须首先将基变量对应的列向量转化为单位向量。转化后的结果可能是原问题与对偶问题都可行,也可能是原问题和对偶问题只有之一是可行的,还可能原问题与对偶问题均不可行;然而无论出现哪种结果,我们均可按表 3.12 进行处理。

　　例 3.18　已知例 3.11 线性规划问题的最终单纯形表 3.28,试分析当 a_{11} 由 1 变为 3 时,原最优解是否发生改变,如果改变求新的最优解。

　　解: 首先将变化反映进最终单纯形表,形成表 3.29。

$$P_1' = \begin{pmatrix} 4/3 & -1/3 \\ -1/3 & 1/3 \end{pmatrix} \begin{pmatrix} 3 \\ 1 \end{pmatrix} = \begin{pmatrix} 11/3 \\ -2/3 \end{pmatrix}$$

表 3.28

C_B	X_B	b	c_j					θ_i
			-2	-3	-1	0	0	
			x_1	x_2	x_3	x_4	x_5	
-2	x_1	1	1	0	-1	4/3	$-1/3$	
-3	x_2	2	0	1	2	$-1/3$	1/3	
	σ_j		0	0	3	5/3	1/3	$w=-8$

表 3.29

	c_j		-2	-3	-1	0	0	θ_i
C_B	X_B	b	x_1	x_2	x_3	x_4	x_5	
-2	x_1	1	11/3	0	-1	4/3	$-1/3$	
-3	x_2	2	$-2/3$	1	2	$-1/3$	1/3	
	σ_j		10/3	0	3	5/3	1/3	
-2	x_1	3/11	1	0	$-3/11$	4/11	$-1/11$	
-3	x_2	24/11	0	1	20/11	$-1/11$	3/11	
	σ_j		0	0	43/11	5/11	7/11	$w=-78/11$

由表 3.29 可以看出,当 a_{11} 由 1 变为 3 时,原最优基并未发生改变,而最优解变为 $\boldsymbol{X}^* = (3/11, 24/11, 0, 0, 0)^{\mathrm{T}}$。

例 3.19 对于例 3.16 中的线性规划问题的最终单纯形表 3.24,问当 a_{11} 由 1 变为 5 时,原最优解是否发生改变,如果改变求新的最优解。

解:首先将变化反映进最终单纯形表,形成表 3.30。

$$\boldsymbol{P}_1' = \begin{pmatrix} 2/5 & -1/5 \\ 1/5 & 2/5 \end{pmatrix} \begin{pmatrix} 5 \\ 2 \end{pmatrix} = \begin{pmatrix} 8/5 \\ 9/5 \end{pmatrix}$$

表 3.30

	c_j		-5	-12	-4	0	M	θ_i
C_B	X_B	b	x_1	x_2	x_3	x_4	x_5	
-12	x_2	8/5	8/5	1	$-1/5$	2/5	$-1/5$	
-5	x_1	9/5	9/5	0	7/5	1/5	2/5	
-12	x_2	0	0	1	$-13/9$	2/9		
-5	x_1	1	1	0	(7/9)	1/9		
	σ_j		0	0	$-157/9$	29/9		$w=-5$
-12	x_2	13/7	13/7	1	0	3/7		
-4	x_3	9/7	9/7	0	1	1/7		
	σ_j		157/7	0	0	40/7		$w=-192/7$

从表 3.30 可以看出,原最优解已发生改变,新的最优解为 $\boldsymbol{X}^* = (0, 13/7, 9/7)^{\mathrm{T}}$。

例 3.20 对于例 3.11 中的线性规划问题,问当 a_{11} 由 1 变为 0 时,原最优解是否发生改变,如果改变求新的最优解。

解:首先将变化反映进最终单纯形表,形成表 3.31。

$$\boldsymbol{P}_1' = \begin{pmatrix} 4/3 & -1/3 \\ -1/3 & 1/3 \end{pmatrix} \begin{pmatrix} 0 \\ 1 \end{pmatrix} = \begin{pmatrix} -1/3 \\ 1/3 \end{pmatrix}$$

表 3.31

	c_j		-2	-3	-1	0	0	θ_i
C_B	X_B	b	x_1	x_2	x_3	x_4	x_5	
-2	x_1	1	$-1/3$	0	-1	$4/3$	$-1/3$	
-3	x_2	2	$1/3$	1	2	$-1/3$	$1/3$	
-2	x_1	-3	1	0	3	-4	1	
-3	x_2	3	0	1	1	1	0	
	σ_j		0	0	8	-5	2	$w=-3$

表 3.31 所示的原问题及对偶问题均不可行,故需引入人工变量。首先将资源系数项为负值的约束方程拿出来:

$$x_1 + 3x_3 - 4x_4 + x_5 = -3$$

方程两侧同乘"-1"并引入人工变量 x_6:

$$-x_1 - 3x_3 + 4x_4 - x_5 + x_6 = 3$$

以人工变量 x_6 为基变量,将该约束条件放回原位置,用前面处理人工变量的方法即可求解此问题,求解过程如表 3.32 所示。

表 3.32

	c_j		-2	-3	-1	0	0	M	θ_i
C_B	X_B	b	x_1	x_2	x_3	x_4	x_5	x_6	
M	x_6	3	-1	0	-3	$[4]$	-1	1	
-3	x_2	3	0	1	1	1	0	0	
	σ_j		$M-2$	0	$3M+2$	$3-4M$	M	0	$w=3M-9$
0	x_4	$3/4$	$-1/4$	0	$-3/4$	1	$-1/4$	$1/4$	
-3	x_2	$9/4$	$[1/4]$	1	$7/4$	0	$1/4$	$-1/4$	
	σ_j		$-5/4$	0	$17/4$	0	$3/4$	$M-3/4$	$w=-27/4$
0	x_4	3	0	1	1	1	0		
-2	x_1	9	1	4	7	0	1	-1	
	σ_j		0	5	13	0	2	$M-2$	$w=-18$

表 3.32 的最终计算结果给出了新的最优解 $\boldsymbol{X}^* = (9,0,0,3,0)^{\mathrm{T}}$,新的最优值 $w^* = -18$。

四、增加一个约束条件的灵敏度分析

如果生产中需要增加一道工序,就要增加一个约束条件,此时,可将原最优解代入新增加的约束条件中,若原最优解满足新增加的约束条件,那么它一定仍然是最优解;若原最优解已不能使新增加的约束条件成立,则需把新的约束条件加入模型重新计算。

例3.21 对于本章例3.10中的线性规划问题,分别增加如下约束条件并分析其对最优解的影响。

$$\max z = 7x_1 + 5x_2$$

$$\text{s.t.}\begin{cases} 3x_1 + 2x_2 \leqslant 90 \\ 4x_1 + 6x_2 \leqslant 200 \\ \qquad\quad 7x_2 \leqslant 210 \\ x_1 \geqslant 0, x_2 \geqslant 0 \end{cases}$$

(1) $x_1 + 2x_2 \leqslant 100$

(2) $x_1 + 2x_2 \leqslant 60$

解(1):将原问题的最优解 $X^* = (14, 24, 0, 0, 42)^{\text{T}}$ 代入新增加的约束条件 $x_1 + 2x_2 \leqslant 100$,由于原最优解 $X^* = (14, 24, 0, 0, 42)^{\text{T}}$ 可以使新增约束成立,所以最优解不变。

解(2):将原问题的最优解 $X^* = (14, 24, 0, 0, 42)^{\text{T}}$ 代入新增加的约束条件 $x_1 + 2x_2 \leqslant 60$,新增约束已不成立,所以原最优解要发生变化。

在新增约束 $x_1 + 2x_2 \leqslant 60$ 中引入松弛变量 x_6,并让 x_6 充当基变量,将新增约束直接反映进最终单纯形表。由于在最终单纯形表中增加了一行,原来基变量的单位列向量可能遭到破坏;因此,首先需要将基变量所对应的系数列向量变为单位向量,处理过程见表3.33。表中的 x_1、x_2 不是单位向量,故进行行的线性变换。将表中的 x_6 行的约束写为

$$\frac{1}{5}x_3 - \frac{2}{5}x_4 + x_6 = -2$$

上式两边同乘以 -1,再加上人工变量 α_1 得:

$$-\frac{1}{5}x_3 + \frac{2}{5}x_4 - x_6 + \alpha_1 = 2$$

并将上式替换表中的 x_6 行。具体计算过程如表3.33所示。

例3.22 对于例3.11中的线性规划问题,分别增加如下约束条件:(1) $x_1 + 2x_2 + x_3 \leqslant 10$;(2) $x_1 + 2x_2 + x_3 \leqslant 4$。试分析其对最优解的影响。

解(1):将原问题的最优解 $X^* = (1, 2, 0, 0, 0)^{\text{T}}$ 代入新增加的约束条件 $x_1 + 2x_2 + x_3 \leqslant 10$,由于原最优解 $X^* = (1, 2, 0, 0, 0)^{\text{T}}$ 可以使新增约束成立,所以最优解不变。

解(2):将原问题的最优解 $X^* = (1, 2, 0, 0, 0)^{\text{T}}$ 代入新增约束 $x_1 + 2x_2 + x_3 \leqslant 4$,新增约束已不成立,所以原最优解要发生变化。

表 3.33

C_B	X_B	b	x_1	x_2	x_3	x_4	x_5	θ_i
$c_j \rightarrow$			7	5	0	0	0	
7	x_1	14	1	0	3/5	$-1/5$	0	
5	x_2	24	0	1	$-2/5$	3/10	0	
0	x_5	42	0	0	14/5	$-21/10$	1	
	$c_j - z_j$		0	0	$-11/5$	$-1/10$	0	$z=218$

C_B	X_B	b	x_1	x_2	x_3	x_4	x_5	x_6	θ_i
$c_j \rightarrow$			7	5	0	0	0	0	
7	x_1	14	1	0	3/5	$-1/5$	0	0	
5	x_2	24	0	1	$-2/5$	3/10	0	0	
0	x_5	42	0	0	14/5	$-21/10$	1	0	
0	x_6	60	1	2	0	0	0	1	
	$c_j - z_j$		0	0	$-11/5$	$-1/10$	0	0	$z=218$

C_B	X_B	b	x_1	x_2	x_3	x_4	x_5	x_6	θ_i
$c_j \rightarrow$			7	5	0	0	0	0	
7	x_1	14	1	0	3/5	$-1/5$	0	0	
5	x_2	24	0	1	$-2/5$	3/10	0	0	
0	x_5	42	0	0	14/5	$-21/10$	1	0	
0	x_6	-2	0	0	1/5	$-2/5$	0	1	
	$c_j - z_j$		0	0	$-11/5$	$-1/10$	0	0	$z=218$

C_B	X_B	b	x_1	x_2	x_3	x_4	x_5	x_6	α_1	θ_i
$c_j \rightarrow$			7	5	0	0	0	0	$-M$	
7	x_1	14	1	0	3/5	$-1/5$	0	0	0	—
5	x_2	24	0	1	$-2/5$	3/10	0	0	0	80
0	x_5	42	0	0	14/5	$-21/10$	1	0	0	—
$-M$	α_1	2	0	0	$-1/5$	[2/5]	0	-1	1	5
	$c_j - z_j$		0	0	$-\dfrac{11}{5}+\dfrac{1}{5}M$	$-\dfrac{1}{10}+\dfrac{2}{5}M$	0	0	0	
7	x_1	15	1	0	1/2	0	0	$-1/2$	1/2	
5	x_2	45/2	0	1	$-1/4$	0	0	3/4	$-3/4$	
0	x_5	105/2	0	0	7/4	0	1	$-21/4$	21/4	
0	x_4	5	0	0	$-1/2$	1	0	$-5/2$	5/2	
	$c_j - z_j$		0	0	$-9/4$	0	0	$-1/4$	$\dfrac{1}{4}-M$	$z=217.5$

在新增约束 $x_1 + 2x_2 + x_3 \leqslant 4$ 中引入松弛变量 x_6，并让 x_6 充当基变量，将新增约束直接反映进最终单纯形表。由于在最终单纯形表中增加了一行，原来基变量的单位列向量可能遭到破坏；因此，首先需要将基变量所对应的系数列向量变为单位向量，处理过程见表 3.34。

表 3.34

C_B	X_B	b	x_1	x_2	x_3	x_4	x_5	x_6	θ_i
	c_j		-2	-3	-1	0	0	0	
-2	x_1	1	1	0	-1	$4/3$	$-1/3$	0	
-3	x_2	2	0	1	2	$-1/3$	$1/3$	0	
0	x_6	4	1	2	1	0	0	1	
-2	x_1	1	1	0	-1	$4/3$	$-1/3$	0	
-3	x_2	2	0	1	2	$-1/3$	$1/3$	0	
0	x_6	-1	0	0	-2	$-2/3$	【$-1/3$】	1	
	σ_j		0	0	3	$5/3$	$1/3$	0	
-2	x_1	2	1	0	-1	2	0	-1	
-3	x_2	1	0	1	0	-1	0	1	
0	x_5	3	0	0	6	2	1	-3	
	σ_j		0	0	1	1	0	1	$w=-7$

表 3.28 给出了新的最优解 $\boldsymbol{X}^* = (2,1,0,0,3,0)^{\mathrm{T}}$，新的最优值 $w^* = -7$。

五、增加一个新的变量的分析

增加一个新的变量相当于在单纯形表中增加一列，只要新增变量在最终单纯形表中的检验数满足最优检验数条件，原问题的最优解就不会改变，所以应首先计算新增变量的检验数。在实际问题中，增加一个新的变量相当于增加一种新的产品，分析的是在资源不变的前提下，新产品是否值得进入产品组合。

例 3.23 对于例 3.11 中的线性规划问题，增加一个新的变量 x_6，已知该变量的价值系数 $c_6 = -3$，技术系数向量 $\boldsymbol{P}_6 = (1,1)^{\mathrm{T}}$，问原最优解是否改变，如果改变求新的最优解。

解：首先将新增加变量 x_6 的技术系数向量 $\boldsymbol{P}_6$ 反映进最终单纯形表：

$$\boldsymbol{P}_6' = \begin{pmatrix} 4/3 & -1/3 \\ -1/3 & 1/3 \end{pmatrix} \begin{pmatrix} 1 \\ 1 \end{pmatrix} = \begin{pmatrix} 1 \\ 0 \end{pmatrix}$$

其次计算新增变量 x_6 在最终单纯形表中的检验数：$\sigma_6 = -3 - (-2, -3)\begin{pmatrix} 1 \\ 0 \end{pmatrix} = -1$

由于 x_6 在最终单纯形表中的检验数 $\sigma_6 = -1$，所以原最优解发生变化，新的最优解的求解过程见表 3.35。

表 3.35

C_B	X_B	b	x_1	x_2	x_3	x_4	x_5	x_6	θ_i
	$c_j \rightarrow$		-2	-3	-1	0	0	-3	
-2	x_1	1	1	0	-1	4/3	$-1/3$	(1)	
-3	x_2	2	0	1	2	$-1/3$	1/3	0	
	σ_j		0	0	3	5/3	1/3	-1	$w=-8$
-3	x_6	1	1	0	-1	4/3	$-1/3$	1	
-3	x_2	2	0	1	2	$-1/3$	1/3	0	
	σ_j		1	0	2	3	0	0	$w=-9$

表 3.35 给出了新的最优解 $X^* = (0,2,0,0,0,1)^T$,新的最优值 $w^* = -9$。由于非基变量 x_5 的检验数为"0",所以此最优解为无穷最优解中的一个。

主要概念及内容

对偶问题,对称形式、非对称形式;对偶定理;对偶单纯形法;灵敏度分析。

复习思考题

1. 对偶问题和它的经济意义是什么?

2. 简述对偶单纯形法的计算步骤。它与单纯形法的异同之处是什么?

3. 什么是资源的影子价格? 它和相应的市场价格之间有什么区别?

4. 如何根据原问题和对偶问题之间的对应关系,找出两个问题变量之间、解及检验数之间的关系?

5. 利用对偶单纯形法计算时,如何判断原问题有最优解或无可行解?

6. 在线性规划的最优单纯形表中,松弛变量(或剩余变量)$x_{n+k} > 0$,其经济意义是什么?

7. 在线性规划的最优单纯形表中,松弛变量 x_{n+k} 的检验数 $\sigma_{n+k} > 0$,其经济意义是什么?

8. 关于 a_{ij}, c_j, b_i 单个变化对线性规划问题的最优方案及有关因素将会产生什么影响? 有多少种不同情况? 如何去处理?

9. 线性规划问题增加一个变量,对它原问题的最优方案及有关因素将会产生什么影响? 如何去处理?

10. 线性规划问题增加一个约束,对它原问题的最优方案及有关因素将会产生什么影响? 如何去处理?

习题

1. 某人根据医嘱,每天需补充 A、B、C 三种营养,A 不少于 80 单位,B 不少于 150 单位,C 不少于 180 单位。此人准备每天从六种食物中摄取这三种营养成分。已知六种食物每百克的营养成分含量及食物价格如表 3.36 所示。(1)试建立此人在满足健康需要的基础上花费最少的数学模型;(2)假定有一个厂商计划生产一种药丸,售给此人服用,药丸中包含有 A、B、C 三种营养成分。试为厂商制定一个药丸的合理价格,既使此人愿意购买,又使厂商能获得最大利益,建立数学模型。

表 3.36

含量食物营养成分	一	二	三	四	五	六	需要量
A	13	25	14	40	8	11	≥80
B	24	9	30	25	12	15	≥150
C	18	7	21	34	10	0	≥180
食物单价/(元/100 g)	0.5	0.4	0.8	0.9	0.3	0.2	

2. 写出下列线性规划的对偶问题。

(1) $\max z = -2x_1 + 4x_2$

$$\begin{cases} -x_1 + 3x_2 \leqslant -1 \\ x_1 + 5x_2 \leqslant 4 \\ x_1, x_2 \geqslant 0 \end{cases}$$

(2) $\min z = 2x_1 - x_2 + 3x_3$

$$\begin{cases} x_1 + 2x_2 = 10 \\ -x_1 - 3x_2 + x_3 \geqslant 8 \\ x_1, x_2 \text{ 无约束}, x_3 \geqslant 0 \end{cases}$$

(3) $\max z = x_1 + 2x_2 + 4x_3 - 3x_4$

$$\begin{cases} 10x_1 + x_2 - x_3 - 4x_4 = 8 \\ 7x_1 + 6x_2 - 2x_3 - 5x_4 \geqslant 10 \\ 4x_1 - 8x_2 + 6x_3 + x_4 \leqslant 6 \\ x_1, x_2 \geqslant 0, x_3 \leqslant 0, x_4 \text{ 无约束} \end{cases}$$

(4) $\max z = -2x_1 + 3x_2 + 6x_3 - 7x_4$

$$\begin{cases} 3x_1 - 2x_2 + x_3 - 6x_4 = 9 \\ 6x_1 + 5x_3 - x_4 \geqslant 6 \\ -x_1 + 2x_2 - x_3 + 2x_4 \leqslant -2 \\ 5 \leqslant x_1 \leqslant 10 \\ x_1 \geqslant 0, x_2, x_3, x_4 \text{ 无约束} \end{cases}$$

3. 设原始问题为:

$$\max z = 2x_1 + 3x_2$$

$$\text{s.t.} \begin{cases} x_1 + x_2 \leqslant 4 \\ x_2 \leqslant 3 \\ x_1, x_2 \geqslant 0 \end{cases}$$

(1) 写出其对偶问题;

(2) 用图解法分别求出原始问题和对偶问题的所有基可行解,求出各基可行解的目标函数值,并比较它们的大小。

(3) 验证原始问题和对偶问题的最优解满足 Kuhn-Tucker 最优性条件。

4. 已知如下最优单纯形表,其中 x_4、x_5 是松弛变量,两个约束都是 ≤ 型的。

	z	x_1	x_2	x_3	x_4	x_5	RHS
z	1	0	−4	0	−4	−2	−40
x_3	0	0	1/2	1	1/2	0	5/2
x_1	0	1	−1/2	0	−1/6	1/3	5/2

(1) 写出原始问题及对偶问题。

(2) 从上表中直接求出对偶问题的最优解。

5. 考虑线性规划

$$\min z = 12x_1 + 20x_2$$

$$\text{s.t.} \begin{cases} x_1 + 4x_2 \geqslant 4 \\ x_1 + 5x_2 \geqslant 2 \\ 2x_1 + 3x_2 \geqslant 7 \\ x_1, x_2 \geqslant 0 \end{cases}$$

(1) 说明原问题与对偶问题都有最优解；

(2) 通过解对偶问题由最优表中观察出原问题的最优解；

(3) 利用公式 $C_B B^{-1}$ 求原问题的最优解；

(4) 利用互补松弛条件求原问题的最优解。

6. 证明下列线性规划问题无最优解。

$$\min z = x_1 - 2x_2 - 2x_3$$

$$\text{s.t.} \begin{cases} 2x_1 + x_2 - 2x_3 = 3 \\ x_1 - 2x_2 + 3x_3 \geqslant 2 \\ x_1, x_2 \geqslant 0, x_3 \text{ 无约束} \end{cases}$$

7. 已知线性规划

$$\max z = 15x_1 + 20x_2 + 5x_3$$

$$\text{s.t.} \begin{cases} x_1 + 5x_2 + x_3 \leqslant 5 \\ 5x_1 + 6x_2 + x_3 \leqslant 6 \\ 3x_1 + 10x_2 + x_3 \leqslant 7 \\ x_1 \geqslant 0, x_2 \geqslant 0, x_3 \text{ 无约束} \end{cases}$$

的最优解 $\boldsymbol{X} = \left(\dfrac{1}{4}, 0, \dfrac{19}{4} \right)^{\mathrm{T}}$，求对偶问题的最优解。

8. 用对偶单纯形法求解下列线性规划。

(1) $\min z = 3x_1 + 4x_2 + 5x_2$

$$\text{s.t.} \begin{cases} x_1 + 2x_2 + 3x_3 \geqslant 8 \\ 2x_1 + 2x_2 + x_3 \geqslant 10 \\ x_1, x_2, x_3 \geqslant 0 \end{cases}$$

(2) $\min z = 3x_1 + 4x_2$

$$\text{s.t.} \begin{cases} x_1 + x_2 \geqslant 4 \\ 2x_1 + x_2 \leqslant 2 \\ x_1 \geqslant 0, x_2 \geqslant 0 \end{cases}$$

9. 某工厂利用原材料甲、乙、丙生产产品 A、B、C，有关资料见表 3.37。

表 3.37

材料消耗/kg　产品　原材料	A	B	C	每月可供原材料/kg
甲	2	1	1	200
乙	1	2	3	500
丙	2	2	1	600
每件产品利润/元	4	1	3	

(1)怎样安排生产,使利润最大。

(2)若增加 1 kg 原材料甲,总利润增加多少。

(3)设原材料乙的市场价格为 1.2 元/kg,若要转卖原材料乙,工厂应至少叫价多少,为什么?

(4)单位产品利润分别在什么范围内变化时,原生产计划不变。

(5)原材料分别单独在什么范围内波动时,仍只生产 A 和 C 两种产品。

(6)由于市场的变化,产品 B、C 的单件利润变为 3 元和 2 元,这时应如何调整生产计划。

(7)工厂计划生产新产品 D,每件产品 D 消耗原材料甲、乙、丙分别为 2 kg、2 kg 及 1 kg,每件产品 D 应获利多少时才有利于投产。

10. 对下列线性规划作参数分析。

(1)$\max z = (3 + 2\mu)x_1 + (5 - \mu)x_2$

$$\text{s.t.} \begin{cases} x_1 & \leqslant 4 \\ & x_2 \leqslant 3 \\ 3x_1 + 2x_2 \leqslant 18 \\ x_1, x_2 \geqslant 0 \end{cases}$$

(2)$\max z = 3x_1 + 5x_2$

$$\text{s.t.} \begin{cases} x_1 & \leqslant 4 + \mu \\ & x_2 \leqslant 3 \\ 3x_1 + 2x_2 \leqslant 18 - 2\mu \\ x_1, x_2 \geqslant 0 \end{cases}$$

11. 已知线性规划问题及其最优单纯形表如下:

$$\max z = 2x_1 + x_2 - x_3$$

$$\text{s.t.} \begin{cases} x_1 + 2x_2 + x_3 \leqslant 8 \\ -x_1 + x_2 - 2x_3 \leqslant 4 \\ x_1, x_2, x_3 \geqslant 0 \end{cases}$$

C_B	X_B	b	2	1	-1	0	0	θ_i
			x_1	x_2	x_3	x_4	x_5	
2	x_1	8	1	2	1	1	0	
0	x_5	12	0	3	-1	1	1	
	σ_j		0	-3	-3	-2		16

(1)求使最优基保持不变的 $c_2 = 1$ 的变化范围。如果 c_2 从 1 变成 5,最优基是否变化,如果变化,求出新的最优基和最优解。

(2)对 $c_1 = 2$ 进行灵敏度分析,求出 c_1 由 2 变为 4 时的最优基和最优解。

(3)对 $b_2 = 4$ 进行灵敏度分析,求出 b_2 从 4 变为 1 时新的最优基和最优解。

(4)增加一个新的变量 x_6,它在目标函数中的系数 $c_6 = 4$,在约束条件中的系数向量为 $a_6 = \begin{bmatrix} 1 \\ 2 \end{bmatrix}$,求新的最优基和最优解。

(5)增加一个新的约束 $x_2 + x_3 \geqslant 2$,求新的最优基和最优解。

(6)设变量 x_1 在约束条件中的系数向量由 $\begin{bmatrix} 1 \\ -1 \end{bmatrix}$ 变为 $\begin{bmatrix} -1 \\ 2 \end{bmatrix}$,求出新的最优基和最优解。

第四章　运输问题

【本章导读】

运输问题是线性规划的一种特殊形式,主要是解决:在大宗物资调运时,有若干个产地,根据已知的运输交通网,如何制订一个运输方案,将这些物资运到各个销售地,使得总运费最小。物流管理的本质要求就是求实效,即以最少的消耗,实现最优的服务,达到最佳的经济效益。一个合理的运输方案在实际中有着极其重要的意义,降低物流成本并扩大了企业的利润空间,提高了利润水平。

运输问题是一种特殊的线性规划问题,其约束方程组系数矩阵具有特殊的结构,这就有可能找到比单纯形法更为简便的求解方法,节约计算时间,简化计算过程。运输问题模型提出后,人们对其求解的方法进行了大量的研究,其中,Danzig 的表上作业法是最简单和最常用的,其本质就是单纯形法,虽然表上作业法计算过程较为简单,但是在求解的过程中还是会耗费大量的时间。随着计算机技术的发展和普及,人们把运输问题的求解依赖于计算机求解,于是产生了大量求解运输问题的软件和工具,如 Excel、Lingo 和 Matlab 等。利用求解工具进行运输问题的模拟仿真,提高问题的求解效率和可扩展性。

本章主要介绍运输问题(transportation problem,TP)模型的建立与计算。重点要求掌握运输问题的数学模型及其约束方程组的系数矩阵结构的特殊性,运输问题的对偶问题及其对偶变量与原问题检验数的关系等知识点。

第一节　运输问题的数学模型

本节介绍一般的运输问题,即要解决把某种产品从若干个产地调运到若干个销地,在每个产地的供应量与每个销地的需求量已知,各地之间的运输单价已知的前提下,如何确定一个使得总的运输费用最小的方案。

一、运输问题及其数学模型

将此问题更具体化,假定有 m 个产地,n 个销地,

a_i——第 i 产地的供应量,$i=1,2,\cdots,m$。

b_j——第 j 销地的需求量,$j=1,2,\cdots,n$。

c_{ij}——产地 i 到销地 j 的单位运费,$i=1,2,\cdots,m,j=1,2,\cdots,n$。

x_{ij}——产地 i 到销地 j 的调运数量。

设决策变量为 x_{ij},表示由产地 i 向销地 j 的调运量。则该问题为寻求最佳调运方案(即求解所有 x_{ij} 的值),使总的运输费用 $\sum\limits_{i=1}^{m}\sum\limits_{j=1}^{n}c_{ij}x_{ij}$ 达到最少。

该运输问题的数学模型形式为:

$$\min z = \sum_{i=1}^{m} \sum_{j=1}^{n} c_{ij} x_{ij}$$

$$\text{s.t.} \begin{cases} \sum\limits_{i=1}^{m} x_{ij} \geqslant b_j, j=1,2,\cdots,n \\ \sum\limits_{j=1}^{n} x_{ij} \leqslant a_i, i=1,2,\cdots,m \\ x_{ij} \geqslant 0, i=1,2,\cdots,m, j=1,2,\cdots,n \end{cases}$$

根据该问题中总供应量 $\sum\limits_{i=1}^{m} a_i$ 与总需求量 $\sum\limits_{j=1}^{n} b_j$ 的关系,可将运输问题分为两类:

(1)当 $\sum\limits_{i=1}^{m} a_i = \sum\limits_{j=1}^{n} b_j$ 时,为产销平衡型运输问题;

(2)当 $\sum\limits_{i=1}^{m} a_i \neq \sum\limits_{j=1}^{n} b_j$ 时,为产销不平衡型运输问题。

具体计算时通常将产销不平衡型运输问题转换为产销平衡型运输问题进行求解。下面首先讨论产销平衡型运输问题的求解方法。产销平衡型运输问题的数学模型形式可表示为:

$$\min z = \sum_{i=1}^{m} \sum_{j=1}^{n} c_{ij} x_{ij}$$

$$\text{s.t.} \begin{cases} \sum\limits_{i=1}^{m} x_{ij} = b_j, j=1,2,\cdots,n \\ \sum\limits_{j=1}^{n} x_{ij} = a_i, i=1,2,\cdots,m \\ x_{ij} \geqslant 0, i=1,2,\cdots,m, j=1,2,\cdots,n \end{cases}$$

该模型包含有 $m \times n$ 个变量,$m+n$ 个约束方程,其系数矩阵 $\boldsymbol{A}$ 如下:

$$
\boldsymbol{A} =
\begin{array}{c}
\begin{matrix} x_{11} & x_{12} & \cdots & x_{1n} & x_{21} & x_{22} & \cdots & x_{2n} & \cdots & \cdots & x_{m1} & x_{m2} & \cdots & x_{mn} \end{matrix} \\
\left.
\begin{pmatrix}
1 & 1 & \cdots & 1 & & & & & & & & & & \\
& & & & 1 & 1 & \cdots & 1 & & & & & & \\
& & & & & & & & \cdots & \cdots & & & & \\
& & & & & & & & & & 1 & 1 & \cdots & 1 \\
1 & & & & 1 & & & & & & 1 & & & \\
& 1 & & & & 1 & & & & & & 1 & & \\
& & \ddots & & & & \ddots & & \cdots & \cdots & & & \ddots & \\
& & & 1 & & & & 1 & & & & & & 1
\end{pmatrix}
\right.
\end{array}
\begin{matrix} \\ \\ \end{matrix} m \text{ 行} \\
\begin{matrix} \\ \end{matrix} n \text{ 行}
$$

$\boldsymbol{A}$ 中对应于变量 x_{ij} 的系数向量 $\boldsymbol{P}_{ij}$,其分量中除第 i 个和第 $m+j$ 个为 1 外,其余部分全为 0,表示为:

$$\boldsymbol{P}_{ij} = (0\cdots1\cdots1\cdots0)^{\text{T}} = \boldsymbol{e}_i + \boldsymbol{e}_{m+j}$$

下面来看一个产销平衡的运输问题的例子。

例 4.1 某部门有 3 个生产同类产品的工厂(产地),生产的产品由 4 个销售点出售,各工厂 A_1,A_2,A_3 的生产量、各销售点 B_1,B_2,B_3,B_4 的销售量(假定单位为 t)以及各工厂到销售点的单位运价(元/t)示于表 4.1 中,问如何调运才能使总运费最小?

表 4.1

发点＼收点	B_1	B_2	B_3	B_4	产量	B_1	B_2	B_3	B_4
A_1					16	4	12	4	11
A_2					10	2	10	3	9
A_3					22	8	5	11	6
销量	8	14	12	14	48				

可将表 4.1 整理成表 4.2 的表格布局:

表 4.2

产地＼销地	B_1	B_2	B_3	B_4	行差额
A_1	4	12	4	11	16
A_2	2	10	3	9	10
A_3	8	5	11	6	22
列差额	8	14	12	14	48

解:(1)容易看出本题中的总产量＝总销量,设决策变量 x_{ij} 为从产地 A_i 运往销地 B_j 的运输量,得到运输量表(表 4.3)。

表 4.3

产地＼销地	B_1	B_2	B_3	B_4	行差额
A_1	x_{11} ⌐4	x_{12} ⌐12	x_{13} ⌐4	x_{14} ⌐11	16
A_2	x_{21} ⌐2	x_{22} ⌐10	x_{23} ⌐3	x_{24} ⌐9	10
A_3	x_{31} ⌐8	x_{32} ⌐5	x_{33} ⌐11	x_{34} ⌐6	22
列差额	8	14	12	14	48

从表 4.3 可写出该运输问题的数学模型。

满足产地产量的约束条件为:

$$x_{11} + x_{12} + x_{13} + x_{14} = 16$$
$$x_{21} + x_{22} + x_{23} + x_{24} = 10$$
$$x_{31} + x_{32} + x_{33} + x_{34} = 22$$

满足销地销量的约束条件为:

$$x_{11} + x_{21} + x_{31} = 8$$
$$x_{12} + x_{22} + x_{32} = 14$$
$$x_{13} + x_{23} + x_{33} = 12$$
$$x_{14} + x_{24} + x_{34} = 14$$

使运费最小,即:

$$\min z = \sum_{i=1}^{3} \sum_{j=1}^{4} c_{ij} x_{ij} = 4x_{11} + 12x_{12} + 4x_{13} + 11x_{14} + 2x_{21}$$
$$+ 10x_{22} + 3x_{23} + 9x_{24} + 8x_{31} + 5x_{32} + 11x_{33} + 6x_{34}$$

所以,此运输问题的线性规划模型如下:

$$\min z = \sum_{i=1}^{3} \sum_{j=1}^{4} c_{ij} x_{ij} = 4x_{11} + 12x_{12} + 4x_{13} + 11x_{14} + 2x_{21}$$
$$+ 10x_{22} + 3x_{23} + 9x_{24} + 8x_{31} + 5x_{32} + 11x_{33} + 6x_{34}$$

$$\text{s.t.} \begin{cases} x_{11} + x_{12} + x_{13} + x_{14} = 16 \\ x_{21} + x_{22} + x_{23} + x_{24} = 10 \\ x_{31} + x_{32} + x_{33} + x_{34} = 22 \\ x_{11} + x_{21} + x_{31} = 8 \\ x_{12} + x_{22} + x_{32} = 14 \\ x_{13} + x_{23} + x_{33} = 12 \\ x_{14} + x_{24} + x_{34} = 14 \\ x_{ij} \geqslant 0, \quad i = 1,2,3; j = 1,2,3,4 \end{cases}$$

该模型包含有 12 个变量,7 个约束方程,其系数矩阵如下:

$$\begin{array}{cccccccccccc} x_{11} & x_{12} & x_{13} & x_{14} & x_{21} & x_{22} & x_{23} & x_{24} & x_{31} & x_{32} & x_{33} & x_{34} \end{array}$$

$$\begin{pmatrix} 1 & 1 & 1 & 1 & & & & & & & & \\ & & & & 1 & 1 & 1 & 1 & & & & \\ & & & & & & & & 1 & 1 & 1 & 1 \\ 1 & & & & 1 & & & & 1 & & & \\ & 1 & & & & 1 & & & & 1 & & \\ & & 1 & & & & 1 & & & & 1 & \\ & & & 1 & & & & 1 & & & & 1 \end{pmatrix}_{7 \times 12}$$

可以证明:约束条件的系数矩阵的秩为 $R(\boldsymbol{A}) = 6$,从而基变量的个数为 6。

二、运输问题的特点与性质

通过以上讨论可知,运输问题的方程总数为 $m+n$ 个,对于平衡型的运输问题,当确定其中的 $m+n-1$ 个方程后,剩下的一个方程也就确定了,因而,平衡型运输问题的基变量共有 $m+n-1$ 个。如在例 4.1 中,基变量的个数为 $3+4-1=6$。其特点如下:

(1)约束条件系数矩阵的元素等于 0 或 1。

(2)约束条件系数矩阵的每一列有两个非零元素,对应于每一个变量在前 m 个约束方程中出现一次,在后 n 个约束方程中也出现 1 次,因此系数矩阵的秩 $R(A) \leqslant m+n-1$。

(3)共有 $m+n$ 行,分别表示各产地和销地;$m \times n$ 列,分别表示各决策变量。

(4)每列只有两个 1,其余为 0,分别表示只有一个产地和一个销地被使用。

(5)显然,当供应总量等于需求总量时,运输问题有可行解,且有最优解。并且当供应量和需求量均为整数时,必存在决策变量均为整数的最优解。

此外,对于产销平衡型运输问题,还有以下特点:

(1)所有结构约束条件都是等式约束。

(2)各产地产量之和等于各销地的销量之和。

第二节　表上作业法

表上作业法是求解运输问题的主要方法,它的实质是单纯形法在求解运输问题时的一种简化方法,归根结底,表上作业法还是属于单纯形法,也称为是运输单纯形法,因而它具有与单纯形法相同的求解思想。

下面以例 4.1 为例介绍产销平衡问题表上作业法的求解过程。例 4.1 的产销地信息表见表 4.1。

一、初始基可行解的确定

和单纯形法一样,首先要求初始调运方案必须是一个基可行解,初始解一般来说不是最优解,主要希望给出求初始解的方法简便可行,且有较好的效果。这种方法很多,最常见的是西北角法、最小元素法和伏格尔法。这一步骤的实质是给出第一个基础可行解,即按照西北角法、最小元素法或伏格尔法等方法在产销平衡表的 $m \times n$ 个空格中,选取 $m+n-1$ 个空格,填上适当的运量,以形成初始方案——第一个基础可行解。其中填有运量的格子对应着基变量,没填运量的空格对应着非基变量。下面依次对如何获得产销平衡表中初始基可行解的几种方法进行介绍。

1. 西北角法

西北角法也称为左上角法,每次选取的都是左上角第一个元素,也就是说,优先安排运价表上编号最小的产地和销地之间的运输业务。该方法的特点是选取方便,因而算法简单易实现。

例 4.2 用西北角法求解例 4.1 的初始调运方案(即初始基可行解)。

表4.4

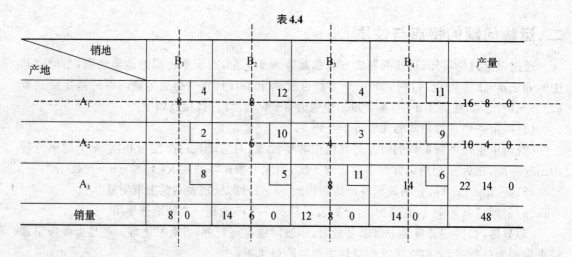

产地＼销地	B₁		B₂		B₃		B₄		产量
A₁	8	4	8	12		4		11	16 8 0
A₂		2	6	10	4	3		9	10 4 0
A₃		8		5	8	11	14	6	22 14 0
销量	8 0		14 6 0		12 8 0		14 0		48

第一步，从表 4.4 中选取西北角的元素 x_{11}，取 $x_{11}=\min\{a_1,b_1\}=8$，意即 A_1 产地尽可能满足 B_1 销地的需求量 8，此时 B_1 达到全部需求后，需求量修改为 $b_1'=8-8=0$，A_1 的供给量第一次修改为 $a_1'=16-8=8$。划去第 1 列；

第二步，重复第一步，选取剩下的表中西北角的元素 x_{12}，取 $x_{12}=\min\{a_1',b_2\}=8$，意即 A_1 产地尽可能满足 B_2 销地的需求量，此时 A_1 已供给完所有的产品，供给量第二次修改为 $a_1''=8-8=0$，B_2 未满足全部需求，需求量修改为 $b_2'=14-8=6$，划去第 1 行；

第三步，重复前面的步骤，选取剩下表中西北角的元素 x_{22}，取 $x_{22}=\min\{a_2,b_2'\}=6$，即 A_2 产地尽可能满足 B_2 销地的需求量，此时 B_2 获得全部需求，需求量第二次修改为 $b_2''=6-6=0$，A_2 供给量第一次修改为 $a_2'=10-6=4$，划去第 2 列；

第四步，重复前面的步骤，选取剩下表中西北角的元素 x_{23}，x_{33} 和 x_{34} 依次取 $x_{23}=\min\{a_2',b_3'\}=4$，$x_{33}=\min\{a_3,b_3'\}=8$，$x_{33}=\min\{a_3',b_4\}=14$。该问题是平衡型运输问题，所以最后 A_2、A_3 产地的供给量刚好达到 B_3、B_4 销地需求量，a_2、a_3、b_3 和 b_4 均修改为 0，此时划去第 3 行或划去第 4 列均可。

至此产销平衡表中所有的行或列均被划去。初始基可行解为：

$$x_{11}=8,\ x_{12}=8,\ x_{22}=6,\ x_{23}=4,\ x_{33}=8,\ x_{34}=14$$

对应的目标函数值为(最总运费)$f=4\times8+12\times8+10\times6+3\times4+11\times8+6\times14=372$(元)。

2. 最小元素法

所谓最小元素法就是按通常习惯，优先安排运价最小的收发点之间的物资调运量。具体做法如下所述。平衡表上反映的是一个初始调运方案(即第一个基础可行解)，如表 4.5 所示。

例 4.3 用最小元素法求解例 4.1 的初始调运方案(即初始基可行解)：

如表 4.5—4.11 所示，此时得到一个初始调运方案：

$$x_{13}=10,\ x_{14}=6,\ x_{21}=8,\ x_{23}=2,\ x_{32}=14,\ x_{34}=8$$

其余(非基)变量全等于零。此解满足所有约束条件，且基变量(非零变量)的个数为 6(等于 $m+n-1=3+4-1=6$)，那么总运费为(目标函数值)：

$$z = \sum_{i=1}^{3}\sum_{j=1}^{4} c_{ij}x_{ij} = 10 \times 4 + 6 \times 11 + 8 \times 2 + 2 \times 3 + 14 \times 5 + 8 \times 6 = 246(元)$$

表4.5

产地 \ 销地	B₁	B₂	B₃	B₄	产量
A₁	4	12	4	11	16
A₂	8　2	10	3	9	10　2
A₃	8	5	11	6	22
销量	8 ┊ 0	14	12	14	48

①

表4.6

产地 \ 销地	B₁	B₂	B₃	B₄	产量
A₁	4	12	4	11	16
A₂	8	10	2　3	9	10　2　0
A₃	8	5	11	6	22
销量	8 ┊ 0	14	12　10	14	48

① ②

表4.7

产地 \ 销地	B₁	B₂	B₃	B₄	产量
A₁	4	12	10　4	11	16　6
A₂	8	10	2　3	9	10　2　0
A₃	8	5	11	6	22
销量	8 ┊ 0	14	12　10　0	14	48

① ③ ②

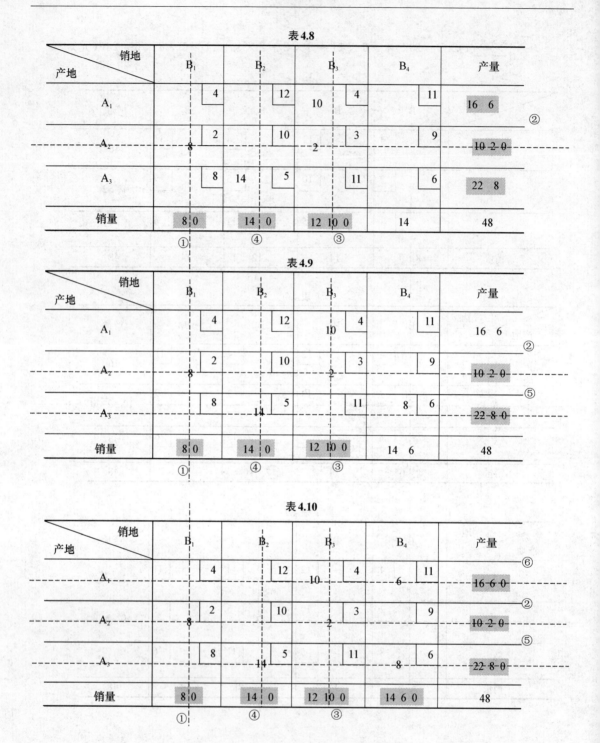

表4.8

产地＼销地	B_1	B_2	B_3	B_4	产量
A_1	4	12	10　4	11	16　6 ②
A_2	8　2	10	2　3	9	10 2 0
A_3	8	14　5	11	6	22　8
销量	8 0 ①	14 0 ④	12 10 0 ③	14	48

表4.9

产地＼销地	B_1	B_2	B_3	B_4	产量
A_1	4	12	10　4	11	16　6 ②
A_2	8　2	10	2　3	9	10 2 0
A_3	8	14　5	11	8　6	22 8 0 ⑤
销量	8 0 ①	14 0 ④	12 10 0 ③	14　6	48

表4.10

产地＼销地	B_1	B_2	B_3	B_4	产量
A_1	4	12	10　4	6　11	16 6 0 ⑥
A_2	8　2	10	2　3	9	10 2 0 ②
A_3	8	14　5	11	8　6	22 8 0 ⑤
销量	8 0 ①	14 0 ④	12 10 0 ③	14 6 0	48

表 4.11

发点＼收点	B₁	B₂	B₃	B₄	发量/t	B₁	B₂	B₃	B₄	
A₁			10	6	16	4	12	4	11	⑥
A₂	8		2		10	2	10	3	9	②
A₃		14		8	22	8	5	11	6	⑤
收量/t	8	14	12	14	48	①	④	③	⑥	

3. 伏格尔法

最小元素法的缺点是,为了节约一处的费用,有时造成在其他处要多花几倍的运费。伏格尔法又称差值法,该方法考虑到,某产地的产品如不能按最小运费就近供应,就考虑次小运费,这就有一个差额。差额越大,说明不能按最小运费调运时,运费增加越多。因而对差额最大处,就应当采用最小运费调运。

伏格尔法一般能得到一个比用西北角法和最小元素法两种方法所得的初始基本可行解更好的初始基本可行解。伏格尔法要求首先计算出各行各列中最小的 C_{ij} 与次小的 C_{ij} 之间的差的绝对值,在具有最大差值的那行或列中,选择具有最小的 C_{ij} 的方格来决定基变量值。这样就可以避免将运量分配到该行(或该列)具有次小的 C_{ij} 的方格中,以保证有较小的目标函数值。伏格尔法的基本步骤如下。

(1)计算每行、列最小运价和次小运价的差;

(2)找出最大差所在的行或列;

(3)找出该行或列的最小运价,确定供求关系,最大量的供应;

(4)划掉已满足要求的行或(和)列,如果需要同时划去行和列,必须要在该行或列的任意位置填个"0";

(5)在剩余的运价表中重复(1)～(4)步,直到得到初始基可行解。

例 4.4　用伏格尔法求解例 4.1 的初始调运方案:

解:在表 4.12 中分别计算出各行和各列的最小运费和次小运费的差额,并填入该表的最右列和最下行,见表 4.12。

表 4.12

产地＼销地	B₁	B₂	B₃	B₄	行差额
A₁	4	12	4	11	0
A₂	2	10	3	9	1
A₃	8	5	11	6	1
列差额	2	5	1	3	

从行或列的差额中选出最大者,选择它所在行或列中的最小元素。在表 4.13 中,B_2 是最大差额所在列。B_2 列中最小元素为 5,可确定 A_3 的产品先供应 B_2 的需要(表 4.13)。同时将运价表中的 B_2 列数字划去。如表 4.14 所示。

对表 4.14 中未划去的元素再分别计算出各行、各列的最小运费和次小运费的差额,并填入该表的最右列和最下行。重复以上步骤。直到给出初始解为止。用此方法给出的初始调运方案如表 4.22 所示。

表4.13

产地＼销地	B_1	B_2	B_3	B_4	产量
A_1	4	12	4	11	16
A_2	2	10	3	9	10
A_3	8	5 14	11	6	22 8
销量	8	14 0	12	14	48

表4.14

产地＼销地	B_1	B_2	B_3	B_4	行差额
A_1	4	12	4	11	0
A_2	2	10	3	9	1
A_3	8	5	11	6	2
列差额	2		1	3	

表4.15

产地＼销地	B_1	B_2	B_3	B_4	产量
A_1	4	12	4	11	16
A_2	2	10	3	9	10
A_3	8	5 14	11	6 8	22 8 0
销量	8	14 0	12	14 6	48

表 4.16

产地 \ 销地	B₁	B₂	B₃	B₄	行差额
A₁	4	12	4	11	0
A₂	2	10	3	9	1
A₃	8	5	11	6	
列差额	2		1	2	

表 4.17

产地 \ 销地	B₁	B₂	B₃	B₄	产量
A₁	4	12	4	11	16
A₂	8 2	10	3	9	10 2
A₃	8	14 5	11	8 6	22 8 0
销量	8 0	14 0	12	14 6	48

表 4.18

产地 \ 销地	B₁	B₂	B₃	B₄	行差额
A₁	4	12	4	11	7
A₂	2	10	3	9	6
A₃	8	5	11	6	
列差额			1	2	

表 4.19

产地＼销地	B₁	B₂	B₃	B₄	产量
A₁	4	12	4　12	11	16　4
A₂	2　8	10	3	9	10　2
A₃	8	5　14	11	6　8	22　8　0
销量	8　0	14　0	12	14　6	48

表 4.20

产地＼销地	B₁	B₂	B₃	B₄	行差额
A₁	4	12	4	11	7
A₂	2	10	3	9	6
A₃	8	5	11	6	
列差额				2	

表 4.21

产地＼销地	B₁	B₂	B₃	B₄	产量
A₁	4	12	4　12	11　4	16　4　0
A₂	2　8	10	3	9　2	10　2　0
A₃	8	5　14	11	6　8	22　8　0
销量	8　0	14　0	12　0	14　6　2　0	48

表 4.22

收点 发点	B_1	B_2	B_3	B_4	发量/t	B_1	B_2	B_3	B_4
A_1		12	4	16	4	12	4	11
A_2	8		2	10	2	10	3	9
A_3		14		8	22	8	5	11	6
收量/t	8	14	12	14	48	2	5	1	3

对应的目标函数值为(最总运费)$z=12\times4+4\times11+8\times2+2\times9+14\times5+8\times6=244$(元)。由以上可见:伏格尔法与最小元素法在确定供求关系的原则上略有不同,其余步骤均相同。伏格尔法求得的初始调运方案比最小元素法给出的初始调运方案更接近最优解。本例中用伏格尔法计算求得的初始调运方案就是最优解。

二、最优性检验

1. 闭回路法

(1)闭回路的定义

定义 4.1 闭回路:凡是能排成如下形式的变量集合

$$x_{i_1j_1},x_{i_1j_2},x_{i_2j_2},x_{i_2j_3},x_{i_3j_3},x_{i_3j_4},\cdots,x_{i_sj_3},x_{i_sj_1}$$

(其中 $i_1,i_2,\cdots,i_s$ 互不相同,$j_1,j_2,\cdots,j_s$ 也互不相同)就称为一个闭回路。闭回路中出现的变量称为闭回路的顶点,相邻两个顶点的连线称为闭回路的边。现将闭回路的顶点在运输表格中画出来,同时将相邻顶点用直线段连接起来,就可以得到一条封闭折线(图 4.1)。

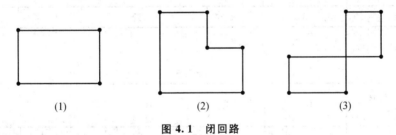

(1)　　　　　(2)　　　　　(3)

图 4.1 闭回路

闭回路的特点:

i)表中的各行各列至多只有闭回路的两个顶点;

ii)闭回路的边要么是水平的,要么是垂直的。

(2)用闭回路方法计算非基变量的检验数

以非基变量 x_{ij} 所在的方格为起点,作一闭回路;(除起点 x_{ij} 之外,要求闭回路的其他顶点必须是基变量)然后在闭回路上作运输量是 1 个单位的调整,并计算由此引起的总运费的改变量。该改变量称为非基变量 x_{ij} 的检验数。

例 4.5 用闭回路法对例 4.3 最小元素法求得的初始调运方案计算检验数。

解:对用最小元素法所确定的初始基本可行解进行检验。参见表 4.11 的计算结果,可知非基变量分别为:$x_{11},x_{12},x_{22},x_{24},x_{31},x_{33}$。见表 4.23 至表 4.28。

表4.23

产地＼销地	B_1	B_2	B_3	B_4	产量
A_1	x_{11} (4)	(12)	10 (4)	6 (11)	16
A_2	8 (2)	(10)	2 (3)	(9)	10
A_3	(8)	14 (5)	(11)	8 (6)	22
销量	8	14	12	14	48

$$\sigma_{11} = c_{11} + c_{23} - (c_{13} + c_{21}) = 4 + 3 - (4 + 2) = 1$$

表4.24

产地＼销地	B_1	B_2	B_3	B_4	产量
A_1	(4)	x_{12} (12)	10 (4)	6 (11)	16
A_2	8 (2)	(10)	2 (3)	(9)	10
A_3	(8)	14 (5)	(11)	8 (6)	22
销量	8	14	12	14	48

$$\sigma_{12} = c_{12} + c_{34} - (c_{14} + c_{32}) = 12 + 6 - (11 + 5) = 2$$

表4.25

产地＼销地	B_1	B_2	B_3	B_4	产量
A_1	(4)	(12)	10 (4)	6 (11)	16
A_2	8 (2)	x_{22} (10)	2 (3)	(9)	10
A_3	(8)	14 (5)	(11)	8 (6)	22
销量	8	14	12	14	48

$$\sigma_{22} = c_{22} + c_{13} + c_{34} - (c_{23} + c_{14} + c_{32}) = 10 + 4 + 6 - (3 + 11 + 5) = 20 - 9 = 1$$

表4.26

产地＼销地	B₁		B₂		B₃		B₄		产量
A₁	x_{11}	4		12	10	4	6	11	16
A₂	8	2		10	2	3	x_{24}	9	10
A₃		8	14	5		11	8	6	22
销量	8		14		12		14		48

$$\sigma_{24} = c_{24} + c_{13} - (c_{14} + c_{23}) = 9 + 4 - (11 + 3) = -1$$

表4.27

产地＼销地	B₁		B₂		B₃		B₄		产量
A₁		4		12	10	4	6	11	16
A₂	8	2		10	2	3		9	10
A₃	x_{31}	8	14	5		11	8	6	22
销量	8		14		12		14		48

$$\sigma_{31} = c_{31} + c_{14} + c_{23} - (c_{34} + c_{13} + c_{21}) = 8 + 11 + 3 - (6 + 4 + 2) = 22 - 12 = 10$$

表4.28

产地＼销地	B₁		B₂		B₃		B₄		产量
A₁		4		12	10	4		11	16
A₂	8	2		10		3	6	9	10
A₃		8	14	5	x_{33}	2	11	8	6	22
销量	8		14		12		14		48

$$\sigma_{33} = c_{33} + c_{14} - (c_{13} + c_{34}) = 11 + 11 - (4 + 6) = 12$$

通过计算,所有非基变量的检验数中存在

$$\sigma_{24} = c_{24} + c_{13} - (c_{14} + c_{23}) = 9 + 4 - (11 + 3) = -1 < 0$$

所以当前方案不是最优方案。

例 4.6 用闭回路法对例 4.4 伏格尔法求得的初始调运方案计算检验数。

解:现在对用闭回路法所确定的初始基本可行解进行检验。参见前面的计算结果,可知非基变量分别为:$x_{11},x_{12},x_{22},x_{23},x_{31},x_{33}$。见表 4.29 至表 4.34。

表 4.29

产地 \ 销地	B_1	B_2	B_3	B_4	产量
A_1	x_{11} 4	12	12 4	4 11	16
A_2	8 2	10	3	2 9	10
A_3	8	14 5	11	8 6	22
销量	8	14	12	14	48

$$\sigma_{11} = c_{11} + c_{24} - (c_{14} + c_{21}) = 4 + 9 - (11 + 2) = 0$$

表 4.30

产地 \ 销地	B_1	B_2	B_3	B_4	产量
A_1	4	x_{12} 12	12 4	4 11	16
A_2	8 2	10	3	2 9	10
A_3	8	14 5	11	8 6	22
销量	8	14	12	14	48

$$\sigma_{12} = c_{12} + c_{34} - (c_{14} + c_{31}) = 12 + 6 - (11 + 5) = 2$$

表 4.31

产地 \ 销地	B_1	B_2	B_3	B_4	产量
A_1	4	12	12 4	4 11	16
A_2	8 2	x_{22} 10	3	2 9	10
A_3	8	14 5	11	8 6	22
销量	8	14	12	14	48

$$\sigma_{22} = c_{22} + c_{34} - (c_{24} + c_{32}) = 10 + 6 - (9 + 5) = 16 - 4 = 2$$

表4.32

产地＼销地	B₁	B₂	B₃	B₄	产量
A_1	4	12	12　4	4　11	16
A_2	8　2	10	x_{23}　3	2　9	10
A_3	8	14　5	11	8　6	22
销量	8	14	12	14	48

$$\sigma_{23} = c_{23} + c_{14} - (c_{13} + c_{24}) = 3 + 11 - (4 + 9) = 14 - 13 = 1$$

表4.33

产地＼销地	B₁	B₂	B₃	B₄	产量
A_1	4	12	12　4	4　11	16
A_2	8　2	10	3	2　9	10
A_3	x_{31}　8	5	14　11	8　6	22
销量	8	14	12	14	48

$$\sigma_{31} = c_{31} + c_{24} - (c_{21} + c_{34}) = 8 + 9 - (2 + 6) = 17 - 8 = 9$$

表4.34

产地＼销地	B₁	B₂	B₃	B₄	产量
A_1	4	12	12　4	4	16
A_2	8　2	10	3	2　9	10
A_3	8	14　5	x_{33}　11	8　6	22
销量	8	14	12	14	48

$$\sigma_{33} = c_{33} + c_{14} - (c_{13} + c_{34}) = 11 + 11 - (4 + 6) = 22 - 10 = 12$$

通过计算，发现用伏格尔法计算的初始调运方案中所有非基变量的检验数都大于零，说明当前方案是最优方案，最优解为：$x_{11} = 12$，$x_{14} = 4$，$x_{21} = 8$，$x_{24} = 2$，$x_{32} = 14$，$x_{34} = 8$。对应的最优值 $z = 12 \times 4 + 4 \times 11 + 8 \times 2 + 2 \times 9 + 14 \times 5 + 8 \times 6 = 244$（元）。

2. 位势法

当产销点过多时,采用闭回路法就很繁琐,这时一般采用位势法。位势法又称 $v-V$ 法,它是由解运输问题的对偶问题而来的。平衡运输问题的对偶问题为:

$$\max g = \sum_{i=1}^{m} a_i u_i + \sum_{j=1}^{m} b_j v_j$$

$$\text{s.t.} \begin{cases} u_i + v_j \leqslant c_{ij} \\ i = 1, \cdots, m \,; j = 1, \cdots n \end{cases}$$

这里对偶模型里的变量 $u_i (i=1, \cdots, m)$ 与 m 个供应约束相对应,变量 $v_j (j=1, \cdots, n)$ 与 n 个需求约束相对应。u_i 和 v_j 称为变量 x_{ij} 的位势。由于原问题是等式约束,因而对偶变量 u_i 和 v_j 的符号无限制。

根据对偶理论,有 $C_B B^{-1} = (u_1, u_2, \cdots u_m, v_1, v_2, \cdots, v_n)$,而决策变量 x_{ij} 的系数向量 $P_{ij} = e_i + e_{m+j}$,所以 $C_B B^{-1} P_{ij} = u_i + v_j$,从而 $c_{ij} - C_B B^{-1} P_{ij} = c_{ij} - (u_i + v_j)$,这是一种通过位势求检验数的方法。

单纯形法所有基变量的检验数为 0,所以对于基变量 x_{ij} 有 $c_{ij} - (u_i + v_j) = 0$,即 $u_i + v_j = c_{ij}$。平衡型运输问题基变量的个数有 $m+n-1$ 个,因而像 $u_i + v_j = c_{ij}$ 这样的方程有 $m+n-1$ 个。这组方程中包含有 $m+n$ 个未知的对偶变量 u_i 和 v_j,所以其中必存在一个自由未知量,假定为 u_1,并取 $u_1 = 0$(这样做并不影响结果),从而可以计算出所有其他的对偶变量的值。再根据对偶变量的值计算非基变量的检验数,并进行判断。

综上所述,位势法的判定步骤如下:

①根据初始基可行解列出关于对偶变量的方程组(共有 $m+n-1$ 个方程)

$$u_{i1} + v_{j1} = c_{i1j1}$$

$$u_{i2} + v_{j2} = c_{i2j2}$$

$$\cdots\cdots$$

$$u_{im+n-1} + v_{jm+n-1} = c_{im+n-1jm+n-1}$$

②令 $u_1 = 0$,求得所有对偶变量 u_i 和 v_j 的值;

③将 u_i 和 v_j 的值代入 $c_{ij} - (u_i + v_j)$,求得所有非基变量的检验数,若存在非基变量的检验数为负,则该非基变量的增大可以使解更优。

例 4.7 用位势法对对例 4.2 西北角法求得的初始调运方案计算检验数。

下面以西北角法求得的初始基可行解

$$x_{11} = 8, x_{12} = 8, x_{22} = 6, x_{23} = 4, x_{33} = 8, x_{34} = 14$$

为例,根据基变量 $x_{11}, x_{12}, x_{22}, x_{23}, x_{33}, x_{34}$,给出对偶变量方程组为:

$$u_1 + v_1 = 4$$

$$u_1 + v_2 = 12$$

$$u_2 + v_2 = 10$$

$$u_2 + v_3 = 3$$

$$u_3 + v_3 = 11$$

$$u_3 + v_4 = 6$$

表 4.35

产地＼销地	B_1	B_2	B_3	B_4	产量
A_1	4 8	12 8	4	11	16
A_2	2	10 6	3 4	9	10
A_3	8	5	11 8	6 14	22
销量	8	14	12	14	48

从以上 6 个方程中由 $u_1=0$，求得：

$$u_1=0,u_2=22,u_3=30,v_1=-4,v_2=-12,v_3=-19,v_4=-24$$

代入 $\sigma_{ij}=c_{ij}-(u_i+v_j)$ 求得各非基变量的检验数：

$$\sigma_{13}=c_{13}-(u_1+v_3)=4-(0-19)=23$$
$$\sigma_{14}=c_{14}-(u_1+v_4)=11-(0-24)=35$$
$$\sigma_{21}=c_{21}-(u_2+v_1)=2-(22-4)=-16$$
$$\sigma_{24}=c_{24}-(u_2+v_4)=9-(22-24)=11$$
$$\sigma_{31}=c_{31}-(u_3+v_1)=8-(30-4)=-18$$
$$\sigma_{32}=c_{32}-(u_3+v_2)=5-(30-12)=-13$$

即非基变量 x_{21},x_{31},x_{32} 的增加能使方案更优，在进行解的改进的时候，将选取 x_{31} 为入基变量。

例 4.8 用位势法对对例 4.3 最小元素法求得的初始调运方案计算检验数。

解：现在用位势法对用最小元素法所确定的初始基本可行解进行检验。参见前面的计算结果，可知基变量分别为：$x_{13},x_{14},x_{21},x_{23},x_{32},x_{34}$。

表 4.36

产地＼销地	B_1	B_2	B_3	B_4	产量
A_1	11	12	4 10	11 6	16
A_2	9 8	10	3 2	9	10
A_3	6	5 14	11	6 8	22
销量	8	14	12	14	48

构造方程组：

$$u_1 + v_3 = c_{13} = 4$$

$$u_1 + v_4 = c_{14} = 11$$

$$u_2 + v_1 = c_{21} = 2$$

$$u_2 + v_3 = c_{23} = 3$$

$$u_3 + v_2 = c_{32} = 5$$

$$u_3 + v_4 = c_{34} = 6$$

令自由变量 $u_1 = 0$，将其代入方程组，得：$u_1 = 0$，$v_3 = 4$，$v_4 = 11$，$v_3 = -5$，$v_2 = 10$，$u_2 = -1$，$v_1 = 3$，将其代入非基变量检验数：$\sigma_{ij} = c_{ij} - (u_i + v_j)$，得：

$$\sigma_{11} = c_{11} - (u_1 + v_1) = 4 - (0 + 3) = 1$$

$$\sigma_{12} = c_{12} - (u_1 + v_2) = 12 - (0 + 10) = 2$$

$$\sigma_{22} = c_{22} - (u_2 + v_2) = 10 - (-1 + 10) = 1$$

$$\sigma_{24} = c_{24} - (u_2 + v_4) = 9 - (-1 + 11) = -1$$

$$\sigma_{31} = c_{31} - (u_3 + v_1) = 8 - (-5 + 3) = 10$$

$$\sigma_{33} = c_{33} - (u_3 + v_3) = 11 - (-5 + 4) = 12$$

与例 4.5 闭回路法计算的结果相同。

例 4.9 用位势法对对例 4.4 伏格尔法求得的初始调运方案计算检验数。

解： 对用伏格尔法所确定的初始基本可行解进行检验。参见前面的计算结果，可知基变量分别为：x_{13}，x_{14}，x_{21}，x_{24}，x_{32}，x_{34}。

表 4.37

产地＼销地	B_1	B_2	B_3	B_4	产量
A_1	4	12	12 · 4	4 · 11	16
A_2	8 · 2	10	3	2 · 9	10
A_3	8	14 · 5	11	8 · 6	22
销量	8	14	12	14	48

构造方程组：

$$u_1 + v_3 = c_{13} = 4$$
$$u_1 + v_4 = c_{14} = 11$$
$$u_2 + v_1 = c_{21} = 2$$
$$u_2 + v_4 = c_{24} = 9$$
$$u_3 + v_2 = c_{32} = 5$$
$$u_3 + v_4 = c_{34} = 6$$

令自由变量 $u_1 = 0$，将其代入方程组，得：$u_1 = 0, v_3 = 4, v_4 = 11, u_3 = -5, v_2 = 10, u_2 = -2, v_1 = 4$，将其代入非基变量检验数 $\sigma_{ij} = c_{ij} - (u_i + v_j)$，得：

$$\sigma_{11} = c_{11} - (u_1 + v_1) = 4 - (0 + 4) = 0$$
$$\sigma_{12} = c_{12} - (u_1 + v_2) = 12 - (0 + 10) = 2$$
$$\sigma_{22} = c_{22} - (u_2 + v_2) = 10 - (-2 + 10) = 2$$
$$\sigma_{23} = c_{23} - (u_2 + v_3) = 3 - (-2 + 4) = 1$$
$$\sigma_{31} = c_{31} - (u_3 + v_1) = 8 - (-5 + 4) = 9$$
$$\sigma_{33} = c_{33} - (u_3 + v_3) = 11 - (-5 + 4) = 12$$

也与例 4.6 闭回路法计算的结果相同。

综上所述，最优调运方案的判别准则为：如果所有非基变量的检验数全都大于或等于 0，则此时的调运方案便是最优方案。如果存在某一非基变量的检验数小于 0，则需要进行运输方案的调整，即解的改进这一步骤。

三、解的改进

对于在最优性检验步骤中计算得到结果的调运方案，如果所有非基变量的检验数全都大于或等于 0，则此时的调运方案便是最优方案；否则运用闭回路调整法对运输方案进行调整改进。以表格中最小负检验数所在的方格为起点，作一闭回路；然后在闭回路上作运输量尽可能大的调整（调整量为负号格中的最小运输量）。

例 4.10　用闭回路法对例 4.5 最小元素法得到的调运方案做解的改进。

解：在例 4.5 元素法求得的初始方案中，由于 $\sigma_{24} = -1 < 0$，说明当前方案不是最优，需要改进或调整。见表 4.38 中非基变量 x_{24} 所在的闭回路，调整量为 $\varepsilon = \min\{2,6\} = 2$。调整过程见表 4.39 和表 4.40。

表 4.38

产地＼销地	B₁		B₂		B₃			B₄		产量
A₁		4		12	10	4		6	11	16
A₂	8	2		10	2	3			9	10
A₃		8	14	5		11	8	6		22

表 4.39

销地 / 产地	B₁	B₂	B₃	B₄	产量
A₁	4	12	·4 10+2	11 6−2	16
A₂	2 8	10	3 2−2	9 0+2	10
A₃	8	5 14	11	8 6	22

表 4.40

销地 / 产地	B₁	B₂	B₃	B₄	产量
A₁	4	12	4 12	11 4	16
A₂	2 8	10	3 2	9	10
A₃	8	5 14	11	6 8	22

调整后的结果如表 4.40 所示,此结果正好与使用伏格尔法求得的结果相同,因此最优性检验过程同前,由于非基变量的检验系数都大于等于零,因此该方案是最优方案,最优解为:$x_{13}=12$,$x_{14}=4$,$x_{21}=8$,$x_{24}=2$,$x_{32}=14$,$x_{34}=8$。将最优解代入到目标函数中,得总运费为(目标函数值):

$$\max z = \sum_{i=1}^{3}\sum_{j=1}^{4} c_{ij}x_{ij} = 12\times4+4\times11+8\times2+2\times9+14\times5+8\times6 = 244(元)$$

第三节　产销不平衡的运输问题

本章前面几节讨论用表上作业法计算运输问题时,都假定产销是平衡的,即满足:

$$\sum_{i=1}^{m} a_i = \sum_{j=1}^{n} b_j$$

而在实际工作中,运输问题中的产量和销量往往是不平衡的,运输问题是符合一类数学模型问题的集合,它不仅可以解决产品运输问题,也可以解决符合这类模型特征的非产品运输问题;此外,运输问题并不要求一定有产销平衡的限制,针对产销不平衡问题,可以经过简单处理,使之转化为平衡问题。本节将对产销不平衡的运输问题进行讨论。

一、总产量大于总销量

总产量大于总销量的运输问题即为产大于销的运输问题。产大于销的情况是经常发生的,此时的运输问题是在满足需求的前提下,使总运费最小。在实际问题中,产大于销意味着某些产品被积压在仓库中。可以这样设想,如果把仓库也看成是一个假想的销地,并令其销量刚好等于总产量与总销量的差;那么,产大于销的运输问题不就转换成产销平衡的运输问题了吗? 即 $\sum_{i=1}^{m} a_i > \sum_{j=1}^{n} b_j$ 时,可以增加一个假想的销点 b_{n+1},这实际上就是考虑多余的货物在那一个产地就地储存,其中 $b_{n+1} = \sum_{i=1}^{m} a_i - \sum_{j=1}^{n} b_j$。

假想一个销地 b_{n+1},相当于在原产销关系表上增加一列。接下来处理增加了假想销地一列所对应的运价。由于假想的销地代表的是仓库,而运输问题本身优化的运费是产地与销地间的运输费用,并不包括厂内的运输费用;所以假想列所对应的运价都应取为"0",即令 $c_{i,n+1}=0(i=1,2,\cdots,m)$,这样原来的目标函数表达式没有变化,由此可以求出最优解。

至此,已经将产大于销的运输问题转换成产销平衡的运输问题,进一步的求解可利用上节介绍的表上作业法来完成。

总产量大于总销量的运输问题的数学模型为:

$$\min z = \sum_{i=1}^{m} \sum_{j=1}^{n} c_{ij} x_{ij}$$

$$\text{s. t.} \begin{cases} \sum_{j=1}^{n} x_{ij} \leqslant a_i & i=1,2,\cdots,m \\ \sum_{i=1}^{m} x_{ij} = b_i & j=1,2,\cdots,n \\ x_{ij} \geqslant 0 \end{cases}$$

由于产大于销,所以多余的产品就要考虑在产地就地储存的问题,设 $x_{i,n+1}$ 是产地 A_i 的储存量,有:

$$\sum_{j=1}^{n} x_{ij} + x_{i,n+1} = \sum_{j=1}^{n+1} x_{ij} = a_i, i=1,2,\cdots,m$$

$$\sum_{i=1}^{m} x_{ij} = b_j, j=1,2,\cdots,n$$

$$\sum_{i=1}^{m} x_{i,n+1} = \sum_{i=1}^{m} a_i - \sum_{j=1}^{n} b_j = b_{n+1}$$

令 $c'_{ij}=c_{ij}$,当 $i=1,2\cdots,m,j=1,2\cdots,n$ 时;$c'_{ij}=0$,当 $i=1,2\cdots,m,j=n+1$ 时,将其代入上式中得:

$$\min z' = \sum_{i=1}^{m} \sum_{j=1}^{n+1} c'_{ij} x_{ij} = \sum_{i=1}^{m} \sum_{j=1}^{n} c'_{ij} x_{ij} + \sum_{i=1}^{m} c'_{i,n+1} x_{ij} = \sum_{i=1}^{m} \sum_{j=1}^{n} c_{ij} x_{ij}$$

$$\text{s. t.} \begin{cases} \sum_{j=1}^{n+1} x_{ij} = a_i & i=1,2,\cdots,m \\ \sum_{i=1}^{m} x_{ij} = b_j & j=1,2,\cdots,n \\ x_{ij} \geqslant 0 \end{cases}$$

其中 $\sum_{i=1}^{m} a_i = \sum_{j=1}^{n} b_i + b_{n+1} = \sum_{j=1}^{n+1} b_j$,这样就转化成了一个平衡的运输问题。

例 4.11 将表 4.41 所示的产大于销的运输问题转换成产销平衡的运输问题

解:此运输问题的总产量为 23、总销量为 20,所以假设一个销地戊并令其销量刚好等于总产量与总销量的差"3"。取假想的戊列所对应的运价都为"0",可得表 4.42 所示的产销平衡运输问题。

表 4.41

项目	甲	乙	丙	丁	产量(a_i)
A	3	11	3	10	7
B	1	9	2	8	4
C	7	4	10	5	12
销量(b_j)	3	6	5	6	

表 4.42

项目	甲	乙	丙	丁	戊	产量(a_i)
A	3	11	3	10	0	7
B	1	9	2	8	0	4
C	7	4	10	5	0	12
销量(b_j)	3	6	5	6	3	

例 4.12 某公司有两个工厂,生产某种产品,有 3 个顾客需要这种产品,按合理规定,产品要运至顾客家中交货,并且假定工厂总生产量超过总需要量。问该公司应如何安排供货才能使生产成本和运输费用最少?试建立数学模型。

解:设 $c_i(i=1,2)$ 为工厂 i 的单位生产成本,$t_{ij}(i=1,2,j=1,2,3)$ 为从工厂 i 到顾客 j 的运费,$a_i(i=1,2)$ 为工厂 i 生产能力,$b_j(j=1,2,3)$ 为顾客 j 的需要量。

由题设知,工厂总生产量超过总需要量,故增加一个虚销点,可得该问题的数学模型如表 4.43 所示。

表 4.43

工厂 \ 顾客	B_1	B_2	B_8	虚销点	产 量
A_1	c_1+t_{11}	c_1+t_{12}	c_1+t_{18}	0	a_1
A_2	c_2+t_{21}	c_2+t_{22}	c_2+t_{23}	0	a_2
销量	b_1	b_2	b_3	b_4	

二、总销量大于总产量

总销量大于总产量的运输问题即为销大于产的运输问题。销大于产的运输问题追求的目标是在最大限度供应的前提下,使总运费最小。同产大于销的问题一样,可以这样设想,假想一个产地,并令其产量刚好等于总销量与总产量的差;即 $\sum_{i=1}^{m}a_i < \sum_{j=1}^{n}b_j$ 时,可以增加一个假想

的产地 a_{m+1},$a_{m+1}=\sum_{j=1}^{n}b_j - \sum_{i=1}^{m}a_i$。 销大于产的运输问题同样可以转换成产销平衡的运输

问题。

假想的产地并不存在,于是各销地从假想产地所得到的运量,实际上所表示的是其未满足的需求。由于假想的产地与各销地之间并不存在实际的运输,所以假想的产地行所有的运价都应该是即 $c_{m+1,j}=0(j=1,2,\cdots,n)$。同样,又将销大于产的运输问题转换成了产销平衡的运输问题。同理可得总销量大于总产量的运输问题的数学模型为:

$$\min z = \sum_{i=1}^{m}\sum_{j=1}^{n}c_{ij}x_{ij}$$

$$\begin{cases} \sum_{j=1}^{n}x_{ij}=a_i & i=1,2,\cdots,m \\ \sum_{i=1}^{m}x_{ij}\leqslant b_j & j=1,2,\cdots,n \\ x_{ij}\geqslant 0 \end{cases}$$

例 4.13 将表 4.44 所示的销大于产的运输问题转换成产销平衡的运输问题

表 4.44

项目	甲	乙	丙	丁	产量(a_i)
A	3	11	3	10	7
B	1	9	2	8	4
C	7	4	10	5	9
销量(b_j)	11	6	5	6	

解:此运输问题的总产量为 20、总销量为 28,所以假设一个产地 D 并令其产量刚好等于总销量与总产量的差"8"。令假想的 D 行所对应的运价都为"0",可得表 4.45 所示的产销平衡运输问题。

表 4.45

项目	甲	乙	丙	丁	产量(a_i)
A	3	11	3	10	7
B	1	9	2	8	4
C	7	4	10	5	9
D	0	0	0	0	8
销量(b_j)	11	6	5	6	

例 4.14 某物资从产地 A_1,A_2 和 A_3 至销地 B_1,B_2 和 B_3 的单位运价由表 4.46 给出。现 B_1,B_2 和 B_3 的需求量分别为 7,5,5 个单位。A_1 处至少发出 6 个单位,最多发出 10 个单位;A_2 处必须发出 5 个单位;A_3 处至少发出 3 个单位。试建立该问题的产销平衡运价表。

解:考查产地至少的发出总量为 14 个单位,需求总量为 17 个单位,因而 A_3 处最多发出 6 个单位。这样发出总量最多为 21 个单位,大于需求量 17 个单位,可以增加一个虚销点,需

求量是 4 个单位。产地 A_1，A_3 的发出量包括两部分，如 A_1，在发出的 10 个单位中，6 个单位是必须发出的，故不能发至虚销点，令相应的运价为充分大的正数 M；而另外 4 个单位，发出不发出都可以，故可以发至虚销点，令相应的运价为 0。对于 A_3，也同样按此处理。这样就得到此问题的数学模型如表 4.47 所示。

表 4.46

销地＼产地	B_1	B_2	B_3
A_1	4	6	5
A_2	8	7	8
A_3	5	4	8

表 4.47

销地＼产地	B_1	B_2	B_3	虚销点	产量
A_1	4	6	5	M	6
A_1'	4	6	5	0	4
A_2	8	7	8	M	5
A_3	5	4	8	M	3
A_3'	5	4	8	0	3
销量	7	5	5	4	

第四节　运输问题的应用举例

一、较为复杂的产销不平衡问题

例 4.15　设有三个化肥厂供应四个地区的化肥需求，假定等量化肥在这些地区的使用效果相同。各化肥厂年产量、各地区年需要量及从各化肥厂到各地区运送单位化肥的单位运价如表 4.48 所示，试求出总的运费最节省的化肥调拨方案。

表 4.48　　　　　　　　　　　　　　　　　　　万 t

项目		地区 1	地区 2	地区 3	地区 4	年产量
化肥厂 A		16	13	22	17	50
化肥厂 B		14	13	19	15	60
化肥厂 C		19	20	23	M	50
年需要量	最低需求	30	70	0	10	
	最高需求	50	70	30	不限	

这是一个产销不平衡的运输问题,总产量为 160 万 t,四个地区的最低需求为 110 万 t,最高需求为无限。根据现有产量,除满足地区 1、地区 2 和地区 3 的最低需求外,地区 4 每年最多能分配到 $60(160-30-70-0=60)$ 万 t,这样其不限的最高需求可等价认为是 60 万 t。按最高需求分析,总需求为 210 万 t,大于总产量 160 万 t,将此问题定义为销大于产的运输问题。为了求得平衡,在产销平衡表中增加一个假想的化肥厂 D,令其年产量为 $50(210-160=50)$ 万 t。各地区的需要量包含最低和最高两部分:如地区 1,其中 30 万 t 是最低需求,故这部分需求不能由假想的化肥厂 D 来供给,因此相应的运价定义为任意大正数 M;而另一部分 20 万 t 满足与否都是可以的,因此可以由假想化肥厂 D 来供给,按前面讲的,令相应运价为"0"。凡是需求分两种情况的地区,实际上可按照两个地区来看待,这样可以将表 4.48 所示的运输问题转换为表 4.49 所示的运输问题。

表 4.49   万 t

项目	地区 1	地区 1	地区 2	地区 3	地区 4	地区 4	年产量
化肥厂 A	16	16	13	22	17	17	50
化肥厂 B	14	14	13	19	15	15	60
化肥厂 C	19	19	20	23	M	M	50
化肥厂 D	M	0	M	0	M	0	50
年需要量	30	20	70	30	10	50	

用表上作业法计算,可以求得这个问题的最优方案,如表 4.50 所示。

表 4.50   万 t

项目	地区 1	地区 1	地区 2	地区 3	地区 4	地区 4	年产量
化肥厂 A			50				50
化肥厂 B			20		10	30	60
化肥厂 C	30	20	0				50
化肥厂 D				30		20	50
年需要量	30	20	70	30	10	50	

二、生产与储存问题

例 4.16 某铁路制冰厂每年 1~4 季度必须给冷藏车提供冰各为 15、20、25、10 kt。已知该厂各季度冰的生产能力及冰的单位成本如表 4.51 所示。如果生产出来的冰不在当季度使用,每千吨冰存贮一个季度需存贮费 4 千元。又设该制冰厂每年第 3 季度末对贮冰库进行清库维修。问应如何安排冰的生产,可使该厂全年生产费用最少?

表 4.51

季度	生产能力/kt	单位成本/千元
Ⅰ	25	5
Ⅱ	18	7
Ⅲ	16	8
Ⅳ	15	5

解：由于每个季度生产出来的冰不一定当季度使用，设 x_{ij} 为第 i 季度生产的用于第 j 季度的冰的数量。按照各季度冷藏车对冰的需要量，必须满足

$$\begin{cases} x_{44} = 10 \\ x_{41} + x_{11} = 15 \\ x_{42} + x_{12} + x_{22} = 20 \\ x_{43} + x_{13} + x_{23} + x_{33} = 25 \end{cases}$$

又整个季度生产的用于当季度和以后各季度的冰的数量不可能超过该季度的生产能力，故又有

$$\begin{cases} x_{44} + x_{41} + x_{42} + x_{43} \leqslant 15 \\ x_{11} + x_{12} + x_{13} \leqslant 25 \\ x_{22} + x_{23} \leqslant 18 \\ x_{33} \leqslant 16 \end{cases}$$

第 i 季度生产用于第 j 季度的冰的实际成本 c_{ij} 应该是该季度冰的生产成本加上存贮费用。对不可能的用冰方案，例如第一季度生产的冰存贮到第四季度用，其 $x_{ij} = 0$，$c_{ij} = M$（充分大的正数）。同时注意到这是一个产销不平衡问题，总的生产能力大于总的销量，应该增加一个虚销点，并令 $c_{ij} = 0 (i = 1,2,3,4)$。这样就可以把这个问题变成一个产销平衡的运输问题模型，如表 4.52 所示。

表 4.52

产地＼销地	Ⅰ	Ⅱ	Ⅲ	Ⅳ	虚销点	产量
Ⅰ	5	9	13	M	0	25
Ⅱ	M	7	11	M	0	18
Ⅲ	M	M	8	M	0	16
Ⅳ	9	13	17	5	0	15
销量	15	20	25	10	4	

例 4.17 某产品今后四年的年度生产计划安排问题。已知前两年这种产品的生产费用为每件 10 元，后两年为每件 15 元。四年对该产品的需求分别为 300、700、900 和 800 件，而且需求必须得到满足。工厂生产该产品的能力是每年 700 件；此外，工厂可以在第二、第三两个年度里组织加班，加班期间内可生产该种产品 200 件，每件生产费用比正常时间里的增加 5 元。多余的产品可以以每年每件 3 元的费用储存。问如何制定生产计划，才能在保证需求的前提下使总费用最小。

解：将此问题作为运输问题来处理，产品的年度生产为产地、年度需求为销地并设：

x_{1j} ——第 1 年生产的第 j 年需要的产品数量（$j = 1,2,3,4$）；

x_{2j} ——第 2 年正常时间生产的第 j 年需要的产品数量（$j = 2,3,4$）；

$x_{2'j}$ ——第 2 年加班时间生产的第 j 年需要的产品数量（$j = 2,3,4$）；

x_{3j} ——第 3 年正常时间生产的第 j 年需要的产品数量（$j = 3,4$）；

$x_{3'j}$——第 3 年加班时间生产的第 j 年需要的产品数量($j=3,4$);

x_{4j}——第 4 年生产的第 j 年需要的产品数量($j=4$);

四年的总销量是 2 700 件,按组织加班考虑,总产量是 3 200 件,总产量大于总销量。假设一个销地 D,等价的平衡运输问题如表 4.53 所示。此时这一问题完全可以通过表上作业法求解了,求解略。

表 4.53

	第 1 年	第 2 年	第 3 年	第 4 年	假设销地 D	产量/件
第 1 年	10	13	16	19	0	700
第 2 年	M	10	13	16	0	700
第 2 年(加)	M	15	18	21	0	200
第 3 年	M	M	15	18	0	700
第 3 年(加)	M	M	20	23	0	200
第 4 年	M	M	M	15	0	700
销　量	300	700	900	800	500	3 200

例 4.18　在 A_1、A_2、A_3、A_4、A_5 和 A_6 六个经济区之间有砖、沙子、炉灰、块石、卵石、木材和钢材七种物资需要运输。具体的运输需求如表 4.54 所示,各地点间的路程(公里)见表 4.55,试确定一个最优的汽车调度方案。

表 4.54

货物	起点	终点	车次	起点	终点	车次	起点	终点	车次
砖	A_1	A_3	11	A_1	A_5	2	A_1	A_6	6
沙子	A_2	A_1	14	A_2	A_3	3	A_2	A_6	3
炉灰	A_3	A_1	9	A_4	A_1	4			
块石	A_3	A_4	7	A_3	A_6	5			
卵石	A_4	A_2	8	A_4	A_5	3			
木材	A_5	A_2	2						
钢材	A_6	A_4	4						

表 4.55

从＼到	A_2	A_3	A_4	A_5	A_6
A_1	2	11	9	13	15
A_2		2	10	14	10
A_3			4	5	9
A_4				4	16
A_5					6

表 4.56

	A₁	A₂	A₃	A₄	A₅	A₆
出车数	19	20	21	15	2	4
来车数	27	10	14	11	5	14
平衡数	+8	−10	−7	−4	+3	+10

解:汽车的最优调度实质上就是空车行驶的公里数最少。先构造如表 4.56 所示的各地区汽车出入平衡表,表中"+"号表示该点产生空车,"—"号表示该点需要调进空车。平衡结果 A₁、A₅、A₆ 除装运自己的货物外,可多出空车 21 车次;A₂、A₃、A₄ 缺 21 车次。按最小空驶调度,可构造表 4.57 所示的运输问题数据表,进而可得表 4.58 所示的最优调度方案。

表 4.57

	A₂	A₃	A₄	a_i
A₁	2	11	9	8
A₅	14	5	4	3
A₆	10	9	16	10
b_j	10	7	4	

表 4.58

	A₂	A₃	A₄	a_i
A₁	8			8
A₅			3	3
A₆	2	7	1	10
b_j	10	7	4	

三、转运问题(Transportation Problem with Transshipment)

在前面的讨论中,假定物品由产地直接运到销售目的地,不经过中间转运(transshipment)。但是,也常遇到这种情况:物品需先由产地运到某中间转运站(可能是另外的产地、别的销地或中间转运仓库),然后再转运到销售目的地。有时,经过转运比直接运到目的地更为经济,这时,在决定运输方案时就需把转运也考虑进去。显然,考虑转运会使问题变得更为复杂。

假定 m 个产地(发点)$A_1, A_2, \cdots, A_m$ 和 n 个销地(收点)$B_1, B_2, \cdots, B_n$ 都可以作为中间转运站使用,从而,发送物品的地点有 $m+n$ 个,接收物品的地点也有 $m+n$ 个。这样,就得到了一个扩大了的运输问题。

现在就转运问题中的符号作如下规定:

a_i:第 i 个产地的产量(净供应量);

b_j:第 j 个销地的销量(净需要量);

x_{ij}:由第 i 个发送地运到第 j 个接收地的物品数量;

c_{ij}:第 i 个发送地到第 j 个接收地的单位运价;

t_i:第 i 个地点转运物品的数量;

c_i:在第 i 个地点转运单位物品的费用。

现将产地和销地统一编号,并把产地排在前面,销地排在后面,从而

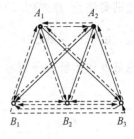

$$a_1 = a_2 = \cdots = a_m = 0$$
$$b_{m+1} = b_{m+2} = \cdots = b_{m+n} = 0$$

图 4.2

假定为产销平衡运输问题,即

$$\sum_{i=1}^{m} a_i = \sum_{j=m+1}^{m+n} b_j = Q$$

根据前面对产销平衡运输问题的讨论,即可得出扩大了的运输问题的数学模型如式 4-1 所示。式中第一组约束条件指的是,由第 i 个产地发送到各个地方的物品数量之和,等于该产地的产量加上经它转运的物品数量。第二组约束条件的意义同上,但由于它们原为销地,不生产物品,故右侧常数等于该地的转运量。第三组和第四组约束条件的意义,为由各地运到第 j 地的物品数量之和,等于其净需要量加上转运量。

$$\min z = \sum_{\substack{i=1 \\ i \neq j}}^{m+n} \sum_{\substack{j=1 \\ j \neq i}}^{m+n} c_{ij} x_{ij} + \sum_{i=1}^{m+n} c_i t_i$$

$$\text{s.t} \begin{cases} x_{i1} + x_{i2} + \cdots + x_{i,i+1} + x_{i,i+1} + \cdots + x_{i,m+n} = a_i + t_i & i = 1,2,\cdots,m \\ x_{i1} + x_{i2} + \cdots + x_{i,1+1} + x_{i,1+1} + \cdots + x_{i,m+n} = t_i & i = m+1, m+2, \cdots, m+n \\ x_{1j} + x_{2j} + \cdots + x_{j-1,j} + x_{j+1,j} + \cdots + x_{m+n,j} = t_j & j = 1,2,\cdots,m \\ x_{1j} + x_{2j} + \cdots + x_{j-1,j} + x_{j+1,j} + \cdots + x_{m+n,j} = b_j + t_j & j = m+1, m+2, \cdots, m+n \\ x_{ij} \geqslant 0, \quad i,j = 1,2,\cdots,m+n (i \neq j) \end{cases}$$

$$(4\text{-}1)$$

将式(4-1)各约束条件等号右侧的 t_i 和 t_j 移到等号左侧,然后在各式两端分别加上 Q,并令

$$x_{ij} = Q - t_i \quad \text{或} \quad x_{ij} = Q - t_j$$

则可将模型(4-2)写成

$$\min z = \sum_{i=1}^{m+n} \sum_{j=1}^{m+n} c_{ij} x_{ij} + \sum_{i=1}^{m+n} c_i Q \quad .$$

$$\text{s.t.} \begin{cases} \sum_{i=1}^{m+n} x_{ij} = Q + a_i, i = 1,2,\cdots,m \\ \sum_{j=1}^{m+n} x_{ij} = Q, i = m+1, m+2, \cdots, m+n \\ \sum_{i=1}^{m+n} x_{ij} = Q, j = 1,2,\cdots,m \\ \sum_{i=1}^{m+n} x_{ij} = Q + b_j, j = m+1, m+2, \cdots, m+n \\ x_{ij} \geqslant 0, i,j = 1,2,\cdots,m+n \end{cases}$$

$$(4\text{-}2)$$

特别要注意,在式(4-2)中,对所有 $i=j$,$c_{ij}=-c_i$。

由于目标函数中 $\sum_{i=1}^{m+n} c_j Q$ 这一项为常数,故在求问题的最优解时可不予考虑。该模型的运输量表和运价表分别示于表 4.59 和表 4.60 中。

表 4.59

发送\接收		产 地			销 地			发送量
		1	…	m	$m+1$	…	$m+n$	
产	1	x_{11}	…	$1m$	$x_{1,m+1}$	…	$x_{1,m+n}$	$Q+a_1$
	⋮	⋮		⋮	⋮		⋮	⋮
地	m	x_{m1}	…	x_{mm}	$x_{m,m+1}$	…	$x_{m,m+n}$	$Q+a_m$
销	$m+1$	$x_{m+1,1}$	…	$x_{m+1,m}$	$x_{m+1,m+1}$	…	$x_{m+1,m+n}$	Q
	⋮	⋮		⋮	⋮		⋮	⋮
地	$m+n$	$x_{m+n,1}$	…	$x_{m+n,m}$	$x_{m+n,m+1}$	…	$x_{m+n,m+n}$	Q
接收量		Q	…	Q	$Q+b_1$	…	$Q+b_n$	

表 4.60

发送\接收		产 地			销 地		
		1	…	m	$m+1$	…	$m+n$
产	1	$-c_1$	…	c_{1m}	$c_{1,m+1}$	…	$c_{1,m+n}$
	⋮	⋮		⋮	⋮		⋮
地	m	c_{m1}	…	$-c_m$	$c_{m,m+1}$	…	$c_{m,m+n}$
销	$m+1$	$c_{m+1,1}$	…	$c_{m+1,m}$	$-c_{m+1}$	…	$c_{m+1,m+n}$
	⋮	⋮		⋮	⋮		⋮
地	$m+n$	$c_{m+n,1}$	…	$c_{m+n,m}$	$c_{m+n,m+1}$	…	$-c_{m+n}$

当不考虑转运费时,可令 $c_i=0$,$i=1,2,\cdots,m+n$。

例 4.19 某种货物从产地 A_1,A_2 到销地 B_1,B_2,B_3 的单位运价由表 4.61 给出。

表 4.61

产地\销地	B_1	B_2	B_3
A_1	5	3	5
A_2	4	1	2

销地 B_1,B_2 和 B_3 的需求量各为 10 个单位。A_1 的发送量为 10 个单位,A_2 的发送量为 20 个单位。现规定货物可以在 5 个点中任一个进行中转,再运至销地。各点间运送一个单位货物的运价为:A_1、A_2 间为 1,B_1、B_2 间为 2,B_1、B_3 间为 3。问应如何确定该种货物的运输方案,使运输费用最少?如果该问题中 B_3 只需要 5 个单位货物,并且规定不能经过 B_3 转运,其余条

件不变,其数学模型又将如何?

解:首先转运地点既是产地又是销地。因此,把整个问题看成是有 5 个产地和 5 个销地的扩大的运输问题。

按给定条件,对扩大的运输问题建立单位运价表。在对角线上的运价,因为从某地运一个单位货物到本地实际上不会发生,只是一种松弛行动,用来平衡相应的行或列的数字,所以对角线上的运价为 0。

由题设条件,允许转运的货物最多不能超过 30 个单位,而每个点都可以是转运点,故每行的发量和每列的收量均应加上 30 个单位。

按上面分析,可以建立该问题的模型如表 4.62 所示。

表 4.62

产地 \ 销地	A_1	A_2	B_1	B_2	B_3	产量
A_1	0	1	5	3	5	40
A_2	1	0	4	1	2	50
B_1	5	4	0	2	1	30
B_2	3	1	2	0	3	30
B_3	5	2	1	8	0	30
销量	30	30	40	40	40	

用运输问题的表上作业法,求出最优解如表 4.63 所示。

表 4.63

产地 \ 销地	A_1	A_2	B_1	B_2	B_3	产 量
A_1	30	10				40
A_2		20		20	10	50
B_1			30			30
B_2			10	20		30
B_3					30	30
销量	30	30	40	40	40	

在最优解中,对角线格子中的数字是松弛变量,只起平衡相应的行或列的作用。从对角线以外的数字可以看出,A_1 发 10 个单位货物至 A_2 转运;A_2 发 20 个单位货物至 B_2,另运 10 个单位货物至 B_2 转运 B_1。其总的运费为

$$z = 10 \times 1 + 20 \times 1 + 10 \times 2 + 10 \times 2 = 70$$

如果该问题中 B_3 只需要 5 个单位货物且不能经过 B_3 转运,其余条件不变,则可建立模型如表 4.64 所示。

表 4.64

产地 \ 销地	A_1	A_2	B_1	B_2	B_3	虚销点	产量
A_1	0	1	5	3	5	0	40
A_2	1	0	4	1	2	0	50
B_1	5	4	0	2	1	0	30
B_2	3	1	2	0	3	0	30
销量	30	30	40	40	5	5	

例 4.20 图 4.3 给出了一个运输系统,它包括两个产地(①和②)、两个销地(④和⑤)及一个中间转运站(③),产地①和②的产量为 10 和 30,销地④和⑤的销量都是 20,节点连线上的数字表示其间的运输单价,节点旁的数字为该地的转运单价,试求最优运输方案。

解:总结该例的产量和销量数据:

$$a_1 = 10, a_2 = 30, a_3 = a_4 = a_5 = 0$$
$$b_1 = b_2 = b_3 = 0, b_4 = 20, b_5 = 20$$
$$Q = 10 + 30 = 20 + 20 = 40$$
$$c_1 = 3, c_2 = 1, c_3 = 2, c_4 = 2, c_5 = 4$$

现以 M 表示足够大的正数,则可将该问题的运输表更出如下(表 4.65)。

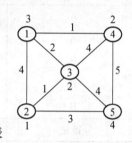

图 4.3

表 4.65

发送 \ 接收		产地		转运	销地		发送量
		1	2	3	4	5	
产地	1	−3	4	2	1	M	50
	2	4	−1	1	M	3	70
转运	3	2	1	−2	4	4	40
销地	4	1	M	4	−2	5	40
	5	M	3	4	5	−4	40
接收量		40	40	40	60	60	

用最小元素法得出该例的初如方案(表 4.66),经二次迭代(表 4.67 和表 4.68)得最优解,其运输方案是:由①地运 10 单位物品到④地;由②地运 20 单位物品到⑤地;由②地运 10 单位物品到③地,再由③地转运到④地。总运费为

$$z = 10 \times 1 + 20 \times 3 + 10 \times 1 + 10 \times 2 + 10 \times 4 = 140$$

表 4.66

接收 发送	1	2	3	4	5	发量
1	40			10		50
2		40		10	20	70
3			40		0	40
4				40		40
5					40	40
收量	40	40	40	60	60	

表 4.67

接收 发送	1	2	3	4	5	发量
1	40			10		50
2		40		10	20	70
3			40	0		40
4				40		40
5					40	40
收量	40	40	40	60	60	

表 4.68

接收 发送	1	2	3	4	5	发量
1	40			10		50
2		40	10		20	70
3			30	10		40
4				40		40
5					40	40
收量	40	40	40	60	60	

主要概念及内容

运输问题、产销平衡、表上作业法、西北角法、最小元素法、伏格尔法、位势法,转运问题。

复习思考题

1. 试述研究运输问题的意义,能正确区分产销平衡和产销不平衡问题。

2. 试述用表上作业法求解运输问题的主要思想及主要步骤，并说明这种方法的优缺点。

3. 用西北角法、最小元素法和伏格尔法分别求运输问题的初始解，有什么不同？试结合具体例题说明。

习题

1. 农产品经销公司有三个棉花收购站，向三个纺织厂供应棉花。三个收购站 A_1、A_2、A_3 的供应量分别为 50 kt、45 kt 和 65 kt，三个纺织厂 B_1、B_2、B_3 的需求量分别为 20 kt、70 kt 和 70 kt。已知各收购站到各纺织厂的单位运价如表 4.69 所示（单位：千元/kt），问如何安排运输方案，使得经销公司的总运费最少？（只建模型，不求解）

表 4.69

收购站＼纺织厂	B_1	B_2	B_3
A_1	4	8	5
A_2	6	3	6
A_3	2	5	7

2. 对表 4.70 所示的运输问题（表内部的数字表示 c_{ij}，表右面和下面的数字分别表示供应量和需求量）。

表 4.70

	B_1	B_2	B_3	B_4	
A_1	6	2	−1	0	5
A_2	4	7	2	5	25
A_3	3	1	2	1	25
	10	10	20	15	

要求：(1) 分别用西北角法和最小元素法得到初始基础可行解；

(2) 选择其中一个基础可行解，从这个基础可行解出发，求出这个问题的最优解；

(3) 如果 $c_{11}=6$ 变为 −4，最优解是否改变？如改变，求出新的最优解；

(4) 在原来的问题中，如果从 A_2 到 B_1 的道路被阻，最优解是否会改变？如改变，求出新的最优解。

3. 求解表 4.71 所示的供求不平衡的运输问题，其中 $A_i - B_j$ 格子中的数字表示 c_{ij}。

表 4.71

供求地	B_1	B_2	B_3	B_4	供应量
A_1	2	11	3	4	7
A_2	10	3	5	9	5
A_3	7	8	1	2	7
需求量	2	3	4	6	

4. 分别给出两个运输问题的产销平衡表和单位运价表 4.72 及 4.73,试用 Vogel 法直接给出近似最优解。

表 4.72

	B_1	B_2	B_3	B_4	B_5	a_i
A_1	19	16	10	21	9	18
A_2	14	13	5	24	7	30
A_3	25	30	20	11	23	10
A_4	7	8	6	10	4	42
b_j	15	25	35	20	5	

表 4.73

	B_1	B_2	B_3	B_4	a_i
A_1	5	3	8	6	16
A_2	10	7	12	15	24
A_3	17	4	8	9	30
b_j	20	25	10	15	

5. 求表 4.74 及表 4.75 所示运输问题的最优方案,具体要求见小题标注。

(1)用闭回路法求检验数。

表 4.74

	B_1	B_2	B_3	B_4	a_i
A_1	10	5	2	3	70
A_2	4	3	1	2	80
A_3	5	6	4	4	30
b_j	60	60	40	20	

(2)用位势法求检验数。

表 4.75

	B_1	B_2	B_3	B_4	a_i
A_1	9	15	4	8	10
A_2	3	1	7	6	30
A_3	2	10	13	4	20
A_4	4	5	8	3	43
b_j	20	15	50	15	

6. 用运输问题算法求解以下指派问题,费用矩阵如表 4.76 所示(矩阵 $C=[c_{ij}]_{n\times n}$ 称为指派问题的费用矩阵)。(选做)

表 4.76

项目	人员 1	人员 2	人员 3
任务 1	12	11	10
任务 2	9	8	14
任务 3	13	9	12

7. 求下列运输问题的最优解

(1)C_1 目标函数求最小值;

$$C_1=\begin{bmatrix} 3 & 5 & 9 & 2 \\ 6 & 4 & 8 & 5 \\ 11 & 13 & 12 & 7 \end{bmatrix}\begin{matrix} 50 \\ 25 \\ 30 \end{matrix}$$
$$\quad\; 15\;\; 45\;\; 20\;\; 40$$

(2)C_2 目标函数求最大值

$$C_2=\begin{bmatrix} 7 & 10 & 15 & 20 \\ 14 & 13 & 9 & 6 \\ 5 & 8 & 7 & 10 \end{bmatrix}\begin{matrix} 60 \\ 30 \\ 90 \end{matrix}$$
$$\quad\; 60\;\; 30\;\; 50\;\; 40$$

(3)目标函数最小值,B_1 的需求为 $30\leqslant b_1\leqslant 50$,$B_2$ 的需求为 40,B_3 的需求为 $20\leqslant b_3\leqslant 60$,$A_1$ 不可达 B_4,B_4 的需求为 30。

$$\begin{matrix} & B_1 & B_2 & B_3 & B_4 & \\ A_1 & 4 & 9 & 7 & - & 70 \\ A_2 & 6 & 5 & 3 & 2 & 20 \\ A_3 & 8 & 4 & 9 & 10 & 50 \end{matrix}$$

第五章　整数规划

【本章导读】

整数规划(integer programming)主要是指整数线性规划问题。在线性规划问题的求解过程中,最优解可能是整数,也可能不是整数。某些情况下,一些实际问题要求最优解必须是整数,例如,问题的解是安排上班的人数、需要采购的机器台数等。对于线性规划问题,如果要求部分决策变量为整数,则属于整数规划问题。整数规划在项目投资、人员分配等方面有着广泛的应用。

本章将学习整数规划相关概念;了解整数规划问题的一般特点;掌握分枝定界法求解过程,割平面法求解过程,0-1 规划的求解方法和指派问题等知识点。

第一节　整数规划问题及其数学模型

整数规划是近几十年发展起来的数学规划的一个重要分支,根据整数规划中变量为整数条件的不同,整数规划可以分为三大类:

· 所有变量都要求为整数的称为纯整数规划(pure integer programming,简记为 IP)或称全整数规划(all integer programming);

· 仅有一部分变量要求为整数的称为混合整数规划(mixed integer programming,简记为MIP);

· 部分变量限制其取值只能为 0 或 1,这类特殊的整数规划称为 0-1 规划(binary programming,简记为 BIP)。

显然,不考虑整数约束的整数规划问题就是线性规划问题,此线性规划问题被称之为整数规划的线性规划松弛问题。任何一个整数规划问题都可以看成是一个线性规划问题再加上整数约束构成。

一、问题的提出

在线性规划模型中,得到的最优解通常是小数,但在有些实际问题中要求部分最优解必须是整数,如机器设备的台数、人员的数量等。这样在原来线性规划模型的基础上产生一个新的约束,即要求变量中某些或全部为整数,这样的线性规划称为整数规划(integer programming)简称 IP,是规划论中的一个重要分支。

整数规划是一类特殊的线性规划,为了满足整数解的条件,首先想到的是,只要对相应线性规划的非整数解四舍五入取整就可以了。在变量取值很大时,用四舍五入方法得到的解与最优解差别不大,但当变量取值较小时,得到的解与实际最优解差别较大。特别的当变量较多时,如 $n=10$ 个,则整数组合有 $2^{10}=1\ 024$ 个,而且整数解不一定在这些组合当中。

例 5.1 材料截取(下料)问题

工地上需要长度为 $l_1,l_2,\cdots,l_m$ 的钢材数量分别为 $b_1,b_2,\cdots,b_m$ 根,取长为 l 的原材料进行截取。已知有 n 种截取方案：

$$A_i = (a_{1i} \quad a_{2i} \quad \cdots \quad a_{mi}), i = 1, 2, \cdots, n$$

其中，a_{ji} 表示一根原料用第 i 种方案可截得长为 l_j 的钢材的根数（$i = 1, 2, \cdots, n, j = 1, 2, \cdots, m$），因此

$$l_1 a_{1i} + l_2 a_{2i} + \cdots + l_m a_{mi} \leqslant l, i = 1, 2, \cdots, n$$

下料问题就是要满足要求：截取长度为 $l_1, l_2, \cdots, l_m$ 的钢材数分别为 $b_1, b_2, \cdots, b_m$ 根时，用的原材料根数最少的方案。假定 x_i 表示按方案 A_i 截取用的原钢材数目，于是问题表示为：

$$\min z = x_1 + x_2 + \cdots + x_n$$
$$\text{s.t.} \begin{cases} a_{11}x_1 + a_{12}x_2 + \cdots + a_{1n}x_n \geqslant b_1 \\ a_{21}x_1 + a_{22}x_2 + \cdots + a_{2n}x_n \geqslant b_2 \\ \cdots\cdots\cdots\cdots\cdots\cdots\cdots\cdots\cdots\cdots\cdots\cdots\cdots \\ a_{m1}x_1 + a_{m2}x_2 + \cdots + a_{mn}x_n \geqslant b_m \\ x_i \geqslant 0, \text{均为整数}, i = 1, \cdots, n \end{cases} \quad (5\text{-}1)$$

许多实际问题中所研究的对象数量具有不可分割的性质，如人数、机器数、项目数等；而开与关、取与舍、真与假等逻辑现象都需要用取值仅为 0 或 1 的变量来进行数量化的描述。涉及这些量的线性规划问题，非整数的解答显然不合乎要求。下面举例说明用前述的单纯形法求解不能保证得到整数最优解。

例 5.2 某工厂生产甲、乙两种产品，已知生产这两种产品需要消耗材料 A、材料 B，有关数据如表 5.1 所示，问这两种产品各生产多少工厂利润达到最大？

表 5.1

产品　材料	甲	乙	资源限量
材料 A/kg	2	3	14
材料 B/kg	1	0.5	4.5
利润/（元/件）	3	2	

解：设生产甲、乙这两种产品的数量分别为 x_1、x_2，因为是产品的数量指标，其变量都要求为整数，建立模型如下：

$$\max z = 3x_1 + 2x_2$$
$$\text{s.t.} \begin{cases} 2x_1 + 3x_2 \leqslant 14 & ① \\ x_1 + 0.5x_2 \leqslant 4.5 & ② \\ x_1, x_2 \geqslant 0 & ③ \\ x_1, x_2 \text{ 为整数} & ④ \end{cases}$$

要求该模型的解，首先不考虑整数约束条件④，用单纯形法（或图解法）对相应线性规划求解，其最优解为：

$$x_1 = 3.25 \qquad x_2 = 2.5$$

最优值

$$\max z = 14.75$$

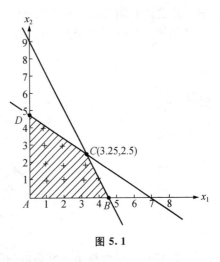

图 5.1

由于 $x_1 = 3.25, x_2 = 2.5$ 都不是整数,不符合整数约束条件。现在考虑用四舍五入或去尾取整的方法能否得到最优解?

取 $x_1 = 4, x_2 = 2$ 代入约束条件,破坏约束②;取 $x_1 = 3, x_2 = 2$ 代入约束条件,满足要求,此时 $z = 13$,但这不是最优解,因为 $x_1 = 4, x_2 = 1$ 时,$z = 14$。

由此可知,用这种四舍五入或去尾取整的方法找不到最优解。现在用图解方法求解来讨论寻找整数解的过程。

图 5.1 中 ABCD 为相应线性规划的可行域,可行域中画(+)号的点为可行的整数解,凑整得到的(4,2)不在可行域范围内,(3,2)点尽管在可行域内,但没有使目标达到极大化。为了使目标函数达到极大值,使目标函数等值线向原点方向移动,直到遇到(4,1)点为止,使目标函数达到最大,即 $z = 14$。

二、整数规划数学模型的一般形式

考虑如下形式的整数线性规划问题 ILP

$$\max(\min)z = \boldsymbol{c}^{\mathrm{T}}\boldsymbol{x}$$
$$\mathrm{s.t.}\begin{cases} \boldsymbol{Ax} = \boldsymbol{b} \\ \boldsymbol{x} \geqslant 0 \\ \boldsymbol{x} \text{ 为整数向量} \end{cases} \qquad (5\text{-}2)$$

其中 $\boldsymbol{A} = (a_{ij})_{m \times n}, \boldsymbol{c} = (c_1, c_2, \cdots, c_n)^{\mathrm{T}}, \boldsymbol{b} = (b_1, b_2, \cdots, b_m)^{\mathrm{T}}$ 以及 $\boldsymbol{x} = (x_1, x_2, \cdots, x_n)^{\mathrm{T}}$,$\boldsymbol{A}, \boldsymbol{b}, \boldsymbol{c}$ 中的元素皆为整数。在(5-2)中除去 $\boldsymbol{x}$ 为整数向量这一约束后,就得到对应的标准线性规划问题

$$\max(\min)z = \boldsymbol{c}^{\mathrm{T}}\boldsymbol{x}$$
$$\mathrm{s.t.}\begin{cases} \boldsymbol{Ax} = \boldsymbol{b} \\ \boldsymbol{x} \geqslant 0 \end{cases} \qquad (5\text{-}3)$$

称(5-3)是(5-2)的松弛问题。如果(5-2)对应的标准线性规划问题(5-3)的最优解是整数,则它也是(5-2)的最优解。显然,原问题与松弛问题有如下关系:

(1)松弛问题可行域包含原问题可行域;

(2)若两者都有最优解,则松弛问题最优解优于原问题最优解;即当目标函数取值为最大时,松弛问题最优解大于原问题最优解;当目标函数取值为最小时,松弛问题最优解小于原问题最优解。

(3)若松弛问题最优解为整数解,则该最优解就是原问题最优解。

对于标准线性规划问题,已有有效的算法。那么能不能通过求解对应的线性规划问题,然

后将其解舍入到最靠近的整数解呢?

考察图 5.2 所示的情况,可以看出四舍五入的方法是不可取的。

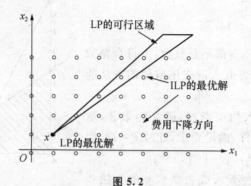

图 5.2

既然 ILP 的可行域是一些离散的整数点(图 5.2),如果其可行域有界,那么所包含的整数点的数目就是有限的,是否可以用枚举法来解 ILP 问题呢? 对一般 ILP 问题,枚举法是无能为力的。如 50 个城市的旅行售货员问题,所有可能的旅行路线个数为 $\dfrac{(49)!}{2}$,这是一个天文数字。

通过以上讨论可以看出,求解整数线性规划问题 ILP 比求解对应的线性规划问题 LP 要困难得多。事实上,整数线性规划模型并不是线性模型。仅以 0-1 规划问题而言,决策变量取值为 0 或 1 这个约束是可以用一个等价的非线性约束

$$x_j(1-x_j)=0, j=1,\cdots,n \tag{5-4}$$

来代替的。因而变量限制为整数本质上是一个非线性约束。这也就是为什么线性规划求解方法在整数规划问题上不能顺利求解的原因。

第二节　分枝定界法

整数规划常用的解法有分枝定界法和割平面法,它们适用于解纯整数规划问题和混合整数规划问题。分枝定界法是目前求解整数线性规划的成功方法之一。本节学习分枝定界法的基本思想和计算步骤。

在线性规划中,变量 x_j 是在一个连续的范围内取值,因此可行解的个数为无限多。在整数规划中变量只能取离散的整数值,可行解的数量是有限的。从有限的可行解中寻找最优解最直接、最简单的思路就是枚举法:把问题的解全部列举出来,进行比较,从而找到最优解。但对于一般整数规划问题来说,可行解的数量随变量数量的增长成指数倍增长,使得枚举法失去求解的意义。分枝定界法(branch and bound method)是在 20 世纪 60 年代初由 Land Doig 和 Dakin 等提出的,适用于解纯整数或混合整数规划问题。分枝定界法的提出解决了整数规划的求解问题。

一、分枝定界方法的基本思想

分枝定界法是以"巧妙"的枚举问题(5-2)的可行解的思想为依据进行的。该方法求解不

是直接针对问题(5-2),而是求解它的松弛问题(5-3)。

设问题(5-3)的最优解为 x^0,则 $\boldsymbol{C}^T x^0$ 是问题(5.2)的最优值的一个下界。若 x^0 的某个分量 x_i^0 不是整数,由于问题(5-2)的整数最优解的第 i 个分量必定落在区域 $x_i \leqslant [x_i^0]$ 或 $x_i \geqslant [x_i^0]+1$ 中,因此可将原问题(5-2)分为两个子问题来求解。这两个子问题是:

$$\max(\min)z = \boldsymbol{C}^T \boldsymbol{x}$$
$$\text{s.t.} \begin{cases} \boldsymbol{Ax} = \boldsymbol{b} \\ \boldsymbol{x} \geqslant \boldsymbol{0} \\ x_i \leqslant [x_i^0] \end{cases} \tag{5-4}$$

和

$$\max(\min)z = \boldsymbol{C}^T \boldsymbol{x}$$
$$\text{s.t.} \begin{cases} \boldsymbol{Ax} = \boldsymbol{b} \\ \boldsymbol{x} \geqslant \boldsymbol{0} \\ x_i \geqslant [x_i^0]+1 \end{cases} \tag{5-5}$$

这两个子问题将问题(5-2)的可行域分成两部分,且把不满足整数要求的问题(5-3)的最优解 x^0 排斥在外。这一步骤称为分枝。分别用(5-4)和(5-5)代替原问题(5-3),则分枝过程一直可以进行下去。每得到松弛问题的一个解,都会修正原问题目标函数最优值的下界。

假设在某一时刻,到当时为止所得到的最好的满足整数要求解的目标函数值是 z_m(目标函数最优值的一个上界),而且下一步正打算由某一点 x^k 分枝,该点所对应的 ILP 的下界为 $z_k = \boldsymbol{C}^T x^k$,若 $z_k \geqslant z_m$,这意味着点 x^k 的所有后代得到的各个解 x 的目标函数值均有

$$\boldsymbol{C}^T \boldsymbol{x} \geqslant z_k \geqslant z_m$$

因此无须由 x^k 继续分枝。此时,称 x^k 已被剪枝。这个过程可以"巧妙"地减少一些不必要的分枝。

综上所述,分枝定界方法的思想是按照下面三步进行的:

第一步,通过求解松弛问题对原问题进行分枝;

第二步,通过每个松弛问题的最优目标函数值对原问题的目标函数值定界;

第三步,一旦某个松弛问题的最优解是整数,就得到原问题最优解的一个近似,其目标函数值就是原问题目标函数值的一个近似值(上界)。如果以后某个松弛问题的最优目标函数值比这个近似值大,那么该松弛问题及其所有子问题都不用求解了。

前面之所以说分枝定界方法是"巧妙"的枚举方法,主要是因为"剪枝"步骤,通过"剪枝"步骤就不用枚举问题的所有可行解。

二、分枝定界法计算步骤

分枝定界法的求解步骤如下:

第一步:令整数规划模型为 A,首先不考虑整数约束条件,求相应线性规划模型 B 的最优解。若 B 没有可行解,则 A 也没有可行解,计算结束;若 B 有最优解且符合 A 中整数约束条件,B 的最优解即为 A 的最优解,计算结束;若 B 有最优解,但不符合 A 的整数约束条件,转

第二步进行计算。

第二步:用观察法找 A 中的一个整数可行解,一般取 $x_j=0(j=1,2,\cdots,n)$ 试探,求得目标函数值作为下界 $\underline{z}$,不考虑整数约束条件得到的 B 模型的最优目标函数值作为上界 $\overline{z}$,使整数规划 A 的最优目标函数值 z^* 符合以下条件:

$$\underline{z} \leqslant z^* \leqslant \overline{z}$$

第三步:

分枝。在 B 的最优解中任选一个不符合整数条件的变量 x_j,令 $x_j=b_j$,以 $[b_j]$ 表示小于 b_j 的最大整数,构造两个约束条件:

$$x_j \leqslant [b_j] \quad ① \qquad x_j \geqslant [b_j]+1 \quad ②$$

分别加入问题 B,得到两个后继问题 B_1 和 B_2,不考虑整数约束条件求解这两个后继问题。

定界。以每个后继问题为一分枝标明求解的结果,并与其他问题的解进行比较,找出分枝中最优目标函数值最大者作为新的上界 $\overline{z}$,从已符合整数条件的各分枝中,找出目标函数值最大者作为新的下界,若无整数解,则取 $\underline{z}=0$。

第四步:比较与"剪枝"。各分枝的最优目标函数中若有小于 $\underline{z}$ 者或无可行解者,则"剪掉这枝"(用打×表示),即以后不再考虑了;若大于 $\underline{z}$ 者,且不符合整数条件,则重复第三步,一直到最后得到 $z^*=\underline{z}$ 为止,得最优整数解 x^*。

例 5.3 用分枝定界法求解纯整数规划:

$$\max z = 3x_1 + 2x_2$$
$$\text{s.t.} \begin{cases} 2x_1 + 3x_2 \leqslant 14 & ① \\ x_1 + 0.5x_2 \leqslant 4.5 & ② \\ x_1, x_2 \geqslant 0 & ③ \\ x_1, x_2 \text{ 为整数} & ④ \end{cases}$$

解:首先不考虑整数约束④,得到相应的线性规划问题 B:

$$\max z = 3x_1 + 2x_2$$
$$\text{s.t.} \begin{cases} 2x_1 + 3x_2 \leqslant 14 \\ x_1 + 0.5x_2 \leqslant 4.5 \\ x_1, x_2 \geqslant 0 \end{cases}$$

用单纯形法进行求解问题 B,得到最优解:$x_1=3.25, x_2=2.5, \max z=14.75$。这时上下界分别为:

$$\overline{z}=14.75, \underline{z}=0$$

由于 $x_1=4.5, x_2=2.5$ 为非整数解,取 $x_2=2.5$ 构造两个分枝。由 $[2.5]=2$,则两个分枝为:$x_1 \leqslant 2, x_1 \geqslant 3$ 分别加到 B 中构成两个后继问题 B_1, B_2:

$$B_1: \max z = 3x_1 + 2x_2$$

$$\text{s.t.}\begin{cases} 2x_1 + \quad 3x_2 \leqslant 14 \\ x_1 + 0.5x_2 \leqslant 4.5 \\ \qquad\quad x_2 \leqslant 2 \\ x_1,x_2 \geqslant 0 \end{cases}$$

$$B_2 : \max\ z = 3x_1 + 2x_2$$

$$\text{s.t.}\begin{cases} 2x_1 + \quad 3x_2 \leqslant 14 \\ x_1 + 0.5x_2 \leqslant 4.5 \\ \qquad\quad x_2 \geqslant 3 \\ x_1,x_2 \geqslant 0 \end{cases}$$

如图 5.3 所示,分枝把原来的可行域分为两部分,把中间没有整数解的部分切割掉,缩小整数可行域的搜索范围。

对 B_1、B_2 求解,B_1 的最优解为:$x_1 = 3.5$,$x_2 = 2$,$\max z = 14.5$。B_2 最优解为:$x_1 = 2.5$,$x_2 = 3$,$\max z = 13.5$。

B_1,B_2 仍没有满足整数条件,需要继续分枝,这时的上下界依然为

$$\underline{z} = 0, \overline{z} = \max\{14.5, 13.5\} = 14.5$$

对 B_1 继续分枝,B_1 中只有 x_1 为非整数,取 $x_1 = 3.5$ 进行分枝,构造两个约束分别为:$x_1 \leqslant 3$,$x_1 \geqslant 4$ 得到两个新的分枝 B_{11}、B_{12}:

$B_{11} : \max\ z = 3x_1 + 2x_2$

$$\text{s.t.}\begin{cases} 2x_1 + \quad 3x_2 \leqslant 14 \\ x_1 + 0.5x_2 \leqslant 4.5 \\ \qquad\quad x_2 \leqslant 2 \\ x_1 \qquad\qquad \leqslant 3 \\ x_1,x_2 \geqslant 0 \end{cases}$$

$B_{12} : \max\ z = 3x_1 + 2x_2$

$$\text{s.t.}\begin{cases} 2x_1 + \quad 3x_2 \leqslant 14 \\ x_1 + 0.5x_2 \leqslant 4.5 \\ \qquad\quad x_2 \leqslant 2 \\ x_1 \qquad\qquad \geqslant 4 \\ x_1,x_2 \geqslant 0 \end{cases}$$

其可行域如图 5.4 所示,对 B_{11} 进行求解,得 $x_1 = 3$,$x_2 = 3$,$\max z = 13$,B_{12} 的最优解为 $x_1 = 4$,$x_2 = 1$,$\max z = 14$。

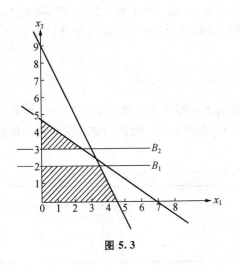

图 5.3

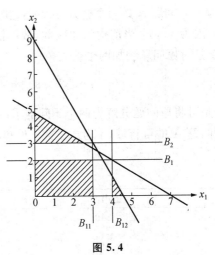

图 5.4

这时得到的满足整数约束条件的新的目标函数值为 14。大于 B_2 分枝的目标函数值,因此 B_2 分枝不需要再分枝了。这时上下界为:

$$\underline{z}=14,\overline{z}=14$$

因此该整数规划的最优解为 $x_1=4,x_2=1,\max z=14$。

以上分枝定界法的求解过程如图 5.5 所示:

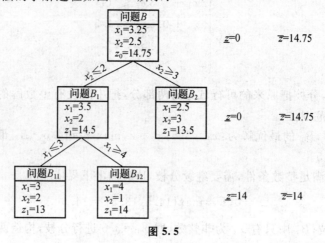

图 5.5

例 5.4 求解下述整数规划

$$\max z=40x_1+90x_2$$

$$\begin{cases} 9x_1+7x_2 \leqslant 56 \\ 7x_1+20x_2 \geqslant 70 \\ x_1,x_2 \geqslant 0 \quad \text{且为整数} \end{cases}$$

解:(1)先不考虑整数限制,即解相应的线性规划 B,得最优解为:

$$x_1=4.81,x_2=1.82,z=356$$

可见它不符合整数条件。这时 z 是问题 A 的最优目标函数值 z^* 的上界,记作 $\overline{z}$。而 $x_1=0$,$x_2=2$ 显然是问题 A 的一个整数可行解,这时 $z=0$,是 z^* 的一个下界,记作 $\underline{z}$,即 $0 \leqslant z^* \leqslant 356$。

(2)因为 x_1,x_2 当前均为非整数,故不满足整数要求,任选一个进行分枝。设选 x_1 进行分枝,于是对原问题增加两个约束条件:

$$x_1 \leqslant [4.81]=4,x_1 \geqslant [4.81]+1=5$$

于是可将原问题分解为两个子问题 B_1 和问题 B_2(即两支),给每支增加一个约束条件并不影响问题 A 的可行域,不考虑整数条件解问题 B_1 和问题 B_2,称此为第一次迭代。得到最优解见表 5.2。

表 5.2

问题 B_1	问题 B_2
$Z_1=349$	$Z_2=341$
$x_1=4.00$	$x_1=5.00$
$x_2=2.10$	$x_2=1.57$

显然没有得到全部变量时整数的解,于是再定界:$0 \leqslant z^* \leqslant 349$。

(3)继续对问题 B_1 和 B_2 因 $Z_1 > Z_2$,故先分解 B_1 为两支,增加条件 $x_2 \leqslant 2$,称为 B_3;增加条件 $x_2 \geqslant 3$,称为 B_4。再舍去 $x_2 > 2$ 与 $x_3 < 3$ 之间的可行域,再进行第二次迭代。解题过程如图 5.6 所示。

由图 5.6 可知,B_3 的解已都是整数,其目标函数值 $z_3 = 340$,可取为 $\underline{z}$,而它大于 $z_4 = 327$。所以,再分解 B_4 已无必要。而问题 B_2 的 $z_2 = 341$,所以 z^* 可能在 340 和 341 之间有整数解。于是对 B_2 分解,得问题 B_5,既非整数解且 $z_5 = 308 < z_3$,问题 B_6 为无可行解。于是有 $z^* = z_3 = \underline{z} = 340$,问题 B_3 的解 $x_1 = 4.00$,$x_2 = 2.00$ 为最优整数解。

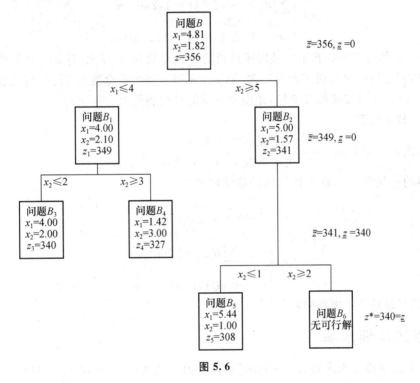

图 5.6

第三节　0-1 整数规划

一、0-1 整数规划模型

0-1 整数规划是整数规划中的特殊情形,它的变量 x_j 取值只能为 0 或 1,这时的变量 x_j 称为 0-1 变量,x_j 取 0 或 1 这个条件可由下述约束条件描述:

$$x_j \leqslant 1$$
$$x_j \geqslant 0 \text{ 且取整数}$$

0-1 整数规划在实际中应用较多。因为实际问题中经常碰到大量的决策问题,要求回答"是-否"或"有-无"问题,这类问题可以借助整数规划中的 0-1 整数变量,这样处理能够使许多复杂的、困难的问题相对变得简单。

0-1变量一般可表示为：

$$x_j = \begin{cases} 1 & x_j \text{ 为是或有} \\ 0 & x_j \text{ 为否或无} \end{cases}$$

0-1整数规划的数学模型表示为：

$$\max z = \sum_{j=1}^{n} c_j x_j$$

$$\text{s.t.} \begin{cases} \sum_{j=1}^{n} a_{ij} x_j = b_i & (i=1,2,\cdots,m) \\ x_j = 0 \text{ 或 } 1 & (j=1,2,\cdots,n) \end{cases}$$

例 5.5 某部门在今后五年中可用于投资的资金总额为 B 万元,有 $n(n \geqslant 2)$ 个可以考虑的投资项目,假定每个项目最多投资一次,第 j 个项目所需的资金为 b_j 万元,将会获得的利润为 c_j 万元。问应如何选择投资项目,才能使获得的总利润最大。

解:建立数学模型

设投资决策变量为 $x_j = \begin{cases} 1, \text{决定投资第 } j \text{ 个项目} \\ 0, \text{决定不投资第 } j \text{ 个项目} \end{cases}$ $j=1,\cdots,n$

设获得的总利润为 z,则上述问题的数学模型为

$$\max z = \sum_{j=1}^{n} c_j x_j$$

$$\text{s.t.} \begin{cases} 0 < \sum_{j=1}^{n} b_j x_j \leqslant B \\ x_j = 0 \text{ 或 } 1, j=1,\cdots,n \end{cases}$$

显然,该问题是 0-1 规划问题。

二、0-1 整数规划求解

分枝定界法可以用来求解 0-1 规划问题,但是由于其特殊性,提出了专门用来求解 0-1 规划问题的一些方法:穷举法、DFS 搜索法、隐枚举法和分枝定界法。穷举法把变量中所有 0 或 1 的组合找出来,比较目标函数值以求得最优解,变量组合个数为 2^n 个,当 n 大于 10 时,几乎是不可能的;隐枚举法(implicit enumeration)只检查变量取值的组合的一部分,就能求得最优解;分枝定界法是用第二节介绍的方法求解 0-1 规划。下面分别介绍 DFS 搜索法、隐枚举法和分枝定界法的求解过程。

1. DFS 搜索法

用 DFS(depth first search,即深度优先搜索)搜索法求解 0-1 整数规划问题。其求解思想可以从下面例子看出)。

例 5.6 用 DFS 求解下述问题:

$$\max z = x_1 + x_2 + x_3$$

$$\text{s.t.} \begin{cases} 2x_1 - 6x_2 + 6x_3 \leqslant -4 \\ x_1, x_2, x_3 = 0 \text{ 或 } 1 \end{cases}$$

首先确定搜索树,假定自上而下的搜索顺序为 x_2, x_1, x_3,引进栈 S 用以记录搜索过程,

栈是按后进先出的顺序来建立数据结构。属于 S 栈的变量定义为固定变量。$F \triangle N \backslash S$,属于 F 的变量定义为自由变量。$S = \{x_3 = x_1 = 0, x_2 = 1\}$,作为约定栈顶元素为 $x_3 = 0$,中间为 $x_1 = 0$,栈底为 $x_2 = 1$。若从 S 中取走栈顶元素,则取出的是 $x_3 = 0$,取走之后的 S 为 $\{x_1 = 0, x_2 = 1\}$,栈顶元素则为 $x_1 = 0$。

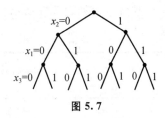

图 5.7

搜索空间即搜索树,如图 5.7 所示。

(1)$S = \{x_2 = 0\}$,$k = 1$,由于 $x_2 = 0$,x_1 和 x_3 不论为 0 或 1 均不能满足 $2x_1 - 6x_2 + 6x_3 \leqslant -4$。故 $x_2 = 0$ 应放弃。

(2)$S = \{x_2 = 1\}$,前进一步 $S = \{x_1 = 0, x_2 = 1\}$,再前进一步 $S = \{x_3 = 0, x_1 = 0, x_2 = 1\}$,$k = 3$,$z = 1$。

(3)从栈顶元素 $x_3 = 0$ 后退,改为 $S = \{x_3 = 1, x_1 = 0, x_2 = 1\}$,$k = 3$。

(4)$S = \{x_3 = 1, x_1 = 0, x_2 = 1\}$ 不满足约束,应放弃。

(5)$S = \{x_1 = 1, x_2 = 1\}$,前进一步为 $S = \{x_3 = 0, x_1 = 1, x_2 = 1\}$,应放弃。

(6)进入 $S = \{x_3 = 1, x_1 = 1, x_2 = 1\}$,不满足约束,应放弃,故后退。直到 $k = 0$,停止。

故得最优解 $x_2 = 1$,$x_1 = x_3 = 0$,$z = 1$。

2. 隐枚举法求解

例 5.7
$$\max z = 4x_1 + 3x_2 + 2x_3$$
$$\text{s.t.} \begin{cases} 2x_1 - 5x_2 + 3x_3 \leqslant 4 & ① \\ 4x_1 + x_2 + 3x_3 \geqslant 3 & ② \\ x_2 + x_3 \geqslant 1 & ③ \\ x_1, x_2, x_3 = 0 \text{ 或 } 1 \end{cases}$$

解:(1)先用试探的方法找出一个初始可行解,如 $x_1 = x_2 = 0$,$x_3 = 1$。满足约束条件,选其作为初始可行解,目标函数 $z_0 = 2$。

(2)附加过滤条件:以目标函数 $z \geqslant z_0$ 作为过滤约束:
$$4x_1 + 3x_2 + 2x_3 \geqslant 2$$

原模型变为:
$$\max z = 4x_1 + 3x_2 + 2x_3$$
$$\text{s.t.} \begin{cases} 2x_1 - 5x_2 + 3x_3 \leqslant 4 & ① \\ 4x_1 + x_2 + 3x_3 \geqslant 3 & ② \\ x_2 + x_3 \geqslant 1 & ③ \\ 4x_1 + 3x_2 + 2x_3 \geqslant 2 & ④ \\ x_1, x_2, x_3 = 0 \text{ 或 } 1 \end{cases}$$

(3)求解。按照隐枚举法的思路,依次检查各种变量的组合,每找到一个可行解,求出它的目标函数值 z_1,若 $z_1 > z_0$,则将过滤条件换成 $z > z_1$。

一般过滤条件是所有条件中关键的一个,先检查它是否满足,若不满足,其他约束条件也就不用检查了,减少了计算的工作量,这也是隐枚举法与穷举法最大的区别,它不需要将所有可行的变量组合一一枚举,只是通过分析、判断,很多可行的变量组合排除了最优解的可能性,也就是说被隐含了,隐枚举法就此得名。

求解过程如表 5.3 所示。

表 5.3

点	过滤条件	约束				z 值
		④	①	②	③	
	$4x_1+3x_2+2x_3\geqslant 2$					
$(0,0,0)^T$		×				
$(0,0,1)^T$		√	√	√	√	2
$(0,1,0)^T$		√	√	×		
$(0,1,1)^T$		√	√	√	√	5
	$4x_1+3x_2+2x_3\geqslant 5$					
$(1,0,0)^T$		×				
$(1,0,1)^T$		√	×			
$(1,1,0)^T$		√	√	√	√	7
	$4x_1+3x_2+2x_3\geqslant 7$					
$(1,1,1)^T$		√	√	√	√	9

所以该 0-1 规划最优解为 $x_1^*=x_2^*=x_3^*=1, z^*=9$。

3. 用分枝定界法求解

例 5.8 设有 100 万元的资金计划在五个不同的地方 P_1、P_2、P_3、P_4、P_5 修建某类工厂,由于条件不同,所需投资分别为 $a_1=56$、$a_2=20$、$a_3=54$、$a_4=42$、$a_5=15$,(单位万元),工厂建成后,每年能得到的利润分别为 $c_1=7$、$c_2=5$、$c_3=9$、$c_4=6$、$c_5=3$(单位万元),问应如何确定投资地点,投资总额不超过 100 万元,且使建成后每年所获总利润最多?

解: 设

$$x_j=\begin{cases} 1, & \text{在 } P_j \text{ 处投资建厂} \\ 0, & \text{不在 } P_j \text{ 处投资建厂} \end{cases} \quad j=1,2,3,4,5$$

则模型可表示为

$$\begin{cases} \max z=7x_1+5x_2+9x_3+6x_4+3x_5 \\ \text{s.t.}\begin{cases} 56x_1+20x_2+54x_3+42x_4+15x_5\leqslant 100 & ① \\ x_j=0 \text{ 或 } 1, j=1,2,3,4,5 & ② \end{cases} \end{cases}$$

首先考虑投资 1 万元于第 j 处地方所能获得利润,即 c_j/a_j 的比值。

在 P_1 处:$c_1/a_1=1/8$;在 P_2 处:$c_2/a_2=1/4$;在 P_3 处:$c_3/a_3=1/6$;在 P_4 处:$c_4/a_4=1/7$;在 P_5 处:$c_5/a_5=1/5$。

按单位资金获利最大的尽量先取的原则,先把上述比值中最大的所对应的变量取为 1,即 $x_2=1$,其次取比值次大的所对应的变量为 1,即 $x_5=1$,…,依此下去,使之满足条件①,即 $x_3=1, x_4=11/42, x_1=0$。

得到一个解:$x^{(1)}=\left(0,1,1,\dfrac{11}{42},1\right)^T, z_1=18\dfrac{4}{7}$

z_1 作为原问题目标函数的上界，$x^{(1)}$ 不是原问题的可行解，因为 11/42 不是整数。由于 x_4 只能取 0 或 1，所以分别令 $x_4=0$ 或 $x_4=1$ 将原问题分枝为两个子问题。

B_1：
$$\max z = 7x_1 + 5x_2 + 9x_3 + 3x_5$$
$$\text{s.t.}\begin{cases} 56x_1 + 20x_2 + 54x_3 + 15x_5 \leqslant 100 \\ \quad\quad\quad\quad x_4 = 0 \\ \quad x_j = 0 \text{ 或 } 1, j = 1,2,3,5 \end{cases}$$

B_2：
$$\max z = 7x_1 + 5x_2 + 9x_3 + 3x_5 + 6$$
$$\text{s.t.}\begin{cases} 56x_1 + 20x_2 + 54x_3 + 15x_5 \leqslant 58 \\ \quad\quad\quad\quad x_4 = 1 \\ \quad x_j = 0 \text{ 或 } 1, j = 1,2,3,5 \end{cases}$$

用同样方法，可求得问题 B_1 的松弛问题的解为：

$$x^{(2)} = \left(\frac{11}{56}, 1, 1, 0, 1\right)^{\mathrm{T}}, z_2 = 18\frac{3}{8}$$

B_2 的松弛问题的解为：

$$x^{(3)} = \left(0, 1, \frac{23}{54}, 1, 1\right)^{\mathrm{T}}, z_3 = 17\frac{5}{6}$$

由于 $x^{(2)}$ 和 $x^{(3)}$ 都不是整数解，且 $z_3 < z_2$，所以先对 B_1 进行分枝。分解的方法仍根据非整数值的变量 x_1，使 x_1 为 0 或 1。分别令 $x_1=0$ 或 $x_1=1$，把 B_1 分枝为 B_{11} 和 B_{12}：

B_{11}：
$$\max z = 5x_2 + 9x_3 + 3x_5$$
$$\text{s.t.}\begin{cases} 20x_2 + 54x_3 + 15x_5 \leqslant 100 \\ x_4 = 0, x_1 = 0 \\ x_j = 0 \text{ 或 } 1, j = 2,3,5 \end{cases}$$

B_{12}：
$$\max z = 5x_2 + 9x_3 + 3x_5 + 7$$
$$\text{s.t.}\begin{cases} 20x_2 + 54x_3 + 15x_5 \leqslant 44 \\ x_4 = 0, x_1 = 1 \\ x_j = 0 \text{ 或 } 1, j = 2,3,5 \end{cases}$$

B_{11} 的解为：
$$x^{(4)} = (0, 1, 1, 0, 1)^{\mathrm{T}}, z_4 = 17$$

B_{12} 的解为：
$$x^{(5)} = \left(1, 1, \frac{1}{6}, 0, 1\right)^{\mathrm{T}}, z_5 = 16\frac{1}{2}$$

B_{12} 的目标函数值小于 B_{11} 的值，则 B_{12} "剪枝"。

再考虑 B_2，由于 $z_3 = 17\frac{5}{6} > z_4 = 17$，对 B_2 中以 x_3 变量进行分枝，令 $x_3 = 0$ 或 1，得到 B_{21} 和 B_{22}。

B_{21}：

$$\max z = 7x_1 + 5x_2 + 3x_5 + 6$$

$$\text{s.t.} \begin{cases} 56x_1 + 20x_2 + 15x_5 \leqslant 58 \\ x_4 = 1, x_3 = 0 \\ x_j = 0 \text{ 或 } 1, j = 1, 2, 5 \end{cases}$$

B_{22}：

$$\max z = 7x_1 + 5x_2 + 3x_5 + 15$$

$$\text{s.t.} \begin{cases} 56x_1 + 20x_2 + 15x_5 \leqslant 4 \\ x_4 = 1, x_3 = 1 \\ x_j = 0 \text{ 或 } 1, j = 1, 2, 5 \end{cases}$$

B_{21}松弛问题的解为：

$$x^{(6)} = \left(\frac{23}{56}, 1, 0, 1, 1\right)^{\mathrm{T}}, z_6 = 16\frac{7}{8} < z_4 = 17$$

则 B_{21}"剪枝"。

B_{22}松弛问题的解为：

$$x^{(7)} = \left(0, \frac{1}{5}, 1, 1, 0\right)^{\mathrm{T}}, z_7 = 16 < z_4 = 17$$

同样 B_{22}可剪枝。

由此得最优解：

$$x^* = (0, 1, 1, 0, 1)^{\mathrm{T}}, z^* = 17$$

分枝定界过程如图 5.8 所示：

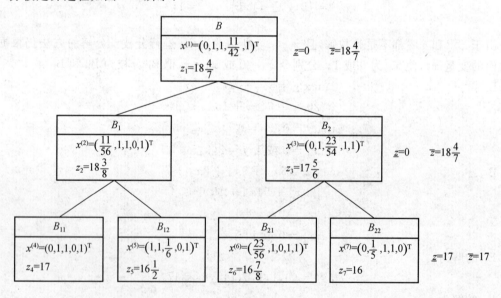

图 5.8

三、0-1 整数规划应用

1. 相互排斥的计划

例 5.9 某公司拟在市东、西、南三区中建立门市部，有 7 个点 $A_i (i = 1, 2, \cdots, 7)$ 可供选

择,要求满足以下条件:

(1)在东区,在 A_1,A_2,A_3 三个点中至多选两个;

(2)在西区,A_4,A_5 两个点中至少选一个;

(3)在南区,A_6,A_7 两个点为互斥点。

(4)选 A_2 点必选 A_5 点。

若 A_i 点投资为 b_i 万元,每年可获利润为 c_i 万元,投资总额为 B 万元,试建立利润最大化的 0-1 规划模型。

解:设决策变量为

$$x_i = \begin{cases} 1, & \text{当 } A_i \text{ 点被选用} \\ 0, & \text{当 } A_i \text{ 点未被选用} \end{cases} \quad i=1,2,\cdots,7$$

建立 0-1 规划模型如下:

$$\max z = c_1 x_1 + c_2 x_2 + \cdots + c_7 x_7 = \sum_{i=1}^{7} c_i x_i$$

$$\text{s.t.} \begin{cases} \sum_{i=1}^{7} b_i \cdot x_i \leqslant B \\ x_1 + x_2 + x_3 \leqslant 2 \\ x_4 + x_5 \geqslant 1 \\ x_6 + x_7 = 1 \\ x_2 - x_5 \leqslant 0 \\ x_i = 0, \text{或 } 1, i=1,2,\cdots,7 \end{cases}$$

2. 相互排斥的约束条件

例 5.10　某产品有 A_1 和 A_2 两种型号,需要经过 B_1、B_2、B_3 三道工序,单位工时和利润、各工序每周工时限制见表 5.4 所示,问工厂如何安排生产,才能使总利润最大?(B_3 工序有两种加工方式 B_{31} 和 B_{32},产品为整数)。

表 5.4

工时/件　工序 型号	B_1	B_2	B_3		利润/(元/件)
			B_{31}	B_{32}	
A_1	0.3	0.2	0.3	0.2	25
A_2	0.7	0.1	0.5	0.4	40
每周工时/(小时/月)	250	100	150	120	

解:设 A_1、A_2 产品的生产数量分别为 x_1、x_2 件,则目标函数为

$$\max z = 25x_1 + 40x_2$$

B_1 和 B_2 两工序每周工时的约束条件为

$$0.3x_1 + 0.7x_2 \leqslant 250$$

$$0.2x_1 + 0.1x_2 \leqslant 100$$

工序 B_3 有两种加工方式 B_{31} 和 B_{32}，每周工时约束分别为

$$0.3x_1 + 0.5x_2 \leqslant 150$$
$$0.2x_1 + 0.4x_2 \leqslant 120$$

工序 B_3 只能从两种加工方式中选择一种，那么这两个约束就成为相互排斥的约束条件。为了统一在一个问题中，引入 0-1 变量

$$y_1 = \begin{cases} 0, & \text{若工序 } B_3 \text{ 采用 } B_{31} \text{ 加工方式} \\ 1, & \text{若工序 } B_3 \text{ 不采用 } B_{31} \text{ 加工方式} \end{cases}$$

$$y_2 = \begin{cases} 0, & \text{若工序 } B_3 \text{ 采用 } B_{32} \text{ 加工方式} \\ 1, & \text{若工序 } B_3 \text{ 不采用 } B_{32} \text{ 加工方式} \end{cases}$$

于是，相互排斥的约束条件可用下列三个约束条件统一起来

$$\begin{cases} 0.3x_1 + 0.5x_2 \leqslant 150 + M_1 y_1 \\ 0.2x_1 + 0.4x_2 \leqslant 120 + M_2 y_2 \\ y_1 + y_2 = 1 \end{cases}$$

其中 M_1 和 M_2 都是充分大的正数。

则数学模型为

$$\max z = 25x_1 + 40x_2$$

$$\text{s.t.} \begin{cases} 0.3x_1 + 0.7x_2 \leqslant 250 \\ 0.2x_1 + 0.1x_2 \leqslant 100 \\ 0.3x_1 + 0.5x_2 \leqslant 150 + M_1 y_1 \\ 0.2x_1 + 0.4x_2 \leqslant 120 + M_2 y_2 \\ y_1 + y_2 = 1 \\ x_1, x_2 \geqslant 0, \text{且均为整数} \\ y_1, y_2 \text{ 为 0-1 变量} \end{cases}$$

一般地，在建立数学模型时，若需从 p 个约束条件

$$\sum_{j=1} a_{ij} x_j \leqslant b_i \quad (i = 1, 2, \cdots, p)$$

中选择 q 个约束条件，则可以引入 p 个 0-1 变量

$$y_i = \begin{cases} 0, & \text{若选择第 } i \text{ 个约束} \\ 1, & \text{若不选择第 } i \text{ 个约束} \end{cases} \quad (i = 1, 2, \cdots, p)$$

那么约束条件组

$$\begin{cases} \sum_{j=1}^{n} a_{ij}x_j \leqslant b_i + M_i y_i \\ \sum_{i=1}^{p} y_i = p - q \end{cases} \quad (i = 1, 2, \cdots, p)$$

就可以达到这个目的。因为上述约束条件组保证了在 p 个 $0-1$ 变量中有 $p-q$ 个为 1，q 个为 0。凡取 0 值的 y_i 对应的约束条件为原约束，而取 1 值的 y_i 对应的约束条件将自然满足，因而是多余的。

3. 固定成本问题

例 5.11 某公司制造小、中、大三种尺寸的容器，所需资源为金属板、劳动力和机器设备，制造一个容器所需的各种资源的数量如表 5.5 所示。

表 5.5

资源	小号容器	中号容器	大号容器
金属板/t	2	4	8
劳动力/（人/月）	2	3	4
机器设备/（台/月）	1	2	3

不考虑固定费用，小、中、大号容器每售出一个其利润分别为 4 万元、5 万元、6 万元，可使用的金属板有 500 t，劳动力有 300 人/月，机器有 100 台/月，另外若生产，不管每种容器生产多少，都需要支付一笔固定费用：小号为 100 万元，中号为 150 万元，大号为 200 万元。问如何制定生产计划使获得的利润对大？

解： 设 x_1、x_2、x_3 分别为小号容器、中号容器、大号容器的生产数量。

各种容器的固定费用只有在生产该种容器时才投入，为了说明固定费用的这种性质，设

$$y_i = \begin{cases} 1, & \text{当生产第 } i \text{ 种容器即 } x_i > 0 \text{ 时} \\ 0, & \text{当不生产第 } i \text{ 种容器时即 } x_i = 0 \end{cases} \quad i = 1, 2, 3$$

则目标函数为

$$\max z = 4x_1 + 5x_2 + 6x_3 - 100y_1 - 150y_2 - 200y_3$$

考虑三种资源的约束，得到三个不等式

$$2x_1 + 4x_2 + 8x_3 \leqslant 500$$
$$2x_1 + 3x_2 + 4x_3 \leqslant 300$$
$$x_1 + 2x_2 + 3x_3 \leqslant 100$$

为了避免出现某种容器不投入固定费用就生产这样一种不合理的情况，因而加上以下约束条件：

$$x_1 \leqslant y_1 M$$
$$x_2 \leqslant y_2 M$$
$$x_3 \leqslant y_3 M$$

这里 M 为充分大的正数。由此可得该问题的数学模型为

$$\max z = 4x_1 + 5x_2 + 6x_3 - 100y_1 - 150y_2 - 200y_3$$

$$\text{s.t.} \begin{cases} 2x_1 + 4x_2 + 8x_3 \leqslant 500 \\ 2x_1 + 3x_2 + 4x_3 \leqslant 300 \\ x_1 + 2x_2 + 3x_3 \leqslant 100 \\ x_1 - My_1 \leqslant 0 \\ x_2 - My_2 \leqslant 0 \\ x_3 - My_3 \leqslant 0 \\ x_1, x_2, x_3 \geqslant 0 \\ y_1, y_2, y_3 \ \text{为 0-1 变量} \end{cases}$$

4. 布点问题

例 5.12 某城市消防队布点问题。该城市共有 6 个区,每个区都可以建消防站,市政府希望设置的消防站最少,但必须满足在城市任何地区发生火警时,消防车要在 15 min 内赶到现场。据实地测定,各区之间消防车行驶的时间见表 5.6,请帮助该市制定一个布点最少的计划。

表 5.6　　　　　　　　　　　　　　　　　　　　　　　　min

	地区 1	地区 2	地区 3	地区 4	地区 5	地区 6
地区 1	0	10	16	28	27	20
地区 2	10	0	24	32	17	10
地区 3	16	24	0	12	27	21
地区 4	28	32	12	0	15	25
地区 5	27	17	27	15	0	14
地区 6	20	10	21	25	14	0

解: 引入 0-1 变量 x_i 作决策变量,令

$$x_i = \begin{cases} 1, & \text{表示在地区 } i \text{ 设消防站} \\ 0, & \text{表示在地区 } i \text{ 不设消防站} \end{cases} \quad i = 1, 2, \cdots, 6$$

目标函数为

$$\min z = x_1 + x_2 + x_3 + x_4 + x_5 + x_6$$

本问题的约束方程是要保证每个地区都有一个消防站在 15 min 行程内。如地区 1,由表 5.6 可知,在地区 1 及地区 2 内设消防站都能达到此要求,即

$$x_1 + x_2 \geqslant 1$$

因此本问题的数学模型为:

$$\min z = x_1 + x_2 + x_3 + x_4 + x_5 + x_6$$

$$\text{s.t.}\begin{cases} x_1 + x_2 & \geqslant 1 \\ x_1 + x_2 & + x_6 \geqslant 1 \\ & x_3 + x_4 & \geqslant 1 \\ & x_3 + x_4 + x_5 & \geqslant 1 \\ & x_4 + x_5 + x_6 \geqslant 1 \\ x_2 & + x_5 + x_6 \geqslant 1 \\ x_i = 1 \text{ 或 } 0 \quad (i=1,\cdots,6) \end{cases}$$

5. 背包问题

例 5.13　一个登山队员,他需要携带的物品有:食品、氧气、冰镐、绳索、帐篷、照相器材、通信器材等,每种物品的重量及重要性系数如表 5.7 所示,能携带的最大重量为 25 kg,试选择该队员所应携带的物品。

表 5.7

序号	1	2	3	4	5	6	7
物品	食品	氧气	冰镐	绳索	帐篷	照相器材	通信设备
重量/kg	5	5	2	5	10	2	3
重要性系数	20	15	16	14	8	14	9

解:引入 0-1 变量 x_i

$$x_i = \begin{cases} 1 & \text{携带物品 } x_i \\ 0 & \text{不携带物品 } x_i \end{cases} \quad (i=1,\cdots,7)$$

则 0-1 规划模型为:

$$\max z = 20x_1 + 15x_2 + 16x_3 + 14x_4 + 8x_5 + 14x_6 + 9x_7$$
$$\text{s.t.}\begin{cases} 5x_1 + 5x_2 + 2x_3 + 5x_4 + 10x_5 + 2x_6 + 3x_7 \leqslant 25 \\ x_i = 0 \text{ 或 } 1, i = 1, 0, \cdots, 7 \end{cases}$$

这是一个约束的背包问题称为一维的,如果有两个或三个约束称为二维或三维背包问题。

第四节　指派问题

在实践中经常会遇到一种问题:某单位有 m 项任务要 m 个人去完成(每人只完成一项工作),在分配过程中要充分考虑各人的知识、能力、经验等,应如何分配才能使工作效率最高或消耗的资源最少? 这类问题就属于指派问题。这一类问题就称为指派问题或指派问题(Assignment Problem),是一种特殊的整数规划问题。

一、指派问题的数学模型

例 5.14　有 5 个工人,要指派他们分别完成 5 项工作,每人做各项工作所消耗的时间如表 5.8 所示。问应指派哪个人去完成哪项工作,可使总的消耗时间为最小?

表 5.8

工作\工人	A	B	C	D	E
甲	5	6	8	4	5
乙	3	4	6	6	1
丙	5	5	7	9	8
丁	6	7	5	7	6
戊	7	4	6	2	8

为了解决这个问题,引入 0-1 变量 x_{ij},并令

$$x_{ij} \begin{cases} 1 & \text{当分派第 } i \text{ 个工人去完成第 } j \text{ 项工作时,} \\ 0 & \text{否则。} \end{cases}$$

其中 $i, j = 1, 2, \cdots, 5$

用 z 表示 5 个工人分别完成 5 项工作所消耗的总时间,则可得出该问题的数学模型;

$$\begin{aligned} \min z = &5x_{11} + 6x_{12} + 8x_{13} + 4x_{14} + 5x_{15} \\ &+ 3x_{21} + 4x_{22} + 6x_{23} + 6x_{24} + x_{25} \\ &+ 5x_{31} + 5x_{32} + 7x_{33} + 9x_{34} + 8x_{35} \\ &+ 6x_{41} + 7x_{42} + 5x_{43} + 7x_{44} + 6x_{45} \\ &+ 7x_{41} + 4x_{52} + 6x_{53} + 2x_{54} + 8x_{55} \end{aligned}$$

约束条件为:

$$\begin{cases} \sum\limits_{i=1}^{5} x_{ij} = 1 & j = 1, 2, \cdots, 5 \quad (\text{每项工作只能由一人去完成}) \\ \sum\limits_{j=1}^{5} x_{ij} = 1 & i = 1, 2, \cdots, 5 \quad (\text{每人只能完成其中的一项工作}) \\ x_{ij} = 0 \text{ 或 } 1 & i = 1, 2, \cdots, 5 \end{cases}$$

表 5.8 称为指派问题的价值系数表,表中数据给出了这个问题目标函数中的各个系数。由这些数据构成的矩阵,称其为价值系数矩阵。

现假定一般指派问题的价值系数矩阵的元素为 c_{ij},它表示由第 i 个人去完成第 j 项工作的资源消耗(价值或效率),则一般指派问题的数学模型为:

$$\min z = \sum_{i=1}^{n} \sum_{j=1}^{n} c_{ij} x_{ij}$$

$$\text{s.t.} \begin{cases} \sum\limits_{i=1}^{n} x_{ij} = 1, j = 1, 2, \cdots, n \\ \sum\limits_{j=1}^{n} x_{ij} = 1, i = 1, 2, \cdots, n \\ x_{ij} = 0 \text{ 或 } 1 \end{cases}$$

指派问题是 0-1 规划的特例,也是运输问题的特例(即 $m=n$,$a_i=b_j=1$(对所有的 i 和 j)),它当然可以用整数规划、0-1 规划或运输问题的解法去求解,但这就如同用单纯形法求解的 n^2 个分量中非零分量的个数仅为 n 个,具有高度退化的性质。

二、匈牙利法

由模型可知,指派问题是 0-1 整数规划的特例,也是运输问题的特例,当然可用 0-1 规划或运输问题的求解方法进行求解,但由于其模型的特殊性,可采用更简便的解法——匈牙利法进行求解,这个方法是由匈牙利数学家狄·考尼格提出来的。下面介绍解指派问题的有效算法之一:匈牙利法(Hungarian Algorithm)。

首先给出指派问题的最优解的一个性质。

性质　假定 $\boldsymbol{C}=(c_{ij})_{n\times n}$ 为指派问题的价值系数矩阵。现将它的某一行(或某一列)的各个元素都减去一个常数 k,得到一新矩阵 $\boldsymbol{C}'=(c'_{ij})_{n\times n}$。若以 $\boldsymbol{C}'$ 代替 $\boldsymbol{C}$ 作为价值系数矩阵,而构成一新的指派问题,则这个新指派问题的最优解与原指派问题的最优解相同。

证　不妨设将 $\boldsymbol{C}=(c_{ij})$ 的第 l 列的每一个元素都减去了一个常数 k,记由此所得的新矩阵为 $\boldsymbol{C}'=(c'_{ij})$。则新的指派问题的目标函数

$$
\begin{aligned}
\overline{z}(\boldsymbol{X}) &= \sum_{i=1}^{n}\sum_{j=1}^{n} c'_{ij}x_{ij} = \sum_{i=1}^{n}\left[\sum_{\substack{j=1\\j\neq l}}^{n} c_{ij}x_{ij} + (c_{il}-k)x_{ij}\right]\\
&= \sum_{i=1}^{n}\left(\sum_{j=1}^{n} c_{ij}x_{ij} - kx_{il}\right)\\
&= \sum_{i=1}^{n}\sum_{j=1}^{n} c_{ij}x_{ij} - k\sum_{i=1}^{n} x_{il}\\
&= \sum_{i=1}^{n}\sum_{j=1}^{n} c_{ij}x_{ij} - k\cdot 1 = z(\boldsymbol{X}) - k
\end{aligned}
$$

这里 $z(\boldsymbol{X})$ 表示原指派问题的目标函数。由于 k 为一常数,这就证明了新指派问题与原指派问题的最优解相同。

不难想象,若 k 值取得适当(例如取价值系数矩阵每行或每列的最小元素),通过上述变换,即可使新价值系数矩阵 $\boldsymbol{C}'=(c'_{ij})_{n\times n}$ 的所有元素非负且出现若干个零元素。依次对不同的行和列反复使用上述步骤,总可使新价值系数矩阵的所有行和所有列中都有零元素出现。进一步,如果能够找出这样的可行解:其非零变量对应的价值系数全等于零,从而其目标函数值也等于零。由于 $x_{ij}\geqslant 0$ 和 $c'_{ij}\geqslant 0$ 对所有 i 和 j 都成立,这样的解就是新指派问题的最优解,它同时也是原指派问题的最优解。更明白地说就是:在新价值系数矩阵中,若存在一组位于不同行不同列的 n 个零元素的话,只要令对应于这些零元素位置的变量 $x_{ij}=1$,其余的变量 $x_{ij}=0$,这个解就是问题的最优解。因此,问题的关键就在于寻求产生这组位于不同行不同列的零元素的方法。匈牙利数学家 D. Konig 发展并证明了这种方法,该方法叙述于下:

设已给定一个初始的 $n\times n$ 价值系数矩阵 $\boldsymbol{C}=(c_{ij})_{n\times n}$,运用匈牙利法求最优指派的步骤如下:

(1)找出$(c_{ij})_{n\times n}$每行(或每列)的最小元素,将$(c_{ij})_{n\times n}$的每行(或每列)的所有元素都减去该行(或该行)的最小元素,然后转下一步。

(2)找出$(c_{ij})_{n\times n}$每列(或每行)的最小元素,若它们均等于零,转下一步。否则,以其每列(或每行)的所有元素减去其最小元素。至此所得价值系数矩阵的各行和各列均含有零元素。并称其为简约化的价值系数矩阵。

(3)以最少的m条直线(水平的或竖直的)去覆盖(或说划去)简约化价值系数矩阵中的所有零元。

(4)若$m=n$,停止;可从上述简约化的价值矩阵的零元中找到一组位于不同行且不同列的零元。令对应于这组零元位置的变量$x_{ij}=1$,其余的变量$x_{ij}=0$,就得到了一个最优解。这时,用初始价值系数矩阵中的元素置换相应的零元并求和,就得了目标函数的最优值。

若$m<n$,从未被m条直线覆盖的元素中找出最小元素,从所有未被覆盖的元素中将它减去,并将这个最小元素加在所有位于水平覆盖线和竖直覆盖线相交处的元素上,而其他被覆盖的元素保持不变。这样便得一新的简约化价值系数矩阵,然后转回第(3)步。

需要说明的是,当价值系数矩阵较大时,由简约后价值系数矩阵中的零元确定分配方案的工作,应按照一定步骤进行。如果矩阵的某一行(或列)仅有一个零元,则取它对应的变量$x_{ij}=1$,然后将此行(或列)划去;若剩下的各行和各列均含有一个以上的零元素,则可用"分枝"的方法如上进行,直到找出所有(一个或多个)指派方案为止。

现在用匈牙利法求解例5.14。已知其初始价值系数矩阵为

$$
C_0 = \begin{bmatrix} 5 & 6 & 8 & 4 & 5 \\ 3 & 4 & 6 & 6 & 1 \\ 5 & 5 & 7 & 9 & 8 \\ 6 & 7 & 5 & 7 & 6 \\ 7 & 4 & 6 & 2 & 8 \end{bmatrix}
$$

(1)找出价值系数矩阵C_0每行的最小元素,各个元素分别减去相应的最小元素后得新的价值系数矩阵C_1:

$$
C_0 = \begin{bmatrix} 5 & 6 & 8 & 4 & 5 \\ 3 & 4 & 6 & 6 & 1 \\ 5 & 5 & 7 & 9 & 8 \\ 6 & 7 & 5 & 7 & 6 \\ 7 & 4 & 6 & 2 & 8 \end{bmatrix} \begin{matrix} -4 \\ -1 \\ -5 \\ -5 \\ -2 \end{matrix} \rightarrow C_1 = \begin{bmatrix} 1 & 2 & 4 & 0 & 1 \\ 2 & 3 & 5 & 5 & 0 \\ 0 & 0 & 2 & 4 & 3 \\ 1 & 2 & 0 & 2 & 1 \\ 5 & 2 & 4 & 0 & 6 \end{bmatrix}
$$

注意,由于这时C_1每列均已含有零元素,故不必再对列进行简约化。

(2)用最少的直线覆盖C_1中的所有零元素:

$$
C_1 = \begin{bmatrix} 1 & 2 & 4 & 0 & 1 \\ 2 & 3 & 5 & 5 & 0 \\ 0 & 0 & 2 & 4 & 3 \\ 1 & 2 & 0 & 2 & 1 \\ 5 & 2 & 4 & 0 & 6 \end{bmatrix}
$$

此处覆盖所有零元的最少直线数 $m=4$,尚未达最优解。注意用 4 条直线覆盖零元的方案不是唯一的,比如说用直线划去第三行和第三、四、五列就是另一种覆盖方案。

(3)C_1 中未被直线覆盖的最小元素等于 1,将第一、二、五行各元素减 1,第四、五列各元素加 1,得新矩阵 C_2:

$$C_1 = \begin{bmatrix} 1 & 2 & 4 & 0 & 1 \\ 2 & 3 & 5 & 5 & 0 \\ 0 & 0 & 2 & 4 & 3 \\ 1 & 2 & 0 & 2 & 1 \\ 5 & 2 & 4 & 0 & 6 \end{bmatrix} \rightarrow C_2 = \begin{bmatrix} 0 & 1 & 3 & 0 & 1 \\ 1 & 2 & 4 & 5 & 0 \\ 0 & 0 & 2 & 5 & 4 \\ 1 & 2 & 0 & 3 & 2 \\ 4 & 1 & 3 & 0 & 6 \end{bmatrix}$$

(4)对 C_2,覆盖全部零元素的最少直线数为 $m=n=5$,已达最优解。

$$C_2 = \begin{bmatrix} 0 & 1 & 3 & 0 & 1 \\ 1 & 2 & 4 & 5 & 0 \\ 0 & 0 & 2 & 5 & 4 \\ 1 & 2 & 0 & 3 & 2 \\ 4 & 1 & 3 & 0 & 6 \end{bmatrix}$$

(5)为确定出位于不同行不同列的一组零元,首先从仅含一个零元素的行或列开始,逐步定出位于不同行不同列的零元素的位置。在本例中找零元的一种顺序用括号中的数字示出(本例中这种顺序不是唯一的)

$$\begin{bmatrix} 0^{(5)} & 1 & 3 & 0 & 1 \\ 1 & 2 & 4 & 5 & 0^{(1)} \\ 0 & 0^{(4)} & 2 & 5 & 4 \\ 1 & 2 & 0^{(2)} & 3 & 2 \\ 4 & 1 & 3 & 0^{(3)} & 6 \end{bmatrix} \xrightarrow{\text{回到原问题中}} \begin{bmatrix} 5^* & 6 & 8 & 4 & 5 \\ 3 & 4 & 6 & 6 & 1^* \\ 5 & 5^* & 7 & 9 & 8 \\ 6 & 7 & 5^* & 7 & 6 \\ 7 & 4 & 6 & 2^* & 8 \end{bmatrix}$$

相应的最优解为

$$x_{11} = x_{25} = x_{32} = x_{43} = x_{54} = 1, \text{其他 } x_{ij} = 0$$

最后回到原问题中,其最优目标函数值为 $5+1+5+5+2=18$;即让甲去干工作 A,乙去干工作 E,丙去干工作 B,丁去干工作 C,戊去干工作 D,这样可使消耗的总时间最少,最小总时间等于 18。

三、特殊指派问题

前面曾经提到,除极小化问题外,指派问题也可以是极大化问题。此外,并非被指派的每个成员什么工作都可以承担;工作数和能胜任工作的人数也未必相等。

对于一极大化指派问题

$$\max z = \sum_{i=1}^{n} \sum_{j=1}^{n} c_{ij} x_{ij}$$

$$\begin{cases} \sum_{i=1}^{n} x_{ij} = 1, j = 1, 2, \cdots, n \\ \sum_{j=1}^{n} x_{ij} = 1, i = 1, 2, \cdots, n \\ x_{ij} = 0 \ \text{或} \ 1 \end{cases} \qquad (5\text{-}6)$$

可令 $c'_{ij} = M - c_{ij}$，其中 M 是足够大的常数（如选 c_{ij} 中最大元素为 M 即可），显然 $c_{ij} \geqslant 0$，且极小化指派问题

$$\min z = \sum_{i=1}^{n} \sum_{j=1}^{n} c'_{ij} x_{ij}$$

$$\begin{cases} \sum_{i=1}^{n} x_{ij} = 1, j = 1, 2, \cdots, n \\ \sum_{j=1}^{n} x_{ij} = 1, i = 1, 2, \cdots, n \\ x_{ij} = 0 \ \text{或} \ 1 \end{cases} \qquad (5\text{-}7)$$

的最小组解就是极大化指派问题(5-3)的最大解。事实上

$$\sum_{i=1}^{n} \sum_{j=1}^{n} c'_{ij} x_{ij} = \sum_{i=1}^{n} \sum_{j=1}^{n} (M - c_{ij}) x_{ij}$$

$$= \sum_{i=1}^{n} \sum_{j=1}^{n} M_{ij} - \sum_{i=1}^{n} \sum_{j=1}^{n} c_{ij} x_{ij}$$

$$= M \sum_{i=1}^{n} \sum_{j=1}^{n} M x_{ij} - \sum_{i=1}^{n} \sum_{j=1}^{n} c_{ij} x_{ij}$$

$$= M \sum_{i=1}^{n} 1 - \sum_{i=1}^{n} \sum_{j=1}^{n} c_{ij} x_{ij}$$

$$= n \cdot M - \sum_{i=1}^{n} \sum_{j=1}^{n} c_{ij} x_{ij}$$

因 nM 为常数，故 $\sum_{i=1}^{n} \sum_{j=1}^{n} c'_{ij} x_{ij}$ 取最小时，$\sum_{i=1}^{n} \sum_{j=1}^{n} c_{ij} x_{ij}$ 便为最大。

这样，即把求解极大化指派问题(5-6)转化为求解极小化指派问题(5-7)，而所得最优解是一致的。

对于工作数 m 和能担任工作的人数 n 不相等的情形，可用下面的方式处理：

若 $m > n$，$m - n$ 个人，使工作数和人数相等。虚设人的价值系数为零，目标函数保持不变。

若 $m < n$，类似地虚设 $n - m$ 项工作，而使人数和工作数相等。由于工作是虚设的，其效率（或价值）为 0，目标函数仍然保持不变。

例 5.15 某设备工公司有 3 台设备可租给 A、B、C 和 D 四项工程使用，各设备用于各工程创造的利润如表 5.9 所示，问将哪一台设备租给哪一项工程，才能使创造的总利润最高？

表 5.9

设备＼工程	A	B	C	D
M_1	4	10	8	5
M_2	9	8	0	2
M_3	12	3	7	4

解： 如前面那样设 0-1 变量 $x_{ij}(i=1,2,3;j=1,2,3,4)$，其意义同前。现按以下步骤进行求解。

(1) 先把极大化问题变为极小化问题。方法是用某一足够大的常数(此处取表 5.9 中的最大元素 12)减去原价值系数矩阵的各元素，从而得一新的价值系数矩阵如下：

$$\begin{array}{c} \quad A\ B\ C\ D \\ \begin{array}{c} M_1 \\ M_2 \\ M_3 \end{array} \left[\begin{array}{cccc} 8 & 2 & 4 & 7 \\ 3 & 4 & 12 & 10 \\ 0 & 9 & 5 & 8 \end{array}\right] \end{array}$$

(2) 因设备台数比工程数少一个，故增加一虚拟设备 M_4，并把价值系数矩阵改为

$$\begin{array}{c} \quad A\ B\ C\ D \\ \begin{array}{c} M_1 \\ M_2 \\ M_3 \\ M_4 \end{array} \left[\begin{array}{cccc} 8 & 2 & 4 & 7 \\ 3 & 4 & 12 & 10 \\ 0 & 9 & 5 & 8 \\ 0 & 0 & 0 & 0 \end{array}\right] \end{array}$$

(3) 用匈牙利法求解得到的这个指派问题：

$$\left[\begin{array}{cccc} 8 & 2 & 4 & 7 \\ 3 & 4 & 12 & 10 \\ 0 & 9 & 5 & 8 \\ 0 & 0 & 0 & 0 \end{array}\right] \begin{array}{c} -2 \\ -3 \\ \end{array} \rightarrow \left[\begin{array}{cccc} 6 & 0 & 2 & 5 \\ 0 & 1 & 9 & 7 \\ 0 & 9 & 5 & 8 \\ 0 & 0 & 0 & 0 \end{array}\right] \begin{array}{c} -1 \\ -1 \\ \end{array}$$

$$\rightarrow \left[\begin{array}{cccc} 7 & 0 & 2 & 5 \\ 0 & 0 & 8 & 6 \\ 0 & 8 & 4 & 7 \\ 1 & 0 & 0 & 0 \end{array}\right] \begin{array}{c} \\ \\ \\ +2 \end{array} \rightarrow \left[\begin{array}{cccc} 7 & 0 & 0^* & 3 \\ 0 & 0^* & 6 & 4 \\ 0^* & 8 & 2 & 5 \\ 3 & 2 & 0 & 0^* \end{array}\right]$$

从而得最优解如下：

$$x_{13}=x_{22}=x_{31}=x_{44}=1,\text{其他 } x_{ij}=0$$

(4) 返回原问题，可知指派方案为：

M_1 用于工程 C；M_2 用于工程 B；M_3 用于工程 A 不给工程 D 提供设备。其问题的目标函

数值,即创造的最高利润等于

$$12+8+8=28$$

主要概念及内容

整数规划	(interger programming)
分枝定界法	(branch and bound method)
割平面法	(cutting plane method)
匈牙利法	(hungarian method)
0-1 规划	(0-1 programming)
指派问题	(assignment problem)

复习思考题

1. 试述研究整数规划的意义,并分别举出一个纯整数规划、混合整数规划和 0-1 规划的例子。

2. 有人提出,求解整数规划时可先不考虑变量的整数约束,而求解其相应的线性规划问题,然后对求解结果中为非整数的变量凑整。试问这种方法是否可行,为什么?

3. 试述用分枝定界法求解问题的主要思想及主要步骤,并说明这种方法的优缺点。

4. 除教材中列举的例子外,你认为引进 0-1 变量对建立实际数学模型还有哪些作用?试举例说明。

5. 什么是隐枚举法?为什么说分枝定界法也是一种隐枚举法?

6. 判断下列说法是否正确。

(1) 整数规划解的目标函数值一般优于其相应的线性规划问题的解的目标函数值;

(2) 用分枝定界法求解一个极大化的整数规划问题,任何一个可行解的目标函数值是该问题目标函数值的下界;

(3) 用分枝定界法求解一个极大化的整数规划问题,当得到多于一个可行解时,通常可任取其中一个作为下界值,再进行比较剪枝。

习题

1. 某工厂生产甲、乙两种设备,已知生产这两种设备需要消耗材料 A、材料 B,有关数据如表 5.10 所示,问这两种设备各生产多少使工厂利润最大?(只建模不求解)

表 5.10

材料 \ 设备	甲	乙	资源限量
材料 A/kg	2	3	14
材料 B/kg	1	0.5	4.5
利润/(元/件)	3	2	

2. 请用隐枚举法求解整数规划问题。

$$\max z = 4x_1 + 3x_2 + 2x_3$$

$$\text{s.t.} \begin{cases} 2x_1 - 5x_2 + 3x_3 \leqslant 4 \\ 4x_1 + x_2 + 3x_3 \geqslant 3 \\ x_2 + x_3 \geqslant 1 \\ x_1, x_2, x_3 = 0 \text{ 或 } 1 \end{cases}$$

3. 某公司拟在市东、西、南三区中建立门市部，有 7 个点 $A_i(i=1,2,\cdots,7)$ 可供选择，要求满足以下条件：

(1) 在东区，在 A_1, A_2, A_3 三个点中至多选两个；

(2) 在西区，A_4, A_5 两个点中至少选一个；

(3) 在南区，A_6, A_7 两个点为互斥点；

(4) 选 A_2 点必选 A_5 点。

若 A_i 点投资为 b_i 万元，每年可获利润为 c_i 万元，投资总额为 B 万元，试建立利润最大化的 0-1 规划模型。

4. 某城市消防队布点问题。该城市共有 6 个区，每个区都可以建消防站，市政府希望设置的消防站最少，但必须满足在城市任何地区发生火警时，消防车要在 15 min 内赶到现场。据实地测定，各区之间消防车行驶的时间见表 5.11，请帮助该市制定一个布点最少的计划。

表 5.11
min

	地区 1	地区 2	地区 3	地区 4	地区 5	地区 6
地区 1	0	10	16	28	27	20
地区 2	10	0	24	32	17	10
地区 3	16	24	0	12	27	21
地区 4	28	32	12	0	15	25
地区 5	27	17	27	15	0	14
地区 6	20	10	21	25	14	0

5. 一个登山队员，他需要携带的物品有：食品、氧气、冰镐、绳索、帐篷、照相器材、通信器材等，每种物品的重量及重要性系数如表 5.12 所示，能携带的最大重量为 25 kg，试选择该队员所应携带的物品。

表 5.12

序号	1	2	3	4	5	6	7
物品	食品	氧气	冰镐	绳索	帐篷	照相器材	通信设备
重量/kg	5	5	2	5	10	2	3
重要性系数	20	15	16	14	8	14	9

6. 求解下列最小值的指派问题，其中第 (2) 题某人要作两项工作，其余 3 人每人做一项工作。

(1) $C = \begin{bmatrix} 12 & 6 & 9 & 15 \\ 20 & 12 & 18 & 26 \\ 35 & 18 & 10 & 25 \\ 6 & 10 & 15 & 20 \end{bmatrix}$ (2) $C = \begin{bmatrix} 26 & 38 & 41 & 52 & 27 \\ 25 & 33 & 44 & 59 & 21 \\ 20 & 30 & 47 & 56 & 25 \\ 22 & 31 & 45 & 53 & 20 \end{bmatrix}$

7. 求解下列最大值的指派问题:

(1) $C = \begin{bmatrix} 10 & 9 & 6 & 17 \\ 15 & 14 & 10 & 20 \\ 18 & 13 & 13 & 19 \\ 16 & 8 & 12 & 26 \end{bmatrix}$ (2) $C = \begin{bmatrix} 9 & 6 & 5 & 10 \\ 4 & - & 8 & 5 \\ 7 & 10 & 9 & 12 \\ 6 & 15 & 7 & 16 \\ 9 & 8 & 6 & 8 \end{bmatrix}$

8. 学校举行游泳、自行车、长跑和登山 4 项接力赛,已知 5 名运动员完成各项目的成绩(min)如表 5.13 所示。如何从中选拔一个接力队,使预期的比赛成绩最好。

表 5.13　　　　　　　　　　　　　　　　　　　　min

人员	游泳	自行车	长跑	登山
甲	20	43	33	29
乙	15	33	28	26
丙	18	42	38	29
丁	19	44	32	27
戊	17	34	30	28

第六章 目标规划

【本章导读】

前面学习的线性规划问题是讨论一个给定的线性目标函数在一组线性约束条件下的最大值或最小值问题。对于实际问题,管理科学者根据管理层决策目标的要求,首先确定一个目标函数以衡量不同决策的优劣,且根据实际问题中的资源、资金和环境等因素对决策的限制提出相应的约束条件以建立线性规划模型;然后用计算机软件求出最优方案并作灵敏度分析以供管理层决策之用。而在实际中往往存在一些问题,其决策目标不止一个,且模型中有可能存在一些互相矛盾的约束条件的情况,用已有的线性规划的理论和方法无法解决这些问题。目标规划(goal programming,简记为 GP)是在线性规划基础上发展起来的一个运筹学分支。早在 1952 年,美国学者 Charnes 就提出了目标规划问题。1961 年,Charnes 和 Cooper 在《Management Models and Industrial Applications of Linear Programming》给出了求解线性多目标决策模型的方法。此后,运筹学者们在关于目标规划的基本概念、数学模型和计算方法等方面做了大量工作,取得了许多应用成果。

本章先通过几个例子引出目标规划问题,然后着重介绍目标规划基本概念和数学模型。然后介绍目标规划的相关应用和求解方法,目的是让同学们体会目标规划与线性规划的区别与联系。

第一节 目标规划问题的提出

线性规划可以解决许多线性系统的最优化问题,通常优化问题如线性规划,整数规划和非线性规划等都只有一个目标函数,而在实际问题中,决策者可能面临多个目标,并且在 LP 的可行域中可能没有满足所有目标的点。如设计一个新产品的工艺过程,不仅希望获利大,而且希望产量高,消耗低,质量好,投入少等。而这些目标之间通常是矛盾的。所以这类多目标问题比单目标问题要复杂得多,称为目标规划问题。

一、目标规划问题举例

1. 企业生产

不同企业的生产目标是不同的。多数企业追求最大的经济效益。但随着环境问题的日益突出,可持续发展已经成为全社会所必须考虑的问题。因此,企业生产就不能再像以前那样只考虑企业利润,必须承担起社会责任,要考虑环境污染、社会效益、公众形象等多个方面。兼顾好这几者关系,社会才可能保持长期的发展。

2. 商务活动

企业在进行盈亏平衡预算时,不能只集中一种产品上,因为某一种产品的投入和产出仅仅是企业所有投入和产出的一部分。因此,需要用多产品的盈亏分析来解决具有多个盈亏平衡点的决策问题。

3. 投资

企业投资是不仅仅要考虑收益率，还要考虑风险。通常，风险大的投资其收益率更高。因此，企业管理者只有在对收益率和风险承受水平有明确的期望值时，才能得到满意的决策。

4. 裁员

同样，企业裁员时要考虑很多可能彼此矛盾的因素。裁员的首要目的是压缩人员开支，但在人人自危的同时员工的忠诚度就很难保证，此外，员工的心理压力、工作压力等都会增加，这可能会产生负面影响。

5. 营销

营销方案的策划和执行存在多个目标。既希望能找到立竿见影的效果，又希望营销的成本控制在某一个范围内。此外，营销活动的深入程度也决定了营销效果的好坏和持续时间。

线性规划研究的是一个线性目标函数，在一组线性约束条件下的最优问题。而实际问题中，往往需要考虑多个目标的决策问题，这些目标可能没有统一的度量单位，因此很难进行比较；甚至各个目标之间可能互相矛盾。目标规划能够兼顾地处理多种目标的关系，求得更切合实际的解。

二、目标规划的优点

线性规划的约束条件不能互相矛盾，否则线性规划无可行解。而实际问题中往往存在一些相互矛盾的约束条件，目标规划所要讨论的问题就是如何在这些相互矛盾的约束条件下，找到一个满意解。

线性规划的约束条件是同等重要，不分主次的，是全部要满足的"硬约束"。而实际问题中，多个目标和多个约束条件不一定是同等重要的，而是有轻重缓急和主次之分的，目标规划的任务就是如何根据实际情况确定模型和求解，使其更符合实际需要。

目标规划在实践中的应用十分广泛，它对各个目标分级加权与逐级优化的思想更符合人们处理问题要分别轻重缓急保证重点的思考方式。

目标规划与线性规划相比，具有以下优点：

(1)线性规则只讨论一个线性目标函数在一组线性约束条件下的极值问题。实际问题中，往往要考虑多个目标的决策问题，这些目标可能互相矛盾，也可能没有统一的度量单位，很难比较。目标规划就能够兼顾地处理多种目标的关系，求得更切合实际的解。

(2)线性规划是在满足所有约束条件的可行解中求得最优解。而在实际问题中往往存在一些相互矛盾的约束条件，如何在这些相互矛盾的约束条件下，找到一个满意解就是目标规划所要讨论的问题。

(3)线性规划问题中的约束条件是不分主次、同等对待的，是一律要满足的"硬约束"。而在实际问题中，多个目标和多个约束条件不一定是同等重要的，而是有轻重缓急和主次之分的，如何根据实际情况确定模型和求解，使其更符合实际是目标规划的任务。

(4)线性规划的最优解可以说是绝对意义下的最优，为求得这个最优解，往往要花去大量的人力、物力和财力。而在实际问题中，却并不一定需要去找这种最优解。目标规划所求的满意解是指尽可能地达到或接近一个或几个已给定的指标值,这种满意解更能够满足实际的需要。

因此可以认为,目标规划更能够确切描述和解决经济管理中的许多实际问题。目前目标规划的理论和方法已经在经济计划、生产管理、经营管理、市场分析、财务管理等方面得到广泛的应用。

下面通过几个例子来说明在实际应用中线性规划存在一系列的局限性。

例 6.1　（单目标举例）某厂生产 A、B 两种产品每件所需的劳动力分别为 4 个人工和 6 个人工,所需设备的单位台时均为 1。已知该厂有 10 个单位机器台时提供制造这两种产品,并且至少能提供 70 个人工。A、B 产品的利润,每件分别为 300 元和 500 元(表 6.1)。试问:该厂各应生产多少件 A、B 产品,才能使其利润值最大?

表 6.1

产品	A	B	限量
人工	4	6	70
设备工时/(h/件)	1	1	10
利润/(元/件)	300	500	

解:设该厂生产 A、B 产品的数量分别为 x_1,x_2 件,则有

$$\max z = 300x_1 + 500x_2$$

$$\text{s. t.} \begin{cases} x_1 + x_2 \leqslant 10 \\ 4x_1 + 6x_2 \geqslant 70 \\ x_j \geqslant 0, j = 1, 2 \end{cases}$$

运用图解法进行求解如下:

由图 6.1 可知,满足约束条件的可行域不存在,即可行解集为 $\varnothing$,这是由于机器设备台时约束和人工资源约束之间建模产生矛盾造成的,因而该问题无解。但在实际生产中,该厂要增加利润,A、B 两种产品的产量不可能为零,而按照线性规划模型求解方法无法为其找到一个合适的生产计划。

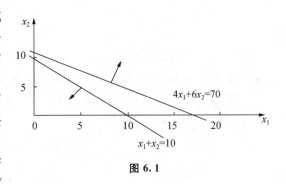

图 6.1

例 6.2　(多目标举例)某厂根据生产需要采购 A、B 两种原材料,单价分别为 70 元/kg 和 50 元/kg。现要求购买原材料的资金成本不超过 5 000 元,总购买量不少于 80 kg,而 A 原材料不少于 20 kg。问如何确定最经济的采购方案(即花掉的资金最少,购买的总量最大)?

解:这是一个含有两个目标的数学规划问题。设 x_1,x_2 分别为购买两种原材料的数量,$f_1(x_1,x_2)$ 为花掉的资金,$f_2(x_1,x_2)$ 为购买的总量。建立该问题的数学模型形式如下:

$$\min f_1(x_1,x_2) = 70x_1 + 50x_2$$

$$\max f_2(x_1, x_2) = x_1 + x_2$$

$$\text{s. t.} \begin{cases} 70x_1 + 50x_2 \leqslant 5\ 000 \\ x_1 + x_2 \geqslant 80 \\ x_1 \geqslant 20 \\ x_1, x_2 \geqslant 0 \end{cases}$$

对于这样的多目标问题,线性规划很难为其找到最优方案。极可能的结果是,第一个方案使第一目标的结果值优于第二方案,同时第二方案使第二目标的结果值优于第一方案。也就是说很难找到一个最优方案,使两个目标的函数值同时达到最优。另外,对于多目标问题,还存在有多个目标存在有不同重要程度的因素,而这也是线性规划所无法解决的。

例 6.3 某工厂计划在生产周期内生产 A、B 两种产品。已知单位产品所需资源数、现有资源可用量及每件产品可获得的利润如表 6.2 所示,试制订出利润最大的生产计划。

表 6.2

单位产品所需资源数量 / 资源	A	B	资源可用量
原料 P_1	2	3	24
设备台时 P_2	3	2	26
单位产品的利润	4	3	

解:这是前面已经讨论论过的线性规划问题,其数学模型为:

$$\max z = 4x_1 + 3x_2$$

$$\text{s. t.} \begin{cases} 2x_1 + 3x_2 \leqslant 24 \\ 3x_1 + 2x_2 \leqslant 26 \\ x_1, x_2 \geqslant 0 \end{cases}$$

实际上,生产决策者可能需要根据市场等一系列其他因素,认为:

(1)根据市场预测,产品 A 的销路不是太好,应尽可能少生产;

(2)产品 B 的销路较好,应尽可能多生产。

这样建立的数学模型为:

$$\max z_1 = 4x_1 + 3x_2$$

$$\min z_2 = x_1$$

$$\max z_3 = x_2$$

$$\text{s. t.} \begin{cases} 2x_1 + 3x_2 \leqslant 24 \\ 3x_1 + 2x_2 \leqslant 26 \\ x_1, x_2 \geqslant 0 \end{cases}$$

这是一个多目标规划问题,用线性规划方法很难找到最优解。生产决策者还可能需要考虑,提出:

(3)应尽可能充分利用设备台时,但不希望加班;

(4)应尽可能达到并超过计划利润 30。

请同学们思考下面的例 6.4，看能否依据题意建立起相应的目标规划模型。

例 6.4 （对例 6.1 的数据作修改）某工厂生产 A、B 两种产品，受到原材料和设备工时的限制。在单件利润等有关数据已知的条件下，要求制订一个获利最大的生产计划，具体数据见表 6.3：

表 6.3

产品	A	B	限量
原材料/(kg/件)	5	10	60
设备工时/(h/件)	4	4	40
利润/(元/件)	6	8	

解：设该厂每周安排生产 A、B 两种产品的数量量分别为 x_1，x_2 件，则有

$$\max z = 6x_1 + 8x_2$$
$$\begin{cases} 5x_1 + 10x_2 \leqslant 60 \\ 4x_1 + 4x_2 \leqslant 40 \\ x_1 \geqslant 0, x_2 \geqslant 0 \end{cases}$$

解得 $x^* = (8, 2)$，$z^* = 64$

对于该题现在要考虑如下问题：

(1)由于产品 B 销售疲软，故希望产品 B 的产量不超过产品 A 的 1/2；

(2)原材料短缺，生产中避免过量消耗；

(3)最好能节约 4 h 设备工时；

(4)计划利润不少于 48 元；

要求制订一个获利最大的生产计划，达到如下目标：

(1)原材料限额不得突破；

(2)产品乙产量必须优先考虑，设备工时问题其次考虑；

最后考虑计划利润的问题。

基于本节以上的讨论，在线性规划的基础上，建立了一种新的数学规划方法——目标规划法，用于弥补线性规划的上述局限性。总之，目标规划和线性规划的不同之处可以从以下几点反映出来：

(1)线性规划只能处理一个目标，而现实问题往往存在多个目标。目标规划能统筹兼顾地处理多个目标的关系，求得切合实际需求的解。

(2)线性规划是求满足所有约束条件的最优解。而在实际问题中，可能存在相互矛盾的约束条件而导致无可行解，但此时生产还得继续进行。即使存在可行解，实际问题中也未必一定需要求出最优解。目标规划是要找一个满意解，即使在相互矛盾的约束条件下也找到尽量满足约束的满意解，即满意方案。

(3)线性规划的约束条件是不分主次地等同对待，这也并不都符合实际情况。而目标规划可根据实际需要给予轻重缓急的考虑。

第二节　目标规划的基本概念与数学模型

一、基本概念

本节学习与目标规划有关的基本概念。

1. 理想值（期望值）

目标规划是解决多目标规划问题的，而决策者事先对每个目标都有个期望值——理想值。

2. 偏差变量

对于例6.1，造成无解的关键在于约束条件太死板。设想把约束条件"放松"，比如占用的原材料可以少于70人的话，机时约束和人工约束就可以不再发生矛盾。在此基础上，引入了正负偏差的概念，来表示决策值与目标值之间的差异。

d_i^+——正偏差变量，表示决策值超出目标值的部分，目标规划里规定 $d_i^+ \geqslant 0$；

d_i^-——负偏差变量，表示决策值未达到目标值的部分，目标规划里规定 $d_i^- \geqslant 0$。

实际操作中，当目标值（也就是计划的利润值）确定时，所作的决策可能出现以下三种情况之一：

(1)决策值超过了目标值（即完成或超额完成计划利润值），表示为 $d_i^+ > 0, d_i^- = 0$；

(2)决策值未达到目标值（即未完成计划利润值），表示为 $d_i^+ = 0, d_i^- > 0$；

(3)决策值恰好等于目标值（即恰好完成计划利润指标），表示为 $d_i^+ = 0, d_i^- = 0$。

以上三种情况，无论哪种情况发生，均有 $d_i^+ \cdot d_i^- = 0$。

3. 绝对约束与目标约束

绝对约束是指必须严格满足的等式或不等式约束，如线性规划问题中所有约束条件都是绝对约束。绝对约束是硬约束，对它的满足与否，决定了解的可行性。如在例6.3中，如果原有的两个约束条件不作任何处理而予以保留，则它们是绝对约束。

目标约束是目标规划特有的概念，是一种软约束，目标约束中决策值和目标值之间的差异用偏差变量表示。当确定了目标值，进行决策时，允许与目标值存在正或负的偏差。因而目标约束中加入了正、负偏差变量。

对于绝对约束，把约束左端表达式看作一个目标函数，把约束右端项看作要求的目标值。在引入正、负偏差变量后，可以将目标函数加上负偏差变量 d^-，减去正偏差变量 d^+，使其等于目标值，这样形成一个新的函数方程。把它作为一个新的约束条件，加入到原问题中去，称这种新的约束条件为目标约束。

在本节的例6.3中，目标函数 $z_1 = 4x_1 + 3x_2$，如果计划实现的利润指标是30，引入偏差变量 d^+ 和 d^-，可转换为目标约束 $4x_1 + 3x_2 + d^- - d^+ = 30$。对于绝对约束 $2x_1 + 3x_2 \leqslant 24$，引入偏差变量 d_i^+ 和 d_i^-，可转换为目标约束 $2x_1 + 3x_2 + d_i^- - d_i^+ = 24$。

如，例6.1中假定该企业计划利润值为5 000元，那么对于目标函数

$$\max z = 300x_1 + 500x_2$$

可变换为

$$300x_1 + 500x_2 + d_i^- - d_i^+ = 5\ 000$$

该式表示决策值与目标值 5 000 之间可能存在正或负的偏差。

绝对约束也可根据问题的需要变换为目标约束。此时将约束右端项看作所追求的目标值。例如 6.1 中绝对约束 $x_1 + x_2 \leqslant 10$，可变换为目标约束 $x_1 + x_2 + d_i^- - d_i^+ = 10$。

4. 目标规划的目标函数

目标规划的目标函数是根据各目标约束的正负偏差变量和赋予它们的优先因子及权系数来构造的。决策者的要求是希望得到的结果与规定的目标值之间的偏差愈小愈好，由此可根据要求构造一个使总偏差量为最小的目标函数，这种函数称为达成函数（achievement functions），记为

$$\min z = f(d_i^-, d_i^+)$$

即达成函数是正、负偏差变量的函数。

一般来说，可能提出的要求只能是以下三种情况之一，对应每种要求，可分别构造达成函数：

（1）要求恰好达到目标值，即正、负偏差变量都尽可能地小。此时目标函数为：

$$\min z = d_i^+ + d_i^- \text{ 或 } \min\{f(d_i^+ + d_i^-)\}$$

（2）要求不超过目标值，即允许达不到目标值，正偏差变量尽可能地小。此时目标函数为：

$$\min z = d_i^+ \text{ 或 } \min\{f(d_i^+)\}$$

（3）要求超过目标值，即超过量不限，负偏差变量尽可能地小。此时目标函数为：

$$\min z = d_i^- \text{ 或 } \min\{f(d_i^-)\}$$

5. 优先因子与权系数

在一个多目标决策问题中，要找出使所有目标都达到最优的解是很不容易的；在有些情况下，这样的解根本不存在（当这些目标是互相矛盾时）。实际做法是：决策者将这些目标分出主次，或根据这些目标的轻重缓急不同，区别对待，也就是说，将这些目标按其重要程度排序，并用优先因子 $P_k(k=1,2,\cdots,K)$ 来标记，即要求第一位达到的目标赋予优先因子 P_1，要求第二位达到的目标赋予优先因子 P_2，…，要求第 K 位达到的目标赋予优先因子 P_K，并规定

$$P_1 \gg P_2 \gg \cdots \gg P_K$$

符号"$\gg$"表示"远大于"；$P_K \gg P_{K+1}$ 表示 P_K 与 P_{K+1} 不是同一级别的量，即 P_K 比 P_{K+1} 有更大的优先权。这些目标优先等级因子也可以理解为一种特殊的系数，可以量化，但必须满足

$$P_k > M P_{K+1}(k=1,2,\cdots,K-1)$$

其中 $M > 0$ 是一个充分大的数。

决策者可以根据各自目标对本部门经营管理的不同重要程度，给每个目标赋予相应的优先因子 $P_k(k=1,2,\cdots,K)$。各目标应赋予何级优先因子，可采用民主评议或专家评定等方法来确定。同一目标在不同的情况下可能赋予不同的优先因子；不同的目标，若它们的重要程度彼此不相上下，也可以赋予同一优先因子。决策时，首先要保证 P_1 级目标的实现，这时可以

不考虑 P_2 级目标;而 P_2 级目标是在实现 P_1 级目标的基础上考虑的,或者说是在不破坏 P_1 级目标的基础上再考虑 P_2 级目标;…;依此类推。总之,是在不破坏上一级目标的前提下,再考虑下一级目标的实现。

在同一优先级别中,可能包含有两个或多个目标,它们的正负偏差变量的重要程度还可以有差别,这时还可以给处于同一优先级别的目标赋予不同的权系数 w_j,这些都由决策者按具体情况而定。

6. 满意解

目标规划问题的求解是分级进行的,首先要求满足 P_1 级目标的解;然后再保证 P_1 级目标不被破坏的前提下,再要求满足 P_2 级目标的解;…依此类推。总之,是在不破坏上一级目标的前提下,实现下一级目标的最优。因此,最后求出的解就不是通常意义下的最优解,称之为"满意解"。

以上介绍的几个基本概念,实际上就是建立目标规划模型时必须分析的几个要素,把这些要素分析清楚了,目标规划的模型也就建立起来了。请看下面的例子。

例 6.5 在本节例 6.3 中,若提出下列要求:

(1)第 1 级目标:产品 B 产量不低于产品 A 的产量;

(2)第 2 级目标:充分利用设备台时,但不加班;

(3)第 3 级目标:利润不小于 30。

试建立目标规划模型。

解:正偏差变量 d_1^+ 表示产品 A 的产量 x_1 高出产品 B 的产量 x_2 时的超过部分,负偏差量 d_1^- 表示 x_1 低于 x_2 时的不足部分,因此第 1 级目标函数 $\min z = d_1^+$。

正偏差变量 d_2^+ 表示设备台时实际使用量 $3x_1+2x_2$ 超过 26 台时的超过部分,负偏差量 d_2^- 表示实际使用量低于 26 时的不足部分,因此第 2 级目标函数 $\min z = d_2^+ + d_2^-$。

正偏差变量 d_3^+ 表示利润实现值 $4x_1+3x_2$ 高出 30 时的超过部分,负偏差量 d_3^- 表示利润实现值低于 30 时的不足部分,因此第 3 级目标函数 $\min z = d_3^-$。

分别赋予三个目标优先因子 P_1、P_2、P_3,问题的数学模型为:

$$\min z = P_1 d_1^+ + P_2(d_2^+ + d_2^-) + P_3 d_3^-$$

$$\text{s.t.} \begin{cases} 2x_1 + 3x_2 & \leq 24 \\ x_1 - x_2 + d_1^- - d_1^+ = 0 \\ 3x_1 + 2x_2 + d_2^- - d_2^+ = 26 \\ 4x_1 + 3x_2 + d_3^- - d_3^+ = 30 \\ x_1, x_2, d_j^-, d_j^+ \geq 0, j=1,2,3 \end{cases}$$

在该模型的约束条件中,第一个不等式约束为绝对约束,其后三个约束条件为目标约束。目标函数中各级目标之间均用加号连接。

二、目标规划的数学模型

综上所述,目标规划的数学模型由目标函数、目标约束、绝对约束以及变量非负约束等几部分构成。目标规划的一般数学模型为:

目标函数 $\qquad \min z = \sum_{l=1}^{L} P_l (\sum_{k=1}^{K} w_{lk}^- d_k^- + w_{lk}^+ d_k^+)$

目标约束 $\qquad \sum_{j=1}^{n} c_{kj} x_j + d_k^- - d_k^+ = g_k, (k=1,2,\cdots,K)$

绝对约束 $\qquad \sum_{j=1}^{n} a_{ij} x_j \leqslant (=,\geqslant) b_i, (i=1,2,\cdots,m)$

非负约束 $\qquad x_j \geqslant 0, \quad (j=1,2,\cdots,n)$

$\qquad\qquad\qquad d_k^-, d_k^+ \geqslant 0, (k=1,2,\cdots,K)$

例 6.6 某纺织厂生产 A、B 两种布料,平均生产能力均为 1 km/h,工厂正常生产能力是 80 h/周。又 A 布料每千米获利 2 500 元,B 布料每千米获利 1 500 元。已知 A、B 两种布料每周的市场需求量分别是 70 km 和 45 km。现该厂确定一周内的目标为:

第一优先级:避免生产开工不足;

第二优先级:加班时间不超过 10 h;

第三优先级:根据市场需求达到最大销售量;

第四优先级:尽可能减少加班时间。

试求该问题的最优方案。

解:设 x_1, x_2 分别为生产 A、B 布料的小时数。对于第三优先级目标,根据 A、B 布料利润的比值 2 500：1 500＝5：3,取二者达到最大销量的权系数分别为 5 和 3。该问题的目标规划模型为:

$$\min z = M_1 d_1^- + M_2 d_2^+ + M_3 (5 d_3^- + 3 d_4^-) + M_4 d_1^+$$

$$\text{s. t.} \begin{cases} x_1 + x_2 + d_1^- - d_1^+ = 80 \\ x_1 + x_2 + d_2^- - d_2^+ = 90 \\ x_1 + d_3^- - d_3^+ = 70 \\ x_2 + d_4^- - d_4^+ = 45 \\ x_1, x_2, d_i^-, d_i^+ \geqslant 0 \qquad i=1,\cdots,4 \end{cases}$$

例 6.7 在例 6.1 中,假定目标利润不少于 15 000 元,为第一目标;占用的人力可以少于 70 人,为第二目标。求决策方案。

解:按决策者的要求分别赋予两个优先级因子 P_1, P_2。列出模型如下:

$$\min z = P_1 d_1^- + P_2 d_2^+$$

$$\text{s. t.} \begin{cases} 300 x_1 + 500 x_2 + d_1^- - d_1^+ = 15\,000 \\ 4 x_1 + 6 x_2 + d_2^- - d_2^+ = 70 \\ x_1 + x_2 \leqslant 10 \\ x_1, x_2, d_i^-, d_i^+ \geqslant 0 \qquad i=1,2,3 \end{cases}$$

综上所述,目标规划建立模型的步骤为:

第一步,根据问题所提出的各目标与条件,确定目标值,列出目标约束与绝对约束;

第二步,根据决策者的需要将某些或全部绝对约束转换为目标约束,方法是绝对约束的左式加上负偏差变量和减去正偏差变量;

第三步,给各级目标赋予相应的优先因子 $P_k(k=1,2,\cdots,K)$,P_k 为无穷大的正数,且

$$P_1 \geqslant P_2 \geqslant \cdots \geqslant P_K;$$

第四步,对同一优先级的各目标,再按其重要程度不同,赋予相应的权系数 ω_{kl};

第五步,根据决策者的要求,将各级目标按三种情况取值:

①恰好达到目标值,取 $\min(d_i^+ + d_i^-)$;

②允许超过目标值,取 $\min(d_i^-)$;

③不允许超过目标值,取 $\min(d_i^+)$。

然后构造一个由惩罚系数、权系数和偏差变量组成的、要求实现极小化的目标函数。

第三节　目标规划的求解

一、图解法

对于只含有两个决策变量的目标规划数学模型,可以使用简单直观的图解法求解,其求解过程与线性规划图解法类似。先在平面直角坐标系第一象限内作出各约束等式或不等式的直线,接着由绝对约束确定可行域,最后由目标约束和目标函数确定最优解或满意解。值得注意的是,求解过程中,始终把绝对约束作最高级别考虑。图解法操作简便,原理一目了然,有助于理解一般目标规划问题的求解原理和过程。

图解法解题的步骤为:

(1)在平面上画出所有约束条件:绝对约束条件的作图与线性规划相同;对于目标约束,先令正负偏差变量为 0,画出目标约束所代表的边界线,然后在该直线上,用箭头标出正、负偏差变量值增大的方向(正、负偏差变量增大的方向相反);

(2)在可行解的区域内,求满足最高优先等级目标的解;

(3)转到下一个优先等级的目标,在不破坏所有较高优先等级目标的前提下,求出该优先等级目标的解;

(4)重复(3),直到所有优先等级的目标都已审查完毕,确定最优解或满意解。

下面通过例子来说明目标规划图解法的原理和步骤。

例 6.8　对于一个生产计划的线性规划问题:

$$\max z = x_1 + x_2$$
$$\text{s. t.} \begin{cases} 10x_1 + 15x_2 \leqslant 40 \\ \qquad\quad x_2 \geqslant 7 \\ x_1, x_2 \geqslant 0 \end{cases}$$

其中,x_1、x_2 表示 A、B 两种产品的周产量,$10x_1 + 15x_2 \leqslant 40$ 表示周工时为 40 的约束,每件产品的利润均为 1 个单位(如 1 000 元),目标函数表示周总利润。容易看出,该线性规划问题没有可行解。

现生产决策者考虑以下的目标及优先等级：

(1)第 1 级目标：避免加班时间；

(2)第 2 级目标：每周利润不小于 10；

(3)第 3 级目标：产品 B 的产量不小于 7。

试建立目标规划模型，并用图解法求解。

解：引入偏差变量，并给各个目标赋予相应的优先因子 $P_k(k=1,2,3)$，建立目标规划模型

$$\min z = P_1 d_1^+ + P_2 d_2^- + P_3 d_3^-$$

$$\text{s. t.}\begin{cases}10x_1 + 15x_2 + d_1^- - d_1^+ = 40 \\ x_1 + x_2 + d_2^- - d_2^+ = 10 \\ x_2 + d_3^- - d_3^+ = 7 \\ x_1, x_2, d_j^+, d_j^- \geqslant 0, j = 1,2,3\end{cases}$$

首先暂不考虑每个约束方程中的正、负偏差变量，将上述每一个约束条件用一条直线在直角坐标系中表示出来，再用两个箭头分别表示上述目标约束中的正、负偏差变量。如图 6.2 所示。

接着先考虑具有最高优先等级的目标 $P_1 d_1^+$，即 $\min d_1^+$。为了实现这个目标，必须 $d_1^+ = 0$。从图 6.2 可以看出，凡落在图中阴影区域的点都能满足 $d_1^+ = 0$ 和 $x_1, x_2 \geqslant 0$。

其次考虑第二优先等级目标 $P_2 d_2^-$。为了满足第二优先等级目标，必须使 d_2^- 最小。从图 6.2 可以看出，d_2^- 不可能等于 0。因为如果 d_2^- 等于 0，就会影响第一优先等级目标的解。在不影响第一优先等级目标的前提下，d_2^- 的极小值在图中 A 点达到。此时 $x_1 = 4$，$x_2 = 0$。

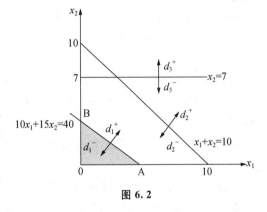

图 6.2

再来考虑第三优先等级目标 $P_3 d_3^-$。从图 6.2 可以看出，d_3^- 的任何微小变化都会改变前面已经求出的解，即会影响到较高优先等级的目标。

因此，最终的满意解是 $x_1 = 4$，$x_2 = 0$。此时 $d_1^+ = 0$，$d_2^- = 6$，$d_3^- = 7$，这表明最高优先等级的目标已经完全达到，而第二优先等级和第三优先等级目标都没有达到。所以得到的是满意解而不是最优解。

在上述例子中，求得的结果对于线性规划问题而言是非可行解，而这正是目标规划模型与线性规划模型在求解思想上的差别，即：

(1)目标规划对各个目标分级加权与逐级优化，立足于求满意解。这种思想更符合人们处理问题要分轻重缓急保证重点的思考方式。

(2)任何目标规划问题都可以找到满意解。

(3)目标规划模型的满意解虽然可能是非可行解，但它却有助于了解问题的薄弱环节以便有的放矢地改进工作。

运用图解法解线性目标规划问题，可能遇到两种情况：

(1)最后一级目标的解空间非空。这时得到的解满足所有目标的要求。当解不唯一时，可

以根据实际条件选择一个。

（2）得到的解不能满足所有目标。这时要做的是寻找满意解,使它尽可能满足高级别的目标。同时使它对那些不能满足的较低目标的偏离程度尽可能地小。

例 6.9 用图解法求解目标规划问题

$$\min z = M_1(d_1^- + d_1^+) + M_2 d_2^- + M_3 d_3^+$$

$$\text{s. t.} \begin{cases} x_1 - x_2 + d_1^- - d_1^+ = 0 \\ 3x_1 + 5x_2 + d_2^- - d_2^+ = 15 \\ 4x_1 + 3x_2 + d_3^- - d_3^+ = 24 \\ x_1 + x_2 \leqslant 7 \\ x_1, x_2, d_i^-, d_i^+ \geqslant 0 \quad i = 1, 2, 3 \end{cases}$$

解:在平面直角坐标系第一象限内作出各约束条件的图像,目标约束要在直线旁标上 d_i^- 和 d_i^+。

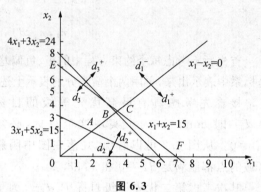

首先,绝对约束 $x_1 + x_2 \leqslant 7$ 确定了可行解范围在三角形 OEF 内;

根据第一级目标,要求实现 $\min(d_1^+ + d_1^-)$(恰好),因而可行解范围缩小到线段 OC 上;

根据第二级目标,要求实现 $\min d_2^-$（不少于）,在线段 OC 上,取 $d_2^- = 0$ 的点 A,此时可行解范围缩小到线段 AC 上;

图 6.3

根据第三级目标,要求实现 $\min d_3^+$,在线段 AC 上,取 $d_3^+ = 0$ 的点 B,此时解的范围缩小到线段 AB 上。见图 6.3。

所以,线段 AB 上的所有点为满意解。可求得 $A(15/8, 15/8)$,$B(24/7, 24/7)$。

例 6.10 用图解法求解例 6.6 的目标规划模型。

解:在平面直角坐标系第一象限内作出各约束条件对应的图像,并在目标约束直线旁标上 d_i^- 和 d_i^+。见图 6.4。

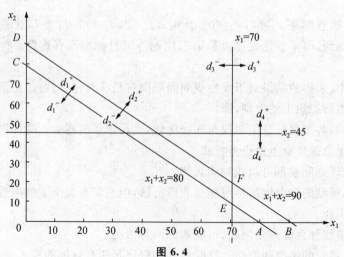

图 6.4

根据第一级目标,目标函数要求实现 $\min d_1^-$,解的范围是线段 AC 的右上方区域;

根据第二级目标,目标函数要求实现 $\min d_2^+$,解的范围缩小到四边形 $ABDC$ 内的区域;

根据第三级目标,目标函数要求实现 $\min(5d_3^- + 3d_4^-)$,先考虑 $\min 5d_3^-$,解的范围缩小为四边形 $ABFE$ 内的区域,再考虑 $\min 3d_4^-$,四边形 $ABFE$ 内的所有点,均无法满足 $d_4^- = 0$,此时在可行域 $ABFE$ 内考虑使 d_4^- 达到最小的满意点 F,F 点不满足 $d_4^- = 0$,但它是使第三级目标最满意的满意解;

根据第四级目标,目标函数要求实现 $\min d^+$,由于解的范围已经缩小到点 F,所以唯一的点 F 也是使第四级目标最满意的满意解。该问题的满意解为点 F,可求得 $F(70, 20)$。

二、序贯式法

序贯式法解目标规划问题的核心思想是序贯地求解一系列单目标规划模型。也就是根据优先级别,把目标规划模型分解成单目标模型,即线性规划模型,然后依次求解。

下面以例 6.8 为例,说明序贯式法求解目标规划问题的步骤。目标规划模型如下:

$$\min z = P_1 d_1^+ + P_2 d_2^- + P_3 d_3^-$$

$$\text{s. t.} \begin{cases} 10x_1 + 15x_2 + d_1^- - d_1^+ = 40 \\ x_1 + x_2 + d_2^- - d_2^+ = 10 \\ x_2 + d_3^- - d_3^+ = 7 \\ x_1, x_2, d_j^-, d_j^+ \geqslant 0, j = 1, 2, 3 \end{cases}$$

第一步:令 $k = 1$(k 表示当前考虑的优先级别,K 表示是总的优先级别数,$K = 3$);

第二步:建立对应于第 $k(=1)$ 优先级的线性规划问题:

$$\min z_1 = d_1^+$$

$$\text{s. t.} \begin{cases} 10x_1 + 15x_2 + d_1^- - d_1^+ = 40 \\ x_1, x_2, d_1^-, d_1^+ \geqslant 0 \end{cases}$$

其中目标函数 $\min z_1 = d_1^+$,取第一优先级的达成函数,约束条件中可以不考虑目标函数 $\min z_1 = d_1^+$ 中未出现的偏差变量(如:d_2^-、d_2^+、d_3^-、d_3^+)所对应的目标约束。

第三步:选用适当的解法或计算机软件求解对应于优先级别为 k 线性规划问题,其最优解为 $d_1^+ = 0$,最优值为 $z_1^* = 0$。

第四步:对应于第 $k+1(=2)$ 优先等级,将 $d_1^+ = 0$ 作为约束条件,建立线性规划问题:

$$\min z = d_2^-$$

$$\text{s. t.} \begin{cases} 10x_1 + 15x_2 + d_1^- - d_1^+ = 40 \\ x_1 + x_2 + d_2^- - d_2^+ = 10 \\ d_1^+ = 0 \\ x_1, x_2, d_j^-, d_j^+ \geqslant 0, j = 1, 2 \end{cases}$$

第五步:转第三步。即求解得:最优解 $d_1^+ = d_1^- = 0$,$d_2^- = 6$,最优值为 6。

继续第四步。即对应于第 $k+1(=3)$ 优先等级,将 $d_1^+ = d_1^- = 0$ 作为约束条件,建立线性规划问题:

$$\min z = d_3^-$$

$$\text{s. t.} \begin{cases} 10x_1 + 15x_2 + d_1^- - d_1^+ = 40 \\ x_1 \quad + x_2 + d_2^- - d_2^+ = 10 \\ \quad x_2 + d_3^- - d_3^+ = 7 \\ d_1^+ = 0, d_2^- = 6 \\ x_1, x_2, d_j^-, d_j^+ \geqslant 0, j = 1, 2, 3 \end{cases}$$

继续第三步。即求解得:最优解 $x_1 = 4, x_2 = 0, d_1^+ = d_1^- = 0, d_2^- = 6, d_3^- = 7$,最优值为 7。

此时已得最终的满意解:$x_1 = 4, x_2 = 0$。此时 $d_1^+ = 0, d_2^- = 6, d_3^- = 7$,这表明最高优先等级的目标已经完全达到,而第二优先等级和第三优先等级目标都没有达到。

三、目标规划的单纯形法

目标规划是线性规划的推广与发展,其数学模型结构与线性规划模型结构没有本质的区别,求解线性规划的单纯形法,同样也是目标规划的求解方法。从目标规划的图解法和序贯式法可以看出,求解目标规划相当于求解多级线性规划。因此可对单纯形法进行适当修改后求解目标规划。在具体计算时,考虑目标规划的数学模型一些特点,作以下规定:

(1)因为目标规划问题的目标函数都是求最小化,所以检验数的最优准则是:

$$c_j - z_j \geqslant 0 (j = 1, 2, \cdots, n);$$

(2)因为非基变量的检验数中含有不同等级的优先因子,

$$c_j - z_j = \sum_{k=1}^{K} \alpha_{kj} P_k (j = 1, 2, \cdots, n)$$

而且 $P_1 \gg P_2 \gg \cdots \gg P_K$,于是从每个检验数的整体来看:第 $j (j = 1, 2, \cdots, n)$ 个检验数 $c_j - z_j$ 的正、负首先取决于 P_1 的系数 α_{1j} 的正、负。若 α_{1j} 为 0,则此检验数的正、负取决于 P_2 的系数 α_{2j} 的正、负,依此类推。

现在给出求解目标规划问题的单纯形法的计算步骤:

(1)建立初始单纯形表。在表中将检验数行按优先因子个数分别列成 K 行。初始的检验数需根据初始可行解计算出来,方法同基本单纯形法。当不含绝对约束时,$d_l^- (l = 1, 2, \cdots, L)$ 构成了一组初始基变量,这样很容易得到初始单纯形表。置 $k = 1$。

(2)检查当前检验数行中是否存在负数,且对应的前 $k - 1$ 行的系数为零。若有,取其中最小者对应的变量为换入变量,转(3)。若无这样的检验数,则转(5)。

(3)按单纯形法中的最小比值规则确定换出变量,当存在两个和两个以上相同的最小比值时,选取具有较高优先级别的变量为换出变量。

(4)按单纯形法进行基变量换运算,建立新的单纯形表,返回(2)。

(5)当 $k = K$ 时,计算结束。表中的解就是满意解。否则置 $k = k + 1$,返回(2)。

下面同样以例 6.8 为例,说明单纯形法求解目标规划问题的步骤。目标规划模型如下:

用单纯形法求解目标规划问题:

$$\min z = P_1 d_1^+ + P_2 d_2^- + P_3 d_3^-$$

$$\text{s. t.}\begin{cases}10x_1+15x_2+d_1^--d_1^+=40\\x_1\quad +x_2+d_2^--d_2^+=10\\x_2+d_3^--d_3^+=7\\x_1,x_2,d_j^-,d_j^+\geqslant 0,j=1,2,3\end{cases}$$

解:(1)因不含绝对约束,d_1^-、d_2^-、d_3^- 就是一组基变量,列出初始单纯形表,如表 6.4 所示。

表 6.4

c_j			0	0		0	P_1	P_2		P_3		θ
C_B	X_B	b	x_1	x_2	d_1^-	d_1^+	d_2^-	d_2^+	d_3^-	d_3^+		θ
0	d_1^-	40	[10]	15	1	-1	0	0	0	0		40/10
P_2	d_2^-	10	1	1	0	0	1	-1	0	0		
P_3	d_3^-	7	0	1	0	0	0	0	1	-1		
c_j-z_j		P_1	0	0	0	1	0	0	0	0		
		P_2	-1	-1	0	0	0	1	0	0		
		P_3	0	-1	0	0	0	0	0	-1	1	

(2)$k=1$,检查检验数的 P_1 行,因该行无负检验数,故转(5)。

(5)因 $k(=1)<K(=3)$,置 $k=k+1=2$,返回(2)。

(2)检验数 P_2 行有两个 -1,取第一个 -1 对应的变量 x_1 为换入变量,转(3)。

(3)在表 6.4 中计算最小比值:

$$\theta=\min(40/10,10/1,-)=40/10$$

它对应的 d_1^- 为换出变量,转入(4)。

(4)按单纯形法进行基变换运算,得到新的单纯形表(表 6.5),返回(2)。

表 6.5

c_j			0	0	0	P_1	P_2	0	P_3	0	θ
C_B	X_B	b	x_1	x_2	d_1^-	d_1^+	d_2^-	d_2^+	d_3^-	d_3^+	θ
	x_1	4	1	15/10	1/10	$-1/10$	0	0	0	0	
P_2	d_2^-	6	0	$-1/2$	$-1/10$	1/10	1	-1	0	0	
P_3	d_3^-	7	0	1	0	0	0	0	1	-1	
c_j-z_j		P_1	0	0	0	1	0	0	0	0	
		P_2	0	1/2	1/10	$-1/10$	0	1	0	0	
		P_3	0	-1	0	0	0	0	0	1	

(2)检查表 6.5 可见,检验数 P_2 行和 P_3 行各有一个负检验数,但对应的前一行的系数均不为零,因此已经得到最终表。

表 6.5 所示的解 $x_1=4,x_2=0,d_1^-=d_1^+=0,d_2^-=6,d_3^-=7$,与运用图解法和序贯式方法求解得到的结果一样。

在用单纯形法求解目标规划问题时,迭代结束有两种情况。一种所有检验数均已非负时,所获得的解使所有目标偏离量为 0,此解为最优解。另一种情况是所有检验数均已非负时,并没有使所有目标达到最优值,但达到最优的目标值一定是优先等级排在前面的,此时获得的解为满意解。目标规划的数学模型实际上是最小化型的线性规划,可以用单纯形法求解。判别检验数时,注意 $P_1 \gg P_2 \gg P_3 \gg \cdots$。

例 6.11 用单纯形法解目标规划问题。

$$\min\{P_1 d_1^-, P_2 d_2^+, P_3 d_3^-\}$$
$$\begin{cases} 5x_1 + 10x_2 \leqslant 60 \\ x_1 - 2x_2 + d_1^- - d_1^+ = 0 \\ 4x_1 + 4x_2 + d_2^- - d_2^+ = 36 \\ 6x_1 + 8x_2 + d_3^- - d_3^+ = 48 \\ x_{1-2}, d_i^-, d_i^+ \geqslant 0, i = 1, 2, 3 \end{cases}$$

解:第一步,列出初始表,计算检验数,如表 6.6 所示。

表 6.6

c_j			0	0	0	P_1	0	0	P_2	P_3	0	θ
C_B	X_B	b	x_1	x_2	x_3	d_1^-	d_1^+	d_2^-	d_2^+	d_3^-	d_3^+	
0	x_3	60	5	10	1	0	0	0	0	0	0	12
P_1	d_1^-	0	[1]	−2	0	1	−1	0	0	0	0	0
0	d_2^-	36	4	4	0	0	0	1	−1	0	0	9
P_3	d_3^-	48	6	8	0	0	0	0	0	1	−1	8
		P_1	−1	2	0	0	1	0	0	0	0	
σ_j		P_2	0	0	0	0	0	0	1	0	0	
		P_3	−6	−8	0	0	0	0	0	0	1	
0	x_3	60	0	20	1	−5	5	0	0	0	0	3
0	x_1	0	1	−2	0	1	−1	0	0	0	0	
0	d_2^-	36	0	12	0	−4	4	1	−1	0	0	3
P_3	d_3^-	48	0	[20]	0	−6	6	0	0	1	−1	2.4
		P_1	0	0	0	1	0	0	0	0	0	
σ_j		P_2	0	0	0	0	0	0	1	0	0	
		P_3	0	−20	0	6	−6	0	0	0	1	
0	x_3	12	0	0	1	1	−1	0	0	−1	1	
0	x_1	24/5	1	0	0	2/5	−2/5	0	0	1/10	−1/10	
0	d_2^-	36/5	0	0	0	−2/5	2/5	1	−1	−3/5	3/5	
0	x_2	12/5	0	1	0	−3/10	3/10	0	0	1/20	−1/20	
		P_1	0	0	0	1	0	0	0	0	0	
σ_j		P_2	0	0	0	0	0	0	1	0	0	
		P_3	0	0	0	0	0	0	0	1	0	

此时非基变量 d_1^+, d_3^+ 的检验数 $=0$，所以本题有多重最优解（满意解）。

主要概念及内容

目标规划（goal programming）、偏差变量（deviational variable）、满意解、优先级、期望值、绝对约束与目标约束、目标规划的图解法、目标规划的序贯式法、目标规划的单纯形法

复习思考题

1. 目标规划的数学模型具有什么特征？为什么目标规划问题多数没有最优解？只有满意解？

2. 试述正确建立目标规划数学模型的过程。

3. 用图解法确定目标规划问题解的基本步骤是什么？

4. 试述用目标规划的单纯形法求解的原理、步骤和方法。

5. 当目标规划问题的多个目标优先级发生变化的时候，解会怎样变化？说明目标满足是否取决于优先级顺序。

习题

1. 若用以下表达式作为目标规划的目标函数，其逻辑是否正确？为什么？

(1) $\max\{d^- + d^+\}$ (2) $\max\{d^- - d^+\}$

(3) $\min\{d^- + d^+\}$ (4) $\min\{d^- - d^+\}$

(5) $\max\{d^+ - d^-\}$ (6) $\min\{d^+ - d^-\}$

2. 用图解法找出以下目标规划问题的满意解。

$$\min\{P_1 d_1^-, P_2(2d_3^+ + d_2^+), P_3 d_1^+\}$$

$$(1)\begin{cases} 2x_1 + x_2 + d_1^- - d_1^+ = 150 \\ x_1 + \quad d_2^- - d_2^+ = 40 \\ \quad x_2 + d_3^- - d_3^+ = 40 \\ x_1, x_2, d_i^-, d_i^+ \geqslant 0, i = 1, 2, 3 \end{cases}$$

$$\min z = P_1(d_1^- + d_1^+) + P_2(2d_2^+ + d_3^+)$$

$$(2)\begin{cases} x_1 - 10x_2 + d_1^- - d_1^+ = 50 \\ 3x_1 + 5x_2 + d_2^- - d_2^+ = 20 \\ 8x_1 + 6x_2 + d_3^- - d_3^+ = 100 \\ x_1, x_2, d_i^-, d_i^+ \geqslant 0, i = 1, 2, 3 \end{cases}$$

3. 用单纯形法求解以下目标规划问题的满意解。

$$\min z = P_1 d_1^- + P_2 d_2^+ + P_3(5d_3^- + 3d_4^-) + P_4 d_1^+$$

$$(1)\begin{cases} x_1 + x_2 + d_1^- - d_1^+ = 80 \\ x_1 + x_2 + d_2^- - d_2^+ = 90 \\ x_1 + d_3^- - d_3^+ = 70 \\ x_2 + d_4^- - d_4^+ = 45 \\ x_1, x_2, d_i^-, d_i^+ \geqslant 0, i = 1, 2, 3, 4 \end{cases}$$

$$\min z = P_1 d_2^+ + P_1 d_2^- + P_2 d_1^-$$

$$(2)\begin{cases} x_1 + 2x_2 + d_1^- - d_1^+ = 10 \\ 10x_1 + 12x_2 + d_2^- - d_2^+ = 62.4 \\ 2x_1 + x_2 \leqslant 8 \\ x_1, x_2, d_i^-, d_i^+ \geqslant 0, i = 1, 2 \end{cases}$$

4. 某商标的酒是用三种等级的酒兑制而成。三种等级的酒每天供应量和单位成本见表 6.7。

表 6.7

等级	日供应量/kg	成本/(元/kg)
1	1 500	6
2	2 000	4.5
3	1 000	3

设该种牌号酒有三种商标（红、黄、蓝），各种商标的酒对原料酒的混合比及售价，见表 6.8。决策者规定：首先必须严格按规定比例兑制各商标的酒；其次是获利最大；再次是红商标的酒每天至少生产 2 000 kg，试列出数学模型。

表 6.8

商标	兑制要求	售价/(元/kg)
红	3 少于 10%，1 多于 50%	5.5
黄	3 少于 70%，1 多于 20%	5.0
蓝	3 少于 50%，1 多于 10%	4.8

5. 公司决定使用 1 000 万元新产品开发基金开发 A，B，C 三种新产品。经预测估计，开发 A，B，C 三种新产品的投资利润率分别为 5%、7%、10%。由于新产品开发有一定风险，公司研究后确定了下列优先顺序目标：

第一，A 产品至少投资 300 万元；

第二，为分散投资风险，任何一种新产品的开发投资不超过开发金额的 35%；

第三，应至少留有 10% 的开发基金，以备急用；

第四，使总的投资利润最大。

试建立投资分配方案的目标规划模型。

6. 已知单位牛奶、牛肉、鸡蛋中的维生素及胆固醇含量等有关数据见表 6.9。如果只考虑这三种食物，并且设立了下列三个目标：

第一，满足三种维生素的每日最小需要量；

第二，使每日摄取的胆固醇最少；

第三，使每日购买食品的费用最少。

要求建立问题的目标规划模型。

表 6.9

项目	牛奶(500 g)	牛肉(500 g)	鸡蛋(500 g)	每日最小需要量
维生素 A/mg	1	1	10	1
维生素 B/mg	100	10	10	30
维生素 C/mg	10	100	10	10
胆固醇/单位	70	50	120	
费用/元	1.5	8	4	

7. 工厂生产甲、乙两种产品,由 A、B 两组人员来生产。A 组人员熟练工人比较多,工作效率高,成本也高;B 组人员新手较多工作效率比较低,成本也较低。例如,A 组只生产甲产品时每小时生产 10 件,成本是 50 元。有关资料如表 6.10 所示。

表 6.10

	产品甲		产品乙	
	效率/(件/h)	成本/(元/件)	效率/(件/h)	成本/(元/件)
A 组	10	50	8	45
B 组	8	45	5	40
产品售价/(元/件)	80		75	

两组人员每天正常工作时间都是 8 h,每周 5 天。一周内每组最多可以加班 10 h,加班生产的产品每件增加成本 5 元。

工厂根据市场需求、利润及生产能力确定了下列目标顺序:

P_1:每周供应市场甲产品 400 件,乙产品 300 件;

P_2:每周利润指标不低于 500 元;

P_3:两组都尽可能少加班,如必须加班由 A 组优先加班;

建立此生产计划的数学模型。

8. 已知某实际问题的线性规划模型为:

$$\max z = 100x_1 + 50x_2$$

$$\text{s.t.} \begin{cases} 10x_1 + 16x_2 \leqslant 200 & (\text{资源 1}) \\ 11x_1 + 3x_2 \geqslant 25 & (\text{资源 2}) \\ x_1, x_2 \geqslant 0 \end{cases}$$

假定重新确定这个问题的目标如下,试将此问题转换为目标规划问题,列出数学模型。

P_1:z 的值应不低于 1 900;

P_2:资源 1 必须全部利用。

第七章　动态规划

【本章导读】

动态规则是运筹学的一个分支,它是解决多阶段决策过程最优化的一种数学方法,大约产生于 20 世纪 50 年代。1951 年美国数学家贝尔曼(R. Bellman)等,根据一类多阶段决策问题的特点,把多阶段决策问题变换为一系列互相联系的单阶段问题,然后逐个加以解决。与此同时,他提出了解决这类问题的"最优性原理",研究了许多实际问题,从而创建了解决最优化问题的一种新的方法——动态规划。他的名著"动态规划"于 1957 年出版,该书是动态规划的第一本著作。

动态规划的方法,在工程技术、企业管理、工农业生产及军事等部门中都有广泛的应用,并且获得了显著的效果。在企业管理方面,动态规划可以用来解决最优路径问题、资源分配问题、生产调度问题、库存问题、装载问题、排序问题、设备更新问题、生产过程最优控制问题等,所以它是现代企业管理中的一种重要的决策方法。许多问题用动态规划的方法去处理,常比线性规划或非线性规划更有成效。特别对于离散性的问题,由于解析数学无法施展其术,而动态规划的方法就成为非常有用的工具。应指出,动态规划是求解某类问题的一种方法,是考查问题的一种途径,而不是一种特殊算法(如线性规划是一种算法)。因而,它不像线性规划那样有一个标准的数学表达式和明确定义的一组规则,而必须对具体问题进行具体分析处理。因此,读者在学习时,除了要对基本概念和方法正确理解外,应以丰富的想象力去建立模型,用创造性的技巧去求解。

虽然动态规划主要用于求解以时间划分阶段的动态过程的优化问题,但是一些与时间无关的静态规划(如线性规划、非线性规划),只要人为地引进时间因素,把它视为多阶段决策过程,也可以用动态规划方法方便地求解。

动态规划模型的分类,根据多阶段决策过程的时间参量是离散的还是连续的变量,过程分为离散决策过程和连续决策过程。根据决策过程的演变是确定性的还是随机性的,过程又可分为确定性决策过程和随机性决策过程。组合起来就有离散确定性、离散随机性、连续确定性、连续随机性四种决策过程模型。

本部分主要介绍动态规划的基本概念、理论和方法,将给出动态规划中几个具有代表性的典型问题,为同学们的学习提供更为直观的动态规划的案例。具体介绍如下几个方面的问题:资源分配问题、生产与存储问题、背包问题、复合系统工作可靠性问题、设备更新问题和货郎担问题。

第一节　多阶段决策过程及实例

在生产和科学实验中,有一类活动的过程,由于它的特殊性,可将过程分为若干个互相联系的阶段,在它的每一个阶段都需要做出决策,从而使整个过程达到最好的活动效果。因此,各个阶段决策的选取不是任意确定的,它依赖于当前面临的状态,又影响以后的发展。当各个阶段决策确定后,就组成了一个决策序列,因而也就决定了整个过程的一条活动路线。这种把一个问题可看作是一个前后关联具有链状结构的多阶段过程(图 7.1)就称为多阶段决策过程,也称序贯决策过程。

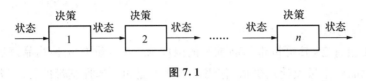

图 7.1

在多阶段决策问题中,各个阶段采取的决策,一般来说是与时间有关的,决策依赖于当前的状态,又随即引起状态的转移,一个决策序列就是在变化的状态中产生出来的,故有“动态”的含义。因此,把处理它的方法称为动态规划方法。但是,一些与时间没有关系的静态规划(如线性规划、非线性规划等)问题,只要人为地引进“时间”因素,也可把它视为多阶段决策问题,用动态规划方法去处理。

多阶段决策问题很多,现举例如下。

例 7.1　最短路线问题

如图 7.2 所示,给定一个线路网络,两点之间连线上的数字表示两点间的距离(或费用),试求一条由 A 到 E 的铺管线路,使总距离为最短(或总费用最小)。

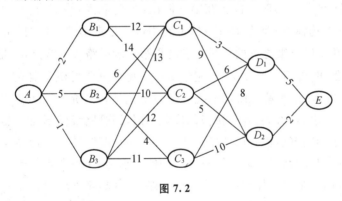

图 7.2

例 7.2　机器负荷分配问题

某种机器可以在高低两种不同的负荷下进行生产。在高负荷下进行生产时,产品的年产量 g 和投入生产的机器数量 u_1 的关系为

$$g = g(u_1)$$

这时,机器的年完好率为 a,即如果年初完好机器的数量为 u,到年终时完好的机器就为 au,$0 < a < 1$,在低负荷下生产时,产品的年产量 h 和投入生产的机器数量 u_2 的关系为

$$h = h(u_2)$$

相应的机器年完好率为 b,$0 < b < 1$。

假定开始生产时完好的机器数量为 c_1。要求制订一个五年计划,在每年开始时,决定如何重新分配完好的机器在两种不同的负荷下生产的数量,使在五年内产品的总产量达到最高。

例 7. 3 航天飞机飞行控制问题

由于航天飞机的运动的环境是不断变化的,因此就要根据航天飞机飞行在不同环境中的情况,不断地决定航天飞机的飞行方向和速度(状态),使之能最省燃料和实现目的(如软着陆问题)。

例 7. 4 背包问题

有一个徒步旅行者,其可携带物品重量的限度为 a kg,设有 n 种物品可供他选择装入包中。已知每种物品的重量及使用价值(作用),问此人应如何选择携带的物品(各几件),使所起作用(使用价值)最大?

还有,如各种资源(人力、物力)分配问题、生产-存储问题、最优装载问题、水库优化调度问题、最优控制问题等,都是具有多阶段决策问题的特性,均可用动态规划方法去求解。

第二节　动态规划的基本概念和基本方程

如图 7.2 所示的线路网络,求 A 到 E 的最短路线问题是动态规划中一个较为直观的典型例子。现通过讨论它的解法,来说明动态规划方法的基本思想,并阐述它的基本概念。

由图 7.2 可知,从 A 点到 E 点可以分为 4 个阶段。从 A 到 B 为第一阶段,从 B 到 C 为第二阶段……从 D 到 E 为第四阶段。在第一阶段,A 为起点,终点有 B_1、B_2、B_3 三个,因而这时走的路线有三个选择,一是走 B_1;一是走到 B_2;一是走 B_3。若选择走到 B_2 的决策,则 B_2 就是第一阶段在我们决策之下的结果。它既是第一阶段路线的终点,又是第二阶段路线的始点。在第二阶段,再从 B_2 点出发,对应于 B_2 点就有一个可供选择的终点集合 $\{C_1,C_2,C_3\}$;若选择由 B_2 走至 C_1 为第二阶段的决策,则 C_1 就是第二阶段的终点,同时又是第三阶段的始点。同理递推下去,可看到:各个阶段的决策不同,铺管路线就不同。很明显,当某阶段的始点给定时,它直接影响着后面各阶段的行进路线和整个路线的长短,而后面各阶段的路线的发展不受这点以前各阶段路线的影响。故此问题的要求是:在各个阶段选取一个恰当的决策,使由这些决策组成的一个决策序列所决定的一条路线,其总路程最短。

如何解决这个问题呢?可以采取穷举法。即把由 A 到 E 所有可能的每一条路线的距离都算出来,然后互相比较找出最短者,相应地得出了最短路线。这样,由 A 到 E 的 4 个阶段中,一共有 $3\times3\times2\times1=18$ 条不同的路线,比较 18 条不同的路线的距离值,才找出最短路线为 $A\rightarrow B_2\rightarrow C_1\rightarrow D_1\rightarrow E$ 相应最短距离为 18。显然,这样计算是相当繁杂的。如果当段数很多,各段的不同选择也很多时,这种解法的计算将变得极其繁杂,甚至在计算机上计算都是不现实的。因此,为了减少计算工作量,需要寻求更好的算法,这就是下面要介绍的动态规划的方法。

为了讨论方便,先介绍动态规划的基本概念和符号。

1. 阶段

把所给问题的过程,恰当地分为若干个相互联系的阶段,以便能按一定的次序去求解。描述阶段的变量称为阶段变量,常用 k 表示。阶段的划分,一般是根据时间和空间的自然特征来划分,但要便于把问题的过程能转化为多阶段决策的过程。如例 7.1 可分为 4 个阶段来求解,k 分别等于 1、2、3、4。

2. 状态

状态表示每个阶段开始所处的自然状态或客观条件,它描述了研究问题过程的状况,又称不可控因素。在例 7.1 中,状态就是某阶段的出发位置。它既是该阶段某支路的起点,又是前一阶段某支路的终点。通常一个阶段有若干个状态,第一阶段有一个状态就是点 A,第二阶段有三个状态,即点集合 $\{B_1, B_2, B_3\}$,一般第 k 阶段的状态就是第 k 阶段所有始点的集合。通常,在第一阶段状态变量 s_1 是确定的,称初始状态。

这里所说的状态应具有下面的性质:如果某阶段状态给定后,则在这阶段以后过程的发展不受这阶段以前各段状态的影响。换句话说,过程的过去历史只能通过当前的状态去影响它未来的发展,当前的状态是以往历史的一个总结。这个性质称为无后效性(即马尔科夫性)。

3. 决策

决策表示当过程处于某一阶段的某个状态时,可以做出不同的决定(或选择),从而确定下一阶段的状态,这种决定称为决策。在最优控制中也称为控制。描述决策的变量,称为决策变量。它可用一个数、一组数或一向量来描述。常用 $u_k(s_k)$ 表示第 k 阶段当状态处于 s_k 时的决策变量。它是状态变量的函数。在实际问题中,决策变量的取值往往限制在某一范围之内,此范围称为允许决策集合。常用 $D_k(s_k)$ 表示第 k 阶段从状态 s_k 出发的允许决策集合,显然有 $u_k(s_k) \in D_k(s_k)$。如在例 7.1 第二阶段中,若从状态 B_2 出发,就可做出三种不同的决策,其允许决策集合 $D_2(B_1) = \{C_1, C_2, C_3\}$,若选取的点为 C_2,则 C_2 是状态 B_1 在决策 $u_2(B_1)$ 作用下的一个新的状态,记作 $u_2(B_1) = C_2$。

4. 策略

策略是一个按顺序排列的决策组成的集合。由过程的第 k 阶段开始到终止状态为止的过程,称为问题的后部子过程(或称为 k 子过程)。由每段的决策按顺序排列组成的决策函数序列 $\{u_k(s_k), \cdots, u_n(s_n)\}$ 称为 k 子过程策略,简称子策略,记为 $p_{k,n}(s_k)$。即 $p_{k,n}(s_k) = \{u_k(s_k), u_{k+1}(s_{k+1}), \cdots, u_n(s_n)\}$。

当 $k = 1$ 时,此决策函数序列称为全过程的一个策略,简称策略,记为 $p_{1,n}(s_1)$。

即 $p_{1,n}(S_1) = \{u_1(s_1), u_2(s_2), \cdots, u_n(s_n)\}$。

在实际问题中,可供选择的策略有一定的范围,此范围称为允许策略集合,用 P 表示。从允许策略集合中找出达到最优效果的策略称为最优策略。

5. 状态转移方程

若第 k 阶段的状态变量值为 s_k,当决策变量 u_k 的取值决定后,下一阶段状态变量 s_{k+1} 的值也就完全确定。即 s_{k+1} 的值对应于 s_k 和 u_k 的值。

这种对应关系记为 $s_{k+1} = T_k(s_k, u_k)$,称为状态转移方程。

状态转移方程描述了由一个阶段的状态到下一阶段的状态的演变规律。

6. 指标函数和最优值函数

指标函数分为阶段指标函数和过程指标函数。阶段指标函数是对某一阶段的状态和决策产生的效益值的度量,用 $v_k(s_k, u_k)$ 表示。过程指标函数是指过程所包含的各阶段的状态和决策所产生的总的效益值,记为

$$V_{k,n} = V_{k,n}(s_k, u_k, s_{k+1}, u_{k+1}, \cdots, s_n, u_n)$$

动态规划所要求的过程指标函数应具有可分离性,即可表达为它所包含的各阶段指标函数的函数形式。

常见的两种过程指标函数形式是:

①各阶段指标函数的和 $\qquad V_{k,n} = \sum v_j(s_j, u_j)$

②各阶段指标函数的积 $\qquad V_{k,n} = \prod v_j(s_j, u_j)$

把过程指标函数 $V_{k,n}$ 对 k 子过程策略 $p_{k,n}$ 求最优,得到一个关于状态 s_k 的函数,称为最优值函数,记为 $f_k(s_k)$。即

$$f_k(s_k) = \text{opt} V_{k,n}(s_k, u_k, \cdots, s_n, u_n)$$

式中的"opt"(optimization)可根据具体问题而取 min 或 max。

在不同的问题中,指标函数的含义是不同的,它可能是距离、利润、成本、产品的产量或资源消耗等。例如,在最短路线问题中,指标函数 $V_{k,n}$ 就表示在第 k 阶段由点 s_k 至终点 G 的距离。用 $d_k(s_k, u_k) = v_k(s_k, u_k)$ 表示在第 k 阶段由点 s_k 到点 $s_{k+1} = u_k(s_k)$ 的距离,如 $d_3(C_1, D_1) = 3$,就表示在第 3 阶段中由点 C_1 到点 D_1 的距离为 3。$f_k(s_k)$ 表示从第 k 阶段点 s_k 到终点 G 的最短距离,如 $f_4(D_1)$ 就表示从第 4 阶段中的点 D_1 到点 G 的最短距离。

7. 基本方程

通常动态规划问题的最优值函数满足递推关系式。设过程指标函数为各阶段指标函数的和的形式,即 $V_{k,n} = \sum v_j(s_j, u_j)$,则有:

$$\begin{cases} f_k(s_k) = \text{opt}\{v_k(s_k, u_k) + f_{k+1}(s_{k+1})\} u_k \in D_k(s_k) & (k = n, n-1, \cdots, 1) \quad \text{递推方程} \\ f_{n+1}(s_{n+1}) = 0 & \text{边界条件} \end{cases}$$

递推方程和边界条件一起称为动态规划的基本方程。

可根据边界条件,从 $k = n$ 开始,由后向前逆推,逐步求得各阶段的最优决策和相应的最优值,最后求出 $f_1(s_1)$ 时,就得到整个问题的最优解。

现在把动态规划方法的基本思想归纳如下:

①动态规划方法的关键在于正确地写出基本的递推关系式和恰当的边界条件(简言之为基本方程)。要做到这一点,必须先将问题的过程分成几个相互联系的阶段,恰当地选取状态变量和决策变量及定义最优值函数,从而把一个大问题化成一族同类型的子问题,然后逐个求解。即从边界条件开始,逐段递推寻优,在每一个子问题的求解中,均利用了它前面的子问题的最优化结果,依此类推,最后一个子问题所得的最优解,就是整个问题的最优解。

②在多阶段决策过程中,动态规划方法是既把当前一段和未来各段分开,又把当前效益和未来效益结合起来考虑的一种最优化方法。因此,每段决策的选取是从全局来考虑的,与该段的最优选择答案一般是不同的。

③在求整个问题的最优策略时,由于初始状态是已知的,而每段的决策都是该段状态的函数,故最优策略所经过的各段状态便可逐次变换得到,从而确定了最优路线。如例 7.1 最短路线问题,初始状态 A 已知,则按下面箭头所指的方向逐次变换有:

$$u_1(A) \qquad u_2(B_2) \cdots \qquad u_4(D_1)$$

$$\begin{matrix} \nearrow & \downarrow & \nearrow & \downarrow & \nearrow & \downarrow \\ A & B_2 & & C_1 & \cdots & E \end{matrix}$$

（已知）

从而可得最优策略为 $\{u_1(A), u_2(B_2), \cdots, u_4(D_1)\}$，相应的最短路线为

$$A \to B_2 \to C_1 \to D_1 \to E$$

上述最短路线问题的计算过程，也可借助图形直观简明的表示出来，如图 7.3 所示。在图 7.3 中，每节点处上方的方格内的数，表示该点到终点 E 的最短距离。用直线连接的点表示该点到终点 E 的最短路线。未用直线连接的点就说明它不是该点到终点 E 的最短路线，故这些支路均被舍去了。图中粗线表示由始点 A 到终点 E 的最短路线。

这种在图上直接作业的方法叫做标号法。如果规定从 A 点到 E 点为顺行方向，则由 G 点到 A 点为逆行方向，那么，图 7.3 是由 E 点开始从后向前标的。这种以 A 为始端，E 为终端，从 E 到 A 的解法称为逆序解法。

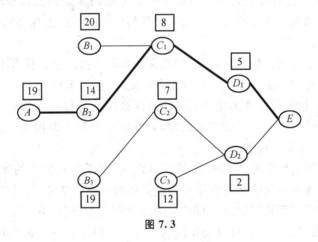

图 7.3

由于线路网络的两端都是固定的，且线路上的数字是表示两点间的距离，则从 A 点计算到 E 点和从 E 点计算到 A 点的最短路线是相同的。因而，标号也可以由 A 开始，从前向后标。只是那时是视 E 为起点，A 为终点，按动态规划方法处理的，如图 7.4 所示。

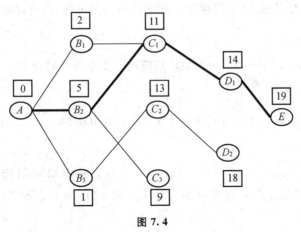

图 7.4

图 7.4 中,每节点处上方方格内的数表示该点到 A 点的最短距离,用直线连接的点表示该点到起点 A 的最短路线,粗线表示 A 到 E 的最短路线。

这种以 A 为始端、E 为终端的从 A 到 E 的解法称为顺序解法。

由此可见,顺序解法和逆序解法只表示行进方向的不同或对始端终端看法的颠倒。但用动态规划方法求最优解时,都是在行进方向规定后,均要逆着这个规定的行进方向,从最后一段向前逆推计算,逐段找出最优途径。

第三节　动态规划的最优性原理和最优性定理

20 世纪 50 年代,R. Bellman 等根据研究一类多阶段决策问题,提出了最优性原理(有的翻译成最优化原理)作为动态规划的理论基础。用它去解决许多决策过程的优化问题。长期以来,许多动态规划的著作都用"依据最优化原理,则有……"的提法去处理决策过程的优化问题。人们对用这样的一个简单的原理作为动态规划方法的理论根据很难理解。的确如此,实际上,这提法是给用动态规划方法去处理决策过程的优化问题披上神秘的色彩,使读者不能正确理解动态规划方法的本质。

下面将介绍"动态规划的最优性原理"的原文含义。并指出它为什么不是动态规划的理论基础,进而揭示动态规划方法的本质。其理论基础是"最优性定理"。

动态规划的最优性原理:"作为整个过程的最优策略具有这样的性质:即无论过去的状态和决策如何,对前面的决策所形成的状态而言,余下的诸决策必须构成最优策略。"简言之,一个最优策略的子策略总是最优的。

但是,随着人们深入地研究动态规划,逐渐认识到:对于不同类型的问题所建立严格定义的动态规划模型,必须对相应的最优性原理给以必要的验证。就是说,最优性原理不是对任何决策过程都普遍成立的;而且"最优性原理"与动态规划基本方程,并不是无条件等价的,两者之间也不存在确定的蕴含关系。可见动态规划的基本方程在动态规划的理论和方法中起着非常重要作用。而反映动态规划基本方程的是最优性定理,它是策略最优的充分必要条件,而最优性原理仅仅是策略最优的必要条件,它是最优性定理的推论。在求解最优策略时,更需要的是其充分条件。所以,动态规划的基本方程或者说最优性定理才是动态规划的理论基础。

动态规划的最优性定理:设阶段数为 n 的多阶段决策过程,其阶段编号为

$$k = 0, 1, \cdots, n-1$$

允许策略 $p_{0,n-1}^* = (u_1^*, u_2^*, \cdots, u_{n-1}^*)$ 为最优策略的充要条件是对任意一个 k

$0 < k < n-1$ 和 $s_0 \in S_0$ 有

$$V_{0,n-1}(s_0, p_{0,n-1}^*) = \operatorname{opt}_{p_{0,k-1} \in p_{0,k-1}(s_0)} \left\{ V_{0,k-1}(s_0, p_{0,k-1}) + \operatorname{opt}_{p_{k,n-1} \in p_{k,n-1}(s_{\tilde{k}})} V_{k,n-1}(s_{\tilde{k}}, p_{0,n-1}^*) \right\}$$

式中:$p_{0,n-1} = (p_{0,k-1}, p_{k,n-1})$,$s_{\tilde{k}} = T_{k-1}(s_{k-1}, u_{k-1})$,它是由给定的初始状态 s_0 和子策略 $p_{0,k-1}$ 所确定的 k 段状态。当 V 是效益函数时,opt 取 max;当 V 是损失函数时,opt 取 min。

证明:略。

推论　若允许策略 $p_{0,n-1}^*$ 是最优策略,则对任意的 k,$0 < k < n-1$,它的子策略 $p_{k,n-1}^*$ 对

于以$(k-1)$为起点的k到$n-1$子过程来说,必是最优策略(注意:k阶段状态s_k^*是由s_0和$p_{0,k-1}^*$所确定的)。

证明:略。

此推论就是前面提到的动态规划的"最优性原理"。它仅仅是最优策略的必要性条件。从最优性定理可以看到:如果一个决策问题有最优策略,则该问题的最优值函数一定可用动态规划的基本方程来表示,反之亦真。这是该定理为人们用动态规划方法去处理决策问题提供了理论依据和指明方法,就是要充分分析决策问题的结构,使它满足动态规划的条件,正确地写出动态规划的基本方程。

第四节　动态规划和静态规划的关系

动态规划、线性规划和非线性规划都是属于数学规划的范围,所研究的对象本质上都是一个求极值的问题,都是利用迭代法去逐步求解的。不过,线性规划和非线性规划所研究的问题,通常是与时间无关的,故又称它们为静态规划。线性规划迭代中的每一步是就问题的整体加以改善的。而动态规划所研究的问题是与时间有关的,它是研究具有多阶段决策过程的一类问题,将问题的整体按时间或空间的特征而分成若干个前后衔接的时空阶段,把多阶段决策问题表示为前后有关联的一系列单阶段决策问题,然后逐个加以解决,从而求出了整个问题的最优决策序列。因此,对于某些静态的问题,也可以人为地引入时间因素,把它看作是按阶段进行的一个动态规划问题,这就使得动态规划成为求解某些线性、非线性规划的有效方法。

由于动态规划方法有逆序解法和顺序解法之分,其关键在于正确写出动态规划的递推关系式,故递推方式有逆推和顺推两种形式。一般地说,当初始状态给定时,用逆推比较方便;当终止状态给定时,用顺推比较方便。

考查如图 7.5 所示的 n 阶段决策过程。

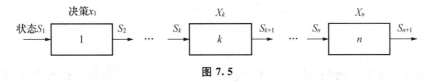

图 7.5

其中取状态变量为$s_1,s_2,\cdots,s_{n+1}$;决策变量为$x_1,x_2,\cdots,x_n$。在第k阶段,决策x_k使状态s_k(输入)转移为状态s_{k+1}(输出),设状态转移函数为$s_{k+1}=T_k(s_k,x_k),k=1,2,\cdots,n$。

假定过程的总效益(指标函数)与各阶段效益(阶段指标函数)的关系为

$$V_{1,n}=v_1(s_1,x_1)*v_2(s_2,x_2)*\cdots*v_n(s_n,x_n)$$

其中记号"$*$"可都表示为"$+$"或者都表示为"$\times$"。问题为使 $V_{1,n}$ 达到最优化,即求$\text{opt}V_{1,n}$,为简单起见,不妨此处就求 $\max V_{1,n}$。

一、逆推解法

设已知初始状态为s_1,并假定最优值函数$f_k(s_k)$表示第k阶段的初始状态为s_k,从k阶段到n阶段所得到的最大效益。

从第 n 阶段开始,则有

$$f_n(s_n) = \max_{x_n \in D_n(s_n)} v_n(s_n, x_n)$$

其中 $D_n(s_n)$ 是由状态 s_n 所确定的第 n 阶段的允许决策集合。解此一维极值问题,就得到最优解 $x_n = x_n(s_n)$ 和最优值 $f_n(s_n)$,要注意的是,若 $D_n(s_n)$ 只有一个决策,则 $x_n \in D_n(s_n)$ 就应写成 $x_n = x_n(s_n)$。

在第 $n-1$ 阶段,有

$$f_{n-1}(s_{n-1}) = \max_{x_{n-1} \in D_n(s_{n-1})} \left[v_{n-1}(s_{n-1}, x_{n-1}) * f_n(s_n) \right]$$

其中 $s_n = T_{n-1}(s_{n-1}, x_{n-1})$;解此一维极值问题,得到最优解 $x_{n-1} = x_{n-1}(s_{n-1})$ 和最优值 $f_{n-1}(s_{n-1})$。

在第 k 阶段,有

$$f_k(s_k) = \max_{x_k \in D_k(s_k)} \left[v_k(s_k, x_k) * f_{k+1}(s_{k+1}) \right]$$

其中 $s_{k+1} = T_k(s_k, x_k)$。解得最优解 $x_k = x_k(s_k)$ 和最优值 $f_k(s_k)$。

如此类推,直到第一阶段,有

$$f_1(s_1) = \max_{x_1 \in D_1(s_1)} \left[v_1(s_1, x_1) * f_2(s_2) \right]$$

其中 $s_2 = T_1(s_1, x_1)$;解得最优解 $x_1 = x_1(s_1)$ 和最优值 $f_1(s_1)$。

由于初始状态 s_1 已知,故 $x_1 = x_1(s_1)$ 和 $f_1(s_1)$ 是确定的,从而 $s_2 = T_1(s_1, x_1)$ 也就可确定,于是 $x_2 = x_2(s_2)$ 和 $f_2(s_2)$ 也就可确定。这样,按照上述递推过程相反的顺序推算下去,就可逐步确定出每阶段的决策及效益。

例 7.5 逆推解法求解下面问题:

$$\max z = x_1 x_2^2 x_3$$
$$\begin{cases} x_1 + x_2 + x_3 = c \\ x_1, x_2, x_3 \geqslant 0 \end{cases}$$

解: 按问题的变量个数划分阶段,把它看作一个三阶段决策问题。设状态变量为 s_1, s_2, s_3, s_4,并记 $s_1 = c$;令变量 x_1, x_2, x_3 为决策变量;各阶段指标按乘积方式结合。

即令: $v_1(s_1, x_1) = x_1, v_2(s_2, x_2) = x_2^2, v_3(s_3, x_3) = x_3$

令最优值函数 $f_k(s_k)$ 表示为第 k 阶段的初始状态为 s_k 时,从第 k 阶段到第 3 阶段所得到的最大值。

设: $s_3 = x_3, s_3 + x_2 = s_2, s_2 + x_1 = s_1 = c$

则有: $x_3 = s_3, 0 \leqslant x_2 \leqslant s_2, 0 \leqslant x_1 \leqslant s_1 = c$

即状态转移方程为: $s_3 = s_2 - x_2, s_2 = s_1 - x_1$

由逆推解法,$f_3(s_3) = \max_{x_3 = s_3}(x_3) = s_3$,即最优解 $x_3^* = s_3$,

$$f_2(s_2) = \max_{x_2, x_3} [x_2^2 \cdot x_3] = \max_{0 \leqslant x_2 \leqslant s_2} [x_2^2 \cdot f_3(s_3)]$$
$$= \max_{0 \leqslant x_2 \leqslant s_2} [x_2^2 \cdot (s_2 - x_2)] = \max_{0 \leqslant x_2 \leqslant s_2} h_2(s_2, x_2)$$

由 $\dfrac{\mathrm{d}h_2}{\mathrm{d}x_2}=2x_2s_2-3x_2^2=0$，得 $x_2=\dfrac{2}{3}s_2$ 和 $x_2=0$(舍去)

又 $\dfrac{\mathrm{d}^2h_2}{\mathrm{d}x_2^2}=2s_2-6x_2$，而 $\dfrac{\mathrm{d}^2h_2}{\mathrm{d}x_2^2}\Big|_{x_2=\frac{2}{3}s_2}=-2s_2<0$，故 $x_2=\dfrac{2}{3}s_2$ 为极大值点。

所以 $f_2(s_2)=\dfrac{4}{27}s_2^2$ 即最优解 $x_2^*=\dfrac{2}{3}s_2$。

$$f_1(s_1)=\max_{x_1,x_2,x_3}\left[x_1\cdot x_2^2\cdot x_3\right]=\max_{0\leqslant x_1\leqslant s_1}\left[x_1\cdot f_2(s_2)\right]$$

$$=\max_{0\leqslant x_1\leqslant s_1}\left[x_1\cdot\frac{4}{27}(s_1-x_1)^3\right]=\max_{0\leqslant x_1\leqslant s_1}h_1(s_1,x_1)$$

求导并令导数等于 0 可得：$x_1^*=\dfrac{1}{4}s_1$，故 $f_1(s_1)=\dfrac{1}{64}s_1^4$

由于 $s_1=c$，所以 $x_1^*=\dfrac{1}{4}c$，$f_1(c)=\dfrac{1}{64}c^4$

由 $s_2=s_1-x_1^*$，所以 $x_2^*=\dfrac{2}{3}s_2=\dfrac{1}{2}c$，$f_2(s_2)=\dfrac{1}{16}c^3$

由 $s_3=s_2-x_2^*$，所以 $x_3^*=s_3=\dfrac{1}{4}c$，$f_3(s_3)=\dfrac{1}{4}c$

因此最优解为：$x_1^*=\dfrac{1}{4}c$，$x_2^*=\dfrac{1}{2}c$，$x_3^*=\dfrac{1}{4}c$，

最大值为：$\max z=f_1(c)=\dfrac{1}{64}c^4$

二、顺推解法

设已知终止状态 s_{n+1}，并假定最优值函数 $f_k(s)$ 表示第 k 阶段末的结束状态为 s，从 1 阶段到 k 阶段所得到的最大收益。

已知终止状态 s_{k+1} 用顺推解法与已知初始状态用逆推解法在本质上没有区别，它相当于把实际的起点视为终点，实际的终点视为起点，而按逆推解法进行的。换言之，只要把图 7.5 的箭头倒转过来即可，把输出 s_{k+1} 看作输入，把输入 s_k 看作输出，这样便得到顺推解法。但应注意，这里是在上述状态变量和决策变量的记法不变的情况下考虑的。因而这时的状态变换是上面状态变换的逆变换，记 $s_k=T_k^*(s_{k+1},x_k)$；从运算而言，即是由 s_{k+1} 和 x_k 而去确定 s_k 的。

从第一阶段开始，有 $f_1(s_1)=\max\limits_{x_1\in D_1(s_1)}v_1(s_1,x_1)$，其中 $s_1=T_1^*(s_2,x_1)$

解得最优解 $x_1=x_1(s_2)$ 和最优值 $f_1(s_2)$。若 $D_1(s_1)$ 只有一个决策，则 $x_1\in D_1(s_1)$ 就写成 $x_1=x_1(x_2)$。

在第二阶段，有 $f_2(s_3)=\max\limits_{x_3\in D_2(s_2)}\left[v_2(s_2,x_1)*f_1(s_2)\right]$，其中 $s_2=T_2^*(s_3,x_2)$

解得最优解 $x_2=x_2(s_3)$ 和最优值 $f_2(x_3)$。

如此类推，直到第 n 阶段，有 $f_n(s_{n+1})=\max\limits_{x_n\in D_n(s_n)}\left[v_n(s_n,x_n)*f_{n-1}(s_n)\right]$，其中 $s_n=T_n^*(s_{n+1},x_n)$，解得最优解 $x_n=x_n(s_{n+1})$ 和最优值 $f_n(s_{n+1})$。

由于终止状态 s_{n+1} 是已知的，故 $x_n=x_n(s_{n+1})$ 和 $f_n(s_{n+1})$ 是确定的。再按计算过程的相

反顺序推算上去,就可逐步确定出每阶段的决策及效益。

应指出的是,若将状态变量的记法改为 $s_0, s_1, \cdots, s_n$,决策变量记法不变,则按顺序解法,此时的最优值函数为 $f_k(s_k)$。因而,这个符号与逆推解法的符号一样,但含义是不同的,这里的 s_k 是表示 k 阶段末的结束状态。

例 7.6 用顺推解法求解下面问题:

$$\max z = 4x_1^2 - x_2^2 + 2x_3^2 + 12$$
$$\begin{cases} 3x_1 + 2x_2 + x_3 \leqslant 9 \\ x_1, x_2, x_3 \geqslant 0 \end{cases}$$

解:按问题的变量个数划分阶段,把它看作一个三阶段决策问题。

设状态变量为 s_0, s_1, s_2, s_3。并记 $s_3 \leqslant 9$;

令变量 x_1, x_2, x_3 为决策变量;

最优值函数 $f_k(s_k)$ 表示为第 k 阶段末的结束状态为 s_k,从第 1 阶段到第 k 阶段所得到的最大值。

设:$3x_1 = s_1, s_1 + 2x_2 = s_2, s_2 + x_3 = s_3 \leqslant 9$

则有:$x_1 = s_1/3, 0 \leqslant x_2 \leqslant s_2/2, 0 \leqslant x_3 \leqslant s_3 \leqslant 9$

即状态转移方程为:$s_1 = s_2 - 2x_2, s_2 = s_3 - x_3$

由顺推解法,$f_1(s_1) = \max\limits_{x_1 = s_1/3} (4x_1^2) = \dfrac{4}{9} s_1^2$,即最优解 $x_1^* = s_1/3$,

$$f_2(s_2) = \max_{x_1, x_2} [4x_1^2 - x_2^2] = \max_{0 \leqslant x_2 \leqslant s_2/2} [-x_2^2 + f_1(s_1)]$$

$$= \max_{0 \leqslant x_2 \leqslant s_2/2} \left[-x_2^2 + \frac{4}{9}(s_2 - 2x_2)^2 \right] = \max_{0 \leqslant x_2 \leqslant s_2/2} h_2(s_2, x_2)$$

由 $\dfrac{\mathrm{d}h_2}{\mathrm{d}x_2} = \dfrac{14}{9}x_2 - \dfrac{16}{9}s_2 = 0$,得 $x_2 = \dfrac{8}{7}s_2$(它不在决策集内)

则最大值在端点上,因为 $h_2(0) = \dfrac{4}{9}s_2^2, h_2\left(\dfrac{s_2}{2}\right) = -\dfrac{1}{4}s_2^2$

所以,最大值点为 $x_2 = 0$。故得到 $f_2(s_2) = \dfrac{4}{9}s_2^2$ 及最优解 $x_2^* = 0$。

$$f_3(s_3) = \max_{x_1, x_2, x_3} [4x_1^2 - x_2^2 + 2x_3^2 + 12] = \max_{0 \leqslant x_3 \leqslant s_3} [2x_3^2 + 12 + f_2(s_2)]$$

$$= \max_{0 \leqslant x_3 \leqslant s_3} \left[2x_3^2 + 12 + \frac{4}{9}(s_3 - x_3)^2 \right] = \max_{0 \leqslant x_3 \leqslant s_3} h_3(s_3, x_3)$$

由 $\dfrac{\mathrm{d}h_3}{\mathrm{d}x_3} = \dfrac{44}{9}x_3 - \dfrac{8}{9}s_3 = 0$,得 $x_3 = \dfrac{2}{11}s_3$

又 $\dfrac{\mathrm{d}^2 h_3}{\mathrm{d}x_3^2} = \dfrac{44}{9} > 0$,故该点为极小值点。

而 $h_3(0) = \dfrac{4}{9}s_3^2 + 12, h_2(s_3) = 2s_3^2 + 12$

所以,最大值点为 $x_3 = s_3$。故得到 $f_3(s_3) = 2s_3^2 + 12$ 及最优解 $x_3^* = s_3$。

由于 s_3 不知道，故须在对 s_3 求一次极值，即

$$\max_{0 \leqslant s_3 \leqslant 9} f_3(s_3) = \max_{0 \leqslant s_3 \leqslant 9} [2s_3^2 + 12] = 174$$

反推回去即可得最优解为：$x_1^* = 0, x_2^* = 0, x_3^* = 9$，

最大值为：$\max z = f_1(9) = 174$

例 7.7 用顺推解法求解下面问题：$\max z = x_1 x_2^2 x_3$

$$\begin{cases} x_1 + x_2 + x_3 = c \\ x_1, x_2, x_3 \geqslant 0 \end{cases}$$

解：设 $s_4 = c$，决策变量仍为 x_1, x_2, x_3；最优值函数 $f_k(s_{k+1})$ 表示为第 k 阶段末的结束状态为 s_{k+1}，从第 1 阶段到第 k 阶段所得到的最大值。

设：$s_2 = x_1, s_2 + x_2 = s_3, s_3 + x_3 = s_4 = c$

则有：$x_1 = s_2, 0 \leqslant x_2 \leqslant s_3, 0 \leqslant x_3 \leqslant s_4 = c$

即状态转移方程为：$s_2 = s_3 - x_2, s_3 = s_4 - x_3$

由顺推解法，$f_1(s_2) = \max_{x_1 = s_2}(x_1) = s_2$，即最优解 $x_1^* = s_2$，

$$f_2(s_3) = \max_{x_1, x_2} [x_1 \cdot x_2^2] = \max_{0 \leqslant x_2 \leqslant s_3} [x_2^2 \cdot f_1(s_2)]$$

$$= \max_{0 \leqslant x_2 \leqslant s_3} [x_2^2 \cdot (s_3 - x_2)] = \frac{4}{27} s_3^3$$

最优解 $x_2^* = \frac{2}{3} s_3$。

$$f_3(s_4) = \max_{x_1, x_2, x_3} [x_1 \cdot x_2^2 \cdot x_3] = \max_{0 \leqslant x_3 \leqslant s_4} [x_3 \cdot f_2(s_3)]$$

$$= \max_{0 \leqslant x_3 \leqslant s_4} \left[x_3 \cdot \frac{4}{27} (s_4 - x_3)^3 \right] = \frac{1}{64} s_4^4$$

最优解 $x_3^* = \frac{1}{4} s_4$

由于 $s_4 = c$，所以，$x_3^* = \frac{1}{4} c, f_3(c) = \frac{1}{64} c^4$

由 $s_3 = s_4 - x_3^*$，所以，$x_2^* = \frac{2}{3} s_3 = \frac{1}{2} c, f_2(s_2) = \frac{1}{16} c$

由 $s_2 = s_3 - x_2^*$，所以 $x_1^* = s_2 = \frac{1}{4} c, f_3(s_3) = \frac{1}{4} c$

因此最优解为：$x_1^* = \frac{1}{4} c, x_2^* = \frac{1}{2} c, x_2^* = \frac{1}{4} c$，

最大值为：$\max z = \frac{1}{64} c^4$

第五节 动态规划应用举例

一、资源分配问题

假设有某种资源的总数量为 a（例如原材料、能源、机器设备、劳动力、食品等），可用于生

产 n 个产品,若生产 j 种产品的所用资源数为 x_j 时,可获得利润为 $g_j(x_j)$,问如何分配该种资源,使所获得的总利润达到最大。

该问题的数学模型可表示为:

$$\max z = g_1(x_1) + g_2(x_2) + \cdots + g_n(x_n)$$

$$\begin{cases} x_1 + x_2 + \cdots + x_n \leqslant a \\ x_1, x_2, \cdots, x_n \geqslant 0 \end{cases}$$

当 $g_j(x_j)$ 都是线性函数时,它是一个线性规划问题;当 $g_j(x_j)$ 是非线性函数时,它是一个非线性规划问题。但当 n 比较大时,求解起来是非常麻烦的。由于该问题的特殊性,可以将它看成一个多阶段决策问题,并利用动态规划的方法来求解。

我们将 n 个产品看作是 n 个阶段,设状态变量 s_k 表示生产第 k 个产品至第 n 个产品的资源数量,$0 \leqslant s_k \leqslant a$。

决策变量 x_j 表示生产第 k 个产品的所用资源数量,$0 \leqslant x_k \leqslant s_k$。

显然状态转移方程为:

$$s_{k+1} = s_k - x_k$$

第 k 阶段的阶段指标为:$v_k(s_k, x_k) = g_k(x_k)$。

最优值函数 $f_k(s_k)$ 表示生产第 k 个产品至第 n 个产品的资源数量为 s_k 时所获得的最大总利润。

则由动态规划最优化原理,可得动态规划的基本方程为:

$$\begin{cases} f_k(s_k) = \max_{x_k} \{ g_k(x_k) + f_{k+1}(s_{k+1}) \} \\ f_{n+1}(s_{n+1}) = 0 \end{cases}$$

下面来考虑一种资源可回收利用的资源分配问题,这类分配问题的一般描述如下:

设有某种资源,初始的拥有量是 s_1。计划在 A、B 两个生产车间连续使用 n 个阶段。已知 A 车间投入资源 x 时的阶段收益是 $g(x)$,在 B 车间投入资源 y 时的阶段收益是 $h(y)$。投入的资源在生产过程中有部分消耗,已知,每生产一个阶段后,车间 A、B 的资源回收率分别为 a 和 b,$0 < a, b < 1$。回收的资源下一阶段可继续使用,求 n 阶段间总收益最大的资源分配计划。

设 s_j 为第 j 阶段投入 A、B 两个车间使用的资源数,$j = 1, 2, \cdots, n$。

x_j 为第 j 阶段投入 A 车间使用的资源数,投入 B 车间使用的资源数为 $y_j = s_j - x_j$,$j = 1, 2, \cdots, n$。此问题的静态规划模型为:

$$\max z = g(x_1) + h(s_1 - x_1) + g(x_2) + h(s_2 - x_2) + \cdots + g(x_n) + h(s_n - x_n)$$

$$\begin{cases} s_s = ax_1 + b(s_1 - x_1) \\ s_3 = ax_2 + b(s_2 - x_2) \\ \cdots\cdots \\ s_n = ax_{n-1} + b(s_{n-1} - x_{n-1}) \\ 0 \leqslant x_j \leqslant s_j, j = 1, 2, \cdots, n \end{cases}$$

该模型可用动态规划的方法来处理。

令 s_k 为状态变量,表示在第 k 阶段投入 A、B 两个车间使用的资源数,$k=1,2,\cdots,n$。

x_k 为决策变量,它表示在第 k 阶段投入 A 车间使用的资源数,则 $y_k=s_k-x_k$ 表示在第 k 阶段投入 B 车间使用的资源数,$k=1,2,\cdots,n$。

状态转移方程为:$s_{k+1}=ax_k+b(s_k-x_k)$。

最优值函数 $f_k(s_k)$ 表示拥有资源数为 s_k 时,从第 k 阶段至第 n 阶段采取最优分配方案进行生产时所获得的最大总收益。

则动态规划的递推公式

$$\begin{cases} f_k(s_k)=\max\limits_{x_k}\{g(x_k)+h(s_k-x_k)+f_{k+1}(s_{k+1})\} \\ f_{n+1}(s_{n+1})=0 \end{cases}$$

下面针对一个具体问题,用此方法求解。

例 7.8 机器负荷分配问题。

某公司新购进 1 000 台机床,每台机床都可在高、低两种不同的负荷下进行生产,设在高负荷下生产的产量函数为 $g(x)=10x$(单位:百件),其中 x 为投入生产的机床数量,年完好率为 $a=0.7$;在低负荷下生产的产量函数为 $h(y)=6y$(单位:百件),其中 y 为投入生产的机床数量,年完好率为 $b=0.9$。计划连续使用 5 年,试问每年如何安排机床在高、低负荷下的生产计划,使在 5 年内生产的产品总产量达到最高。

解: 该问题可看作一个 5 阶段决策问题,一个年度就是一个阶段。

状态变量 s_k 取为第 k 年度初具有的完好机床台数。

决策变量 x_k 为第 k 年度中分配在高负荷下生产的机器台数,则 $y_k=s_k-x_k$ 为第 k 年度中分配在低负荷下生产的机器台数(假定 x_k、s_k 皆为连续变量)。

状态转移方方程为:$s_{k+1}=ax_k+b(s_k-x_k)=0.7x_k+0.9(s_k-x_k)$

第 k 年度的产量为:$v_k(s_k,x_k)=10x_k+6(s_k-x_k)$

最优值函数 $f_k(s_k)$ 表示拥有机床数为 s_k 时,从第 k 年度至第 5 年度采取最优分配方案进行生产时所获得的最大总产量。

则动态规划的基本方程为:

$$\begin{cases} f_k(s_k)=\max\limits_{x_k}\{g(x_k)+h(s_k-x_k)+f_{k+1}(s_{k+1})\} \\ f_{n+1}(s_{n+1})=0 \end{cases}$$

下面第 5 年度开始,用逆推归纳法进行计算。

(1)$k=5$ 时,有

$$\begin{aligned} f_5(s_5) &= \max_{0\leqslant x_5\leqslant s_5}\{g(x_5)+h(s_5-x_5)+f_6(s_6)\} \\ &= \max_{0\leqslant x_5\leqslant s_5}\{10x_5+6(s_5-x_5)+0\} \\ &= \max_{0\leqslant x_5\leqslant s_5}\{4x_5+6s_5\} \end{aligned}$$

因为 $f_5(s_5)$ 是 x_5 的单调增加函数,故得最大解为 $x_5^*=s_5$,相应有 $f_5(s_5)=10s_5$。

(2)$k=4$ 时,有

$$f_4(s_4) = \max_{0 \leqslant x_4 \leqslant s_4} \{g(x_4) + h(s_4 - x_4) + f_5(s_5)\}$$

$$= \max_{0 \leqslant x_4 \leqslant s_4} \{10x_4 + 6(s_4 - x_4) + f_5(0.7x_4 + 0.9(s_4 - x_4))\}$$

$$= \max_{0 \leqslant x_4 \leqslant s_4} \{10x_4 + 6(s_4 - x_4) + 10(0.7x_4 + 0.9(s_4 - x_4))\}$$

$$= \max_{0 \leqslant x_4 \leqslant s_4} \{2x_4 + 15s_4\}$$

因为 $f_4(s_4)$ 是 x_4 的单调增加函数,故得最大解为 $x_4^* = s_4$,相应有 $f_4(s_4) = 17s_4$。

(3)$k = 3$ 时,有

$$f_3(s_3) = \max_{0 \leqslant x_3 \leqslant s_3} \{g(x_3) + h(s_3 - x_3) + f_4(s_4)\}$$

$$= \max_{0 \leqslant x_3 \leqslant s_3} \{10x_3 + 6(s_3 - x_3) + f_4(0.7x_3 + 0.9(s_3 - x_3))\}$$

$$= \max_{0 \leqslant x_3 \leqslant s_3} \{10x_3 + 6(s_3 - x_3) + 17(0.7x_3 + 0.9(s_3 - x_3))\}$$

$$= \max_{0 \leqslant x_3 \leqslant s_3} \{0.6x_3 + 21.3s_3\}$$

因为 $f_3(s_3)$ 是 x_3 的单调增加函数,故得最大解为 $x_3^* = s_3$,相应有 $f_3(s_3) = 21.9s_3$。

(4)当 $k = 2$ 时,有

$$f_2(s_2) = \max_{0 \leqslant x_2 \leqslant s_2} \{g(x_2) + h(s_2 - x_2) + f_3(s_3)\}$$

$$= \max_{0 \leqslant x_2 \leqslant s_2} \{10x_2 + 6(s_2 - x_2) + f_3(0.7x_2 + 0.9(s_2 - x_2))\}$$

$$= \max_{0 \leqslant x_2 \leqslant s_2} \{10x_2 + 6(s_2 - x_2) + 21.9(0.7x_2 + 0.9(s_2 - x_2))\}$$

$$= \max_{0 \leqslant x_2 \leqslant s_2} \{-0.38x_2 + 25.71s_2\}$$

因为 $f_2(s_2)$ 是 x_2 的单调减少函数,故得最大解为 $x_2^* = 0$,相应有 $f_2(s_2) = 25.71s_2$。

(5)当 $k = 1$ 时,有

$$f_1(s_1) = \max_{0 \leqslant x_1 \leqslant s_1} \{g(x_1) + h(s_1 - x_1) + f_2(s_2)\}$$

$$= \max_{0 \leqslant x_1 \leqslant s_1} \{10x_1 + 6(s_1 - x_1) + f_2(0.7x_1 + 0.9(s_1 - x_1))\}$$

$$= \max_{0 \leqslant x_1 \leqslant s_1} \{10x_1 + 6(s_1 - x_1) + 25.71(0.7x_1 + 0.9(s_1 - x_1))\}$$

$$= \max_{0 \leqslant x_1 \leqslant s_1} \{-1.142x_1 + 29.139s_1\}$$

因为 $f_1(s_1)$ 是 x_1 的单调减少函数,故得最大解为 $x_1^* = 0$,相应有 $f_1(s_1) = 29.139s_1$。

由于第 1 阶段的初始状态 s_1 是给定的,即 $s_1 = 1\,000$,因此最优目标函数值为 $f_1(s_1) = f_1(1\,000) = 29\,139$(百件)。

计算结果表明:最优策略为 $x_1^* = 0, x_2^* = 0, x_3^* = s_3, x_4^* = s_4, x_5^* = s_5$。即前两年应把年初全部完好机床投入低负荷生产,后 3 年应把年初全部完好机床投入高负荷生产。这样所得的产量最高,其最高产量为 29 139 百件产品。同时,从求解过程还可反过来确定每年年初的状态,即每年年初所拥有的完好机器台数。已知 $s_1 = 1\,000$,于是可得:

$$s_2 = 0.7x_1 + 0.9(s_1 - x_1) = 0.9s_1 = 900(台)$$

$$s_3 = 0.7x_2 + 0.9(s_2 - x_2) = 0.9s_2 = 810(台)$$
$$s_4 = 0.7x_3 + 0.9(s_3 - x_3) = 0.7s_3 = 567(台)$$
$$s_5 = 0.7x_4 + 0.9(s_4 - x_4) = 0.7s_4 = 397(台)$$
$$s_6 = 0.7x_5 + 0.9(s_5 - x_5) = 0.7s_5 = 278(台)$$

由此可知最优的决策过程是：第一年将全部 1 000 台机器全部投入到低负荷下进行生产，第一年末机床完好数是 900 台，第二年将 900 台机器继续投入到低负荷下进行生产，第二年末机床完好数成为 810 台，第三年改变策略将这 810 台机床全部投入到高负荷下进行生产，第三年末机床完好数为 567 台，第四年将这 567 台机床全部投入到高负荷下进行生产，第四年末机床完好数成为 397 台，第五年将这 397 台机床投入到高负荷下进行生产，这样第五年末剩下的完好机床数为 278 台，5 年共生产产品 29 139(百件)。

二、生产与存储问题

假设为有一个企业，要制定某种产品 n 个阶段（例如年、月、周）的生产（或购买）计划，已知初始的存储量为零，第 k 个阶段市场需求量为 d_k，每个阶段企业的最大产量为 M，单位产品的生产成本为 a，每次生产的生产准备成本为 K。问该企业如何安排生产和存储，才能既满足市场需求，又使总的费用最少？

设 x_k 为第 k 个阶段该产品的生产量。

s_k 为第 k 个阶段末该产品的库存量，则有 $s_k = s_{k-1} + x_k - d_k$。

$c_k(x_k)$ 表示第 k 个阶段该产品 x_k 时的成本费用，它包括生产准备成本 K 和产品成本 ax_k 两项费用，即

$$c_k(x_k) = \begin{cases} 0, & x_k = 0 \\ K + ax_k, & x_k = 1, 2, \cdots, M \\ \infty, & x_k > M \end{cases}$$

$h_k(s_k)$ 表示在第 k 个阶段结束时库存量为 s_k 时所需的存储费用。故第 k 个阶段的总成本费用为 $c_k(x_k) + h_k(s_k)$。

上述问题的数学模型为：

$$\min z = \sum_{k=1}^{n} [c_k(x_k) + h_k(s_k)]$$

$$\text{s.t.} \begin{cases} s_0 = 0, & s_n = 0 \\ s_k = \sum_{j=1}^{k}(x_j - d_j) \geqslant 0 & k = 1, 2, \cdots, n-1 \\ 0 \leqslant x_k \leqslant M & k = 1, 2, \cdots, n \\ x_k \text{ 为整数} & k = 1, 2, \cdots, n \end{cases}$$

现在我们用动态规划的顺推归纳法来求解，把它看作一个 n 阶段决策问题。令 x_k 为决策变量，它表示在第 k 阶段的生产量。

s_k 为状态变量，它表示在第 k 个阶段末该产品的库存量。

则状态转移方程为：$s_k = s_{k-1} + x_k - d_k$。

最优值函数 $f_k(s_k)$ 表示从第 1 阶段初始库存量为 0 到第 k 阶段末库存量为 s_k 时的最小总费用。

则其顺序递推关系式：

$$f_k(s_k) = \min_{0 \leqslant x_k \leqslant \sigma_k} [c_k(x_k) + h_k(s_k) + f_{k-1}(s_{k-1})] \quad k = 1, 2, \cdots, n$$

其中 $\sigma_k = \min(s_k + d_k, M)$，这是因为一方面在每个阶段企业的最大产量为 M，另一方面由于满足每个阶段市场的需求量，因为第 $k-1$ 阶段末库存量为 s_{k-1} 必须非负，即：

$$s_{k-1} = d_k + s_k - x_k \geqslant 0, \quad x_k \leqslant d_k + s_k。$$

边界条件为 $f_0(s_0)$（或 $f_1(s_1) = \min[c_1(x_1) + h_1(s_1)]$）。

从边界条件出发，利用上面顺序递推关系式，最后求出的 $f_n(s_n)$ 即为所要求的最小总费用。

下面通过一个实际例子来学习动态规划求解生产与存储问题的方法。

例 7.9 某企业通过市场调查，估计今后 4 个时期市场对某种产品的需要量如表 7.1 所示。

表 7.1

时期(k)	1	2	3	4
需要量(d_k)	2（单位）	3	2	4

假定不论在任何时期，生产每批产品的固定成本费为 3（千元），若不生产，则为零；生产单位产品成本费为 1（千元）；每个时期生产能力所允许的最大生产批量为不超过 6 个单位，则任何时期生产 x 个单位产品的成本费用为：

若 $0 < x \leqslant 6$，则生产总成本 $= 3 + 1 \cdot x$

若 $x = 0$，则生产总成本 $= 0$

又设每个时期末未销售出去的产品，在一个时期内单位产品的库存费用为 0.5（千元），同时还假定第 1 时期开始之初和在第 4 个时期之末，均无产品库存。现在的问题是：在满足上述给定的条件下，该厂如何安排各个时期的生产与库存，使所花的总成本费用最低？

解：将 4 个时期分为 4 个阶段，设 k 为阶段变量，$k = 1, 2, 3, 4$。

状态变量为 s_k，它表示在第 k 个阶段末该产品的库存量。

决策变量为 x_k，它表示在第 k 阶段的生产量。

则状态转移方程为：$s_{k-1} = s_k - x_k + d_k$。

在第 k 个阶段生产准备成本为：

$$c_k(x_k) = \begin{cases} 0 & x_k = 0 \\ 3 + 1 * x_k & x_k = 1, 2, \cdots, 6 \\ \infty & x_k > 6 \end{cases}$$

第 k 个阶段结束时有库存量 s_k 所需的存贮费用为：$h_k(s_k) = 0.5 s_k$。

故第 k 个阶段的总成本费用为 $c_k(x_k) + h_k(s_k)$。

则其顺序递推关系式：

$$f_k(s_k) = \min_{0 \leqslant x_k \leqslant \sigma_k} [c_k(x_k) + h_k(s_k) + f_{k-1}(s_{k-1})]$$

$$= \min_{0 \leqslant x_k \leqslant \sigma_k} [c_k(x_k) + h_k(s_k) + f_{k-1}(s_k + d_k - x_k)] \quad k = 1,2,3,4$$

其中 $\sigma_k = \min(s_k + d_k, 6)$

边界条件 $f_0(s_0) = 0, f_1(s_1) \min_{0 \leqslant x_1 \leqslant \sigma_1} [c_1(x_1) + h_1(s_1)]$。

1)当 $k = 1$ 时,由于

$$f_1(s_1) = \min_{0 \leqslant x_1 \leqslant \sigma_1} [c_1(x_1) + h_1(s_1)] = \min_{0 \leqslant x_1 \leqslant \min(s_1 + 2, 6)} [c_1(x_1) + h_1(s_1)]$$

对 s_1 的可能取值在 0 至 $\min[\sum\limits_{j=2}^{4} d_j, M - d_1] = \min[9, 6-2] = 4$ 的值分别进行计算。

$s_1 = 0, f_1(0) = \min\limits_{x_1=2}[c_1(2) + h_1(0)] = \min\limits_{x_2=2}[3 + 1 \times 2 + 0.5 \times 0] = 5, \quad x_1^* = 2$

$s_2 = 1, f_1(1) = \min\limits_{x_1=3}[c_1(3) + h_1(1)] = \min\limits_{x_2=3}[3 + 1 \times 3 + 0.5 \times 1] = 6.5, \quad x_1^* = 3$

$s_1 = 2, f_1(2) = \min\limits_{x_1=4}[c_1(4) + h_1(2)] = \min\limits_{x_2=4}[3 + 1 \times 4 + 0.5 \times 2] = 8, \quad x_1^* = 4$

$s_1 = 3, f_1(3) = \min\limits_{x_1=5}[c_1(5) + h_1(3)] = \min\limits_{x_2=5}[3 + 1 \times 5 + 0.5 \times 3] = 9.5, \quad x_1^* = 5$

$s_1 = 4, f_1(4) = \min\limits_{x_1=6}[c_1(6) + h_1(4)] = \min\limits_{x_2=6}[3 + 1 \times 6 + 0.5 \times 4] = 11, \quad x_1^* = 6$

2)当 $k = 2$ 时,由于

$$f_2(s_2) = \min_{0 \leqslant x_2 \leqslant \sigma_2} [c_2(x_2) + h_2(s_2) + f_1(s_1)]$$

$$= \min_{0 \leqslant x_2 \leqslant \min(s_2 + 3, 6)} [c_2(x_2) + h_2(s_2) + f_1(s_2 + 3 - x_2)]$$

对 s_2 的可能取值在 0 至

$$\min\left[\sum_{j=3}^{4} d_j, s_1 + M - d_2\right] = \min[6, s_1 + 6 - 3] = 6$$

(s_1 最大可取到 4)的值分别进行计算。

$$s_2 = 0, f_2(0) = \min_{0 \leqslant x_2 \leqslant 3} [c_2(x_2) + h_2(0) + f_1(3 - x_2)]$$

$$= \min\begin{Bmatrix} c_2(0) + h_2(0) + f_1(3) \\ c_2(1) + h_2(0) + f_1(2) \\ c_2(2) + h_2(0) + f_1(1) \\ c_2(3) + h_2(0) + f_1(0) \end{Bmatrix} = \min\begin{Bmatrix} \underline{0 + 0 + 9.5} \\ \underline{4 + 0 + 8} \\ 5 + 0 + 6.5 \\ 6 + 0 + 5 \end{Bmatrix} = 9.5, x_2^* = 0$$

$$s_2 = 1, f_2(1) = \min_{0 \leqslant x_2 \leqslant 4} [c_2(x_2) + h_2(1) + f_1(4 - x_2)]$$

$$= \min\begin{Bmatrix} c_2(0) + h_2(1) + f_1(4) \\ c_2(1) + h_2(1) + f_1(3) \\ c_2(2) + h_2(1) + f_1(2) \\ c_2(3) + h_2(1) + f_1(1) \\ c_2(4) + h_2(1) + f_1(0) \end{Bmatrix} = \min\begin{Bmatrix} \underline{0 + 0.5 + 11} \\ 4 + 0.5 + 9.5 \\ 5 + 0.5 + 8 \\ 6 + 0.5 + 6.5 \\ 7 + 0.5 + 5 \end{Bmatrix} = 11.5, x_2^* = 0$$

$$s_2 = 2, f_2(2) = \min_{1 \leqslant x_2 \leqslant 5}[c_2(x_2) + h_2(2) + f_1(5 - x_2)]$$

$$= \min\begin{Bmatrix} c_2(1) + h_2(2) + f_1(4) \\ c_2(2) + h_2(2) + f_1(3) \\ c_2(3) + h_2(2) + f_1(2) \\ c_2(4) + h_2(2) + f_1(1) \\ c_2(5) + h_2(2) + f_1(0) \end{Bmatrix} = \min\begin{Bmatrix} 4+1+11 \\ 5+1+9.5 \\ 6+1+8 \\ 7+1+6.5 \\ 8+1+5 \end{Bmatrix} = 14, x_2^* = 5$$

$$s_2 = 3, f_2(3) = \min_{2 \leqslant x_2 \leqslant 6}[c_2(x_2) + h_2(3) + f_1(6 - x_2)]$$

$$= \min\begin{Bmatrix} c_2(2) + h_2(3) + f_1(4) \\ c_2(3) + h_2(3) + f_1(3) \\ c_2(4) + h_2(3) + f_1(2) \\ c_2(5) + h_2(3) + f_1(1) \\ c_2(6) + h_2(3) + f_1(0) \end{Bmatrix} = \min\begin{Bmatrix} 5+1.5+11 \\ 6+1.5+9.5 \\ 7+1.5+8 \\ 8+1.5+6.5 \\ 9+1.5+5 \end{Bmatrix} = 15.5, x_2^* = 6$$

$$s_2 = 4, f_2(4) = \min_{3 \leqslant x_2 \leqslant 6}[c_2(x_2) + h_2(4) + f_1(7 - x_2)]$$

$$= \min\begin{Bmatrix} c_2(3) + h_2(4) + f_1(4) \\ c_2(4) + h_2(4) + f_1(3) \\ c_2(5) + h_2(4) + f_1(2) \\ c_2(6) + h_2(4) + f_1(1) \end{Bmatrix} = \min\begin{Bmatrix} 6+2+11 \\ 7+2+9.5 \\ 8+2+8 \\ 9+2+6.5 \end{Bmatrix} = 17.5, x_2^* = 6$$

$$s_2 = 5, f_2(5) = \min_{4 \leqslant x_2 \leqslant 6}[c_2(x_2) + h_2(5) + f_1(8 - x_2)]$$

$$= \min\begin{Bmatrix} c_2(4) + h_2(5) + f_1(4) \\ c_2(5) + h_2(5) + f_1(3) \\ c_2(6) + h_2(5) + f_1(2) \end{Bmatrix} = \min\begin{Bmatrix} 7+2.5+11 \\ 8+2.5+9.5 \\ 9+2.5+8 \end{Bmatrix} = 19.5, x_2^* = 6$$

$$s_2 = 6, f_2(6) = \min_{5 \leqslant x_2 \leqslant 6}[c_2(x_2) + h_2(5) + f_1(9 - x_2)]$$

$$= \min\begin{Bmatrix} c_2(5) + h_2(6) + f_1(4) \\ c_2(6) + h_2(6) + f_1(3) \end{Bmatrix} = \min\begin{Bmatrix} 8+3+11 \\ 9+3+9.5 \end{Bmatrix} = 21.5, x_2^* = 6$$

3)当 $k = 3$ 时,由于

$$f_3(s_3) = \min_{0 \leqslant x_3 \leqslant \sigma_3}[c_3(x_3) + h_3(s_3) + f_2(s_2)]$$

$$= \min_{0 \leqslant x_1 \leqslant \min(s_3 + d_3, 6)}[c_3(x_3) + h_3(s_3) + f_2(s_3 + 2 - x_3)]$$

对 s_3 的可能取值在 0 至 $\min[d_4, s_2 + M - d_3] = \min[4, 6+6-2] = 4$

(s_2 最大可取到 6)的值分别进行计算。

$$s_3 = 0, f_3(0) = \min_{0 \leqslant x_3 \leqslant 2}[c_3(x_3) + h_3(0) + f_2(2 - x_3)]$$

$$= \min\begin{Bmatrix} c_2(0) + h_2(0) + f_1(2) \\ c_2(1) + h_2(0) + f_1(1) \\ c_2(2) + h_2(0) + f_1(0) \end{Bmatrix} = \min\begin{Bmatrix} 0+0+14 \\ 4+0+11.5 \\ 5+0+9.5 \end{Bmatrix} = 14, x_3^* = 0$$

$$s_3=1,f_3(1)=\min_{0\leqslant x_3\leqslant 3}\left[c_3(x_3)+h_3(1)+f_2(3-x_3)\right]$$

$$=\min\left\{\begin{array}{l}c_2(0)+h_2(1)+f_2(3)\\c_2(1)+h_2(1)+f_2(2)\\c_2(2)+h_2(1)+f_2(1)\\c_2(3)+h_2(1)+f_2(0)\end{array}\right\}=\min\left\{\begin{array}{l}0+0.5+15.5\\4+0.5+14\\5+0.5+11.5\\6+0.5+9.5\end{array}\right\}=16,x_3^*=0\text{ 或 }3$$

$$s_3=2,f_3(2)=\min_{0\leqslant x_3\leqslant 4}\left[c_3(x_3)+h_3(2)+f_2(4-x_3)\right]$$

$$=\min\left\{\begin{array}{l}c_2(0)+h_2(2)+f_2(4)\\c_2(1)+h_2(2)+f_2(3)\\c_2(2)+h_2(2)+f_2(2)\\c_2(3)+h_2(2)+f_2(1)\\c_2(4)+h_2(2)+f_2(0)\end{array}\right\}=\min\left\{\begin{array}{l}0+1+17.5\\4+1+15.5\\5+1+14\\6+1+11.5\\7+1+9.5\end{array}\right\}=17.5,x_3^*=4$$

$$s_3=3,f_3(3)=\min_{0\leqslant x_3\leqslant 5}\left[c_3(x_3)+h_3(3)+f_2(5-x_3)\right]$$

$$=\min\left\{\begin{array}{l}c_2(0)+h_2(3)+f_2(5)\\c_2(1)+h_2(3)+f_2(4)\\c_2(2)+h_2(3)+f_2(3)\\c_2(3)+h_2(3)+f_2(2)\\c_2(4)+h_2(3)+f_2(1)\end{array}\right\}=\min\left\{\begin{array}{l}0+1.5+19.5\\4+1.5+17.5\\5+1.5+15.5\\6+1.5+14\\7+0.5+11.5\end{array}\right\}=19,x_3^*=5$$

$$s_3=4,f_3(4)=\min_{0\leqslant x_3\leqslant 6}\left[c_3(x_3)+h_3(4)+f_2(6-x_3)\right]$$

$$=\min\left\{\begin{array}{l}c_2(0)+h_2(4)+f_2(6)\\c_2(1)+h_2(4)+f_2(5)\\c_2(2)+h_2(4)+f_2(4)\\c_2(3)+h_2(4)+f_2(3)\\c_2(4)+h_2(4)+f_2(2)\\c_2(5)+h_2(4)+f_2(1)\\c_2(6)+h_2(4)+f_2(0)\end{array}\right\}=\min\left\{\begin{array}{l}0+2+21.5\\4+2+19.5\\5+2+17.5\\6+2+15.5\\7+2+14\\8+2+11.5\\9+2+9.5\end{array}\right\}=20.5,x_3^*=6$$

4)当 $k=4$ 时,由于要求的第 4 个阶段结束时的库存量为 0,即 $s_4=0$,因此只须计算

$$f_4(0)=\min_{0\leqslant x_4\leqslant 4}\left[c_4(x_4)+h_4(0)+f_3(s_3)\right]=\min_{0\leqslant x_1\leqslant 4}\left[c_4(x_4)+h_4(0)+f_3(4-x_4)\right]$$

$$=\min\left\{\begin{array}{l}c_4(0)+h_2(0)+f_3(4)\\c_4(1)+h_2(0)+f_3(3)\\c_4(2)+h_2(0)+f_3(2)\\c_4(3)+h_2(0)+f_3(1)\\c_4(4)+h_2(0)+f_3(0)\end{array}\right\}=\min\left\{\begin{array}{l}0+0+20.5\\4+0+19\\5+0+17.5\\6+0+16\\7+0+14\end{array}\right\}=20.5,x_4^*=0$$

再按计算的顺序反推回去,可得到每个时期的确最优生产决策为:

$$x_1^*=5,x_2^*=0,x_3^*=6,x_4^*=0$$

其相应的最小总成本为 20.5 千元。

三、背包问题

有一个徒步旅行者带一背包,它可容纳物品重量的限度为 a kg。有 n 种物品可供他选择装入背包中。这 n 种物品编号为 $1,2,\cdots,n$。已知第 i 种物品每件重量为 w_i kg,使用价值是第 i 种物品携带数量 x_i 的函数 $c_i(x_i)$。问该旅行者应如何选择携带这些物品的件数,使得总使用价值最大?

设 x_i 为第 i 种物品的装入件数,则问题的数学模型为:

$$\max z = \sum_{i=1}^{n} c_i(x_i)$$

$$\begin{cases} \sum_{i=1}^{n} w_i x_i \leqslant a \\ x_i \geqslant 0 \text{ 整数}, i=1,2,\cdots,n \end{cases}$$

将 n 种物品划分为 n 个阶段,

状态变量 s_k 表示装入第 1 种物品至第 k 种物品的总重量。

决策变量 x_k 表示装入第 k 种物品的件数。

则状态转移方程为:$s_{k-1} = s_k - w_k x_k$。

最优值函数 $f_k(s_k)$ 表示当总重量不超过 s_k kg,背包中只装前 k 种物品的最大价值。

则动态规划的递归方程为:

$$f_k(s_k) = \max_{x_i} \sum_{i=1}^{k} c_i(x_i) = \max_{x_k}\{c_k(x_k) + f_{k-1}(s_{k-1})\}$$

最后得到的 $f_n(a)$ 就是所求的最大价值。

例 7.10 设有一辆载重为 10 t 的卡车,用以装载三种货物,每种货物的单位重量及单件价值如表 7.2 所示,问各种货物应装多少件,才能既不超过总重量又使总价值最大?

表 7.2

货物	1	2	3
单位重量/t	3	4	5
单件价值/万元	4	5	6

解: 设 x_j 表示第 j 种货物的件数($j=1,2,3$),则问题可归结为

$$\max z = 4x_1 + 5x_2 + 6x_3$$

$$\text{s. t.} \begin{cases} 3x_1 + 4x_2 + 5x_3 \leqslant 10 \\ x_1, x_2, x_3 \geqslant 0 \text{ 整数} \end{cases}$$

用动态规划方法来解,问题变为求 $f_3(10)$。

$$f_3(10) = \max_{3x_1 + 4x_2 \leqslant 10 - 5x_3} [6x_3 + f_2(s_2)]$$

$$= \max_{5x_3 \leqslant 10}[6x_3 + f_2(10 - 5x_3)] = \max \begin{Bmatrix} 0 + f_2(10) \\ 6 + f_2(5) \\ 12 + f_2(0) \end{Bmatrix}$$

必须先算出 $f_2(10), f_2(5), f_2(0)$。而

$$f_2(10) = \max_{3x_1 \leqslant 10 - 4x_2}[5x_2 + f_1(s_1)]$$

$$= \max_{4x_2 \leqslant 10}[5x_2 + f_1(10 - 4x_2)] = \max \begin{Bmatrix} 0 + f_1(10) \\ 5 + f_1(6) \\ 12 + f_1(2) \end{Bmatrix}$$

$$f_2(5) = \max_{3x_1 \leqslant 5 - 4x_2}[5x_2 + f_1(s_1)]$$

$$= \max_{4x_2 \leqslant 5}[5x_2 + f_1(5 - 4x_2)] = \max \begin{Bmatrix} 0 + f_1(5) \\ 5 + f_1(1) \end{Bmatrix}$$

$$f_2(0) = \max_{3x_1 + 4x_2 \leqslant 0}[4x_1 + 5x_2] = \max_{3x_1 \leqslant 0 - 4x_2}[5x_2 + f_1(s_1)]$$

$$= \max_{4x_2 \leqslant 0}[5x_2 + f_1(10 - 4x_2)] = \max\{0 + f_1(0)\} = f_1(0)$$

必须先算出 $f_1(10), f_1(6), f_1(5), f_1(2), f_1(1), f_1(0)$。而

$$f_1(s_1) = \max_{3x_1 \leqslant s_1}(4x_1) = 4 \times \left[\frac{s_1}{3}\right]$$

相应的最优策略为 $x_1 = \left[\dfrac{s_1}{3}\right]$，于是得到

$$f_1(10) = 4 \times 3 = 12, x_1^* = 3$$
$$f_1(6) = 4 \times 2 = 8, x_1^* = 2$$
$$f_1(5) = 4 \times 1 = 4, x_1^* = 1$$
$$f_1(2) = 4 \times 0 = 0, x_1^* = 0$$
$$f_1(1) = 4 \times 0 = 0, x_1^* = 0$$
$$f_1(0) = 4 \times 0 = 0, x_1^* = 0$$

从而

$$f_2(10) = \max \begin{Bmatrix} 0 + f_1(10) \\ 5 + f_1(6) \\ 10 + f_1(2) \end{Bmatrix} = \max \begin{Bmatrix} 0 + 12 \\ \underline{5 + 8} \\ 10 + 0 \end{Bmatrix} = 13, x_2^* = 1$$

$$f_2(6) = \max \begin{Bmatrix} 0 + f_1(5) \\ 5 + f_1(1) \end{Bmatrix} = \max \begin{Bmatrix} 0 + 4 \\ \underline{5 + 0} \end{Bmatrix} = 5, x_2^* = 1$$

$$f_2(0) = \max\{0 + f_1(0)\} = 0, x_2^* = 0$$

最后得到：

$$f_3(10) = \max \begin{cases} 0 + f_2(10) \\ 6 + f_2(5) \\ 12 + f_2(0) \end{cases} = \max \begin{cases} 0 + 13 \\ 6 + 5 \\ 12 + 0 \end{cases} = 13, x_3^* = 0$$

所以最优装入方案为：$x_1^* = 2, x_2^* = 1, x_3^* = 0$，最大使用价值为 13。

四、复合系统工作可靠性问题

若某种机器的工作系统由 n 个部件串联组成，只要有一个部件失灵整个系统就不能工作。为提高系统工作的可靠性，在每一个部件上均装有主要元件的备用件，并且设计了备用元件自动投入装置。显然，备用元件越多，整个系统正常工作的可靠性越大。但备用元件多了，整个系统的成本、重量、体积均相应加大，工作精度也降低。因此，最优化问题是在考虑上述限制条件下，应如何选择各部件的备用元件数，使整个系统的工作可靠性最大。

设部件 $i(i = 1, 2, \cdots, n)$ 上装有 u_i 个备用件时，它正常工作的概率为 $p_i(u_i)$。因此，整个系统正常工作的可靠性，可用它正常工作的概率衡量。即

$$P = \prod_{i=1}^{n} p_i(u_i)$$

设装一个部件 i 备用元件费用为 c_i，重量为 w_i，要求总费用不超过 c，总重量不超过 w，则这个问题有两个约束条件，它的静态规划模型为：

$$\max P = \prod_{i=1}^{n} p_i(u_i)$$

$$\begin{cases} \sum_{i=1}^{n} c_i u_i \leqslant c \\ \sum_{i=1}^{n} w_i u_i \leqslant w \\ u_i \geqslant 0 \text{ 且为整数}, i = 1, 2, \cdots, n \end{cases}$$

这是一个非线性整数规划问题，因 u_i 要求为整数，且目标函数是非线性的。非线性整数规划是个较为复杂的问题，但是用动态规划方法来解还是比较容易的。

为了构造动态规划模型，根据有两个约束条件，就取二维状态变量，采用两个状态变量符号 x_k, y_k 来表达，其中

x_k ——由第 k 个到第 n 个部件所容许使用的总费用。

y_k ——由第 k 个到第 n 个部件所容许具有的总重量。

决策变量 u_k 为部件 k 上装的备用元件数，这里决策变量是一维的。

这样，状态转移方程为：

$$x_{k+1} = x_k - u_k c_k$$
$$y_{k+1} = y_k - u_k w_k \quad (1 \leqslant k \leqslant n)$$

允许决策集合为

$$D_k(x_k, y_k) = \{u_k : 0 \leqslant u_k \leqslant \min([x_k/c_k], [y_k/w_k])\}$$

最优值函数 $f_k(x_k,y_k)$ 为由状态 x_k 和 y_k 出发,从部件 k 到部件 n 的系统的最大可靠性。

因此,整机可靠性的动态规划基本方程为:

$$\begin{cases} f_k(x_k,y_k) = \max_{u_k \in D_k(x_k,y_k)} \left[p_k(u_k) f_{k+1}(x_k - u_k c_k, y_k - u_k w_k) \right] & k=n, n-1, \cdots, 1 \\ f_{n+1}(x_{n+1}, y_{n+1}) = 1 \end{cases}$$

边界条件为 1,这是因为 x_{n+1}、y_{n+1} 均为零,装置根本不工作,故可靠性当然为 1。最后计算得 $f_1(c,w)$ 即为所求问题的最大可靠性。

这个问题的特点是指标函数为连乘积形式,而不是连加形式,但仍满足可分离性和递推关系;边界条件为 1 而不是零。它们是由研究对象的特性所决定的。另外,这里可靠性 $p_i(u_i)$ 是 u_i 的严格单调上升函数,而且 $p_i(u_i) \leqslant 1$。

在这个问题中,如果静态模型的约束条件增加为三个,例如要求总体积不许超过 v,则状态变量就要取为三维的 (x_k, y_k, z_k)。它说明静态规划问题的约束条件增加时,对应的动态规划的状态变量维数也需要增加,而决策变量维数可以不变。

例 7.11 某厂设计一种电子设备,由三种元件 D_1、D_2、D_3 组成。已知这三种元件的价格和可靠性如表 7.3 所示,要求在设计中所使用元件的费用不超过 105 元。试问应如何设计使设备的可靠性达到最大(不考虑重量的限制)。

表 7.3

元件	单位/元	可靠性
D_1	30	0.9
D_2	15	0.8
D_3	20	0.5

解: 按元件种类划分为三个阶段,设:

状态变量 s_k 表示能容许用在 D_k 元件至 D_3 元件的总费用;

决策变量 x_k 表示在 D_k 元件上的并联个数;

p_k 表示一个 D_k 元件正常工作的概率,则 $(1-p_k)^{x_k}$ 为 x_k 个 D_k 元件不正常工作的概率。

令最优值函数 $f_k(s_k)$ 表示由状态 s_k 开始从 D_k 元件至 D_3 元件组成的系统的最大可靠性。因而有

$$f_3(s_3) = \max_{1 \leqslant x_3 \leqslant [s_3/20]} \left[1 - (0.5)^{x_3} \right]$$

$$f_2(s_2) = \max_{1 \leqslant x_2 \leqslant [s_2/15]} \left\{ \left[1 - (0.2)^{x_2} \right] f_3(s_2 - 15x_2) \right\}$$

$$f_1(s_1) = \max_{1 \leqslant x_1 \leqslant [s_1/30]} \left\{ \left[1 - (0.1)^{x_1} \right] f_2(s_1 - 30x_1) \right\}$$

由于 $s_1 = 105$,故此问题为求出 $f_1(105)$ 即可。而

$$f_1(105) = \max_{1 \leqslant x_1 \leqslant 3} \left\{ \left[1 - (0.1)^{x_1} \right] f_2(105 - 30x_1) \right\}$$

$$= \max \{ 0.9 f_2(75), 0.99 f_2(45), 0.999 f_2(15) \}$$

$$f_2(75) = \max_{1 \leqslant x_2 \leqslant 4} \{[1-(0.2)^{x_2}]f_3(75-15x_2)\}$$

$$= \max\{0.8f_3(60), 0.96f_3(45), 0.992f_3(30), 0.9984f_3(15)\}$$

$$f_3(60) = f_3(s_3) = \max_{1 \leqslant x_3 \leqslant 3}[1-(0.5)^{x_3}] = \max\{0.5, 0.75, 0.875\} = 0.875$$

$$f_3(45) = \max\{0.5, 0, 0.75\} = 0.75$$

$$f_3(30) = 0.5$$

$$f_3(15) = 0$$

所以

$$f_2(75) = \max\{0.8 \times 0.875, 0.96 \times 0.75, 0.992 \times 0.5, 0.9984 \times 0\}$$

$$= \max\{0.7, 0.72, 0.496, 0\} = 0.72$$

同理

$$f_2(45) = \max\{0.8f_3(30), 0.96f_3(15)\}$$

$$= \max\{0.4, 0\} = 0.4$$

$$f_2(15) = 0$$

故 $f_1(105) = \max\{0.9*0.72, 0.99*0.4, 0.999*0\} = 0.648$

从而求得 $x_1 = 1, x_2 = 2, x_3 = 2$ 为最优方案,即 D_1 元件用 1 个,D_2 元件用 2 个,D_3 元件用 2 个。其总费用为 100 元,可靠性为 0.648。

五、设备更新问题

现以一台机器在 n 年内使用和更新决策为例来说明模型的求解方法,用 $g_k(t)$ 表示在第 k 年初机器已使用 t 年(或称役龄为 t 年),再使用 1 年时所获得的收益。

$r_k(t)$ 表示在第 k 年初役龄为 t 年的机器,再使用 1 年时所需要的运行费用(或维修保养费用)。

$c_k(t)$ 表示在第 k 年初卖掉一台役龄为 t 年的机器,再买进一台新机器所需要净成本费用。

要求在 n 年内机器的更新策略,使得总效益达到最大。下面建立该问题的动态规划模型。

设状态变量 s_k 表示在第 k 年初机器已使用的年数,即机器的役龄。

决策变量 x_k 表示在第 k 年初是继续使用旧机器还是更换新机器的决策,令

$$x_k = \begin{cases} K & \text{继续使用旧机器} \\ R & \text{更换新机器} \end{cases}$$

状态转移方程为:

$$s_{k+1} = \begin{cases} s_k+1 & x_k = K(\text{继续使用旧机器,下一阶段机器役龄加 1}) \\ 1 & x_k = R(\text{更换新机器,下一阶段机器役龄为 1}) \end{cases}$$

第 k 阶段的效益函数为

$$v_k(s_k, x_k) = \begin{cases} g_k(s_k) - r_k(s_k) & x_k = K \\ g_k(0) - r_k(0) - c_k(s_k) & x_k = R \end{cases}$$

最优值函数 $f_k(s_k)$ 表示第 k 年初有一台役龄为 s_k 的机器至第 n 年按最优方案进行更新决策时所获得的最大总效益。则由动态规划的最优化原理,可得动态规划的基本方程为:

$$\begin{cases} f_k(s_k) = \max_{x_k}\{v_k(s_k,x_k)\} + f_{k+1}(s_{k+1}) = \max\begin{cases} g_k(s_k) - r_k(s_k) + f_{k+1}(s_{k+1}) & x_k = K \\ g_k(0) - r_k(0) - c_k(s_k) + f_{k+1}(s_{k+1}) & x_k = R \end{cases} \\ f_{n+1}(s_{n+1}) = 0 \end{cases}$$

$$(j = 1, 2, \cdots, n)$$

例 7.12 设某企业在第一年初购买一台新设备,该设备在 5 年内的年运行收益、年运行费用及更换新设备的净费用如表 7.4 所示。试为该企业制定一个 5 年中的设备更新策略,使得企业在五年内总收益达到最大?

表 7.4　　　　　　　　　　　　　　　　　　　　万元

年份(k)	役龄(t)	运行收益 $g_k(t)$	运行费用 $r_k(t)$	更新费用 $c_k(t)$
第一年	0	22	6	18
第二年	0	23	6	19
	1	21	8	22
第三年	0	23	5	19
	1	21	7	23
	2	18	10	28
第四年	0	24	5	20
	1	22	7	24
	2	19	10	30
	3	16	15	38
第五年	0	25	4	20
	1	23	6	24
	2	20	9	30
	3	17	14	38
	4	14	20	48

解:这是一个 $n = 5$ 阶段且初始状态为 $s_1 = 0$ 的设备更新问题,有关符号假定如上,目标是要求 $f_1(0)$,下面用逆推归纳法进行计算。

$$f_k(s_k) = \max_{x_k}\{v_k(s_k,x_k) + f_{k+1}(s_{k+1})\}$$

$$= \max\begin{cases} g_k(s_k) - r_k(s_k) + f_{k+1}(s_{k+1}) & x_k = K \\ g_k(0) - r_k(0) - c_k(s_k) + f_{k+1}(s_{k+1}) & x_k = R \end{cases}$$

1)当 $k = 5$ 时,有

$$f_5(0) = \max\begin{cases} x_5 = K : g_5(0) - r_5(0) \\ x_5 = R : g_5(0) - r_5(0) - c_5(0) \end{cases}$$

$$= \max\left\{\begin{array}{l}K:25-4\\R:25-4-20\end{array}\right\} = 21, \quad x_5^* = K$$

$$f_5(1) = \max\left\{\begin{array}{l}K:g_5(1)-r_5(1)\\R:g_5(0)-r_5(0)-c_5(1)\end{array}\right\}$$

$$= \max\left\{\begin{array}{l}K:23-6\\R:25-4-24\end{array}\right\} = 17, \quad x_5^* = K$$

$$f_5(2) = \max\left\{\begin{array}{l}K:g_5(2)-r_5(2)\\R:g_5(0)-r_5(0)-c_5(2)\end{array}\right\}$$

$$= \max\left\{\begin{array}{l}K:20-9\\R:25-4-30\end{array}\right\} = 11, \quad x_5^* = K$$

$$f_5(3) = \max\left\{\begin{array}{l}K:g_5(3)-r_5(3)\\R:g_5(0)-r_5(0)-c_5(3)\end{array}\right\}$$

$$= \max\left\{\begin{array}{l}K:17-14\\R:25-4-38\end{array}\right\} = 3, \quad x_5^* = K$$

$$f_5(4) = \max\left\{\begin{array}{l}K:g_5(4)-r_5(4)\\R:g_5(0)-r_5(0)-c_5(4)\end{array}\right\}$$

$$= \max\left\{\begin{array}{l}K:14-20\\R:25-4-48\end{array}\right\} = -6, \quad x_5^* = K$$

2)当 $k=4$ 时，有

$$f_4(0) = \max\left\{\begin{array}{l}x_4=K:g_4(0)-r_4(0)+f_5(1)\\x_4=R:g_4(0)-r_4(0)-c_4(0)+f_5(1)\end{array}\right\}$$

$$= \max\left\{\begin{array}{l}K:24-5+17\\R:24-5-20+17\end{array}\right\} = 36, \quad x_4^* = K$$

$$f_4(1) = \max\left\{\begin{array}{l}K:g_4(1)-r_4(1)+f_5(2)\\R:g_1(0)-r_4(0)-c_4(1)+f_5(1)\end{array}\right\}$$

$$= \max\left\{\begin{array}{l}K:22-7+11\\R:24-5-24+17\end{array}\right\} = 26, \quad x_4^* = K$$

$$f_4(2) = \max\left\{\begin{array}{l}K:g_4(2)-r_4(2)+f_5(3)\\R:g_4(0)-r_4(0)-c_4(2)+f_5(1)\end{array}\right\}$$

$$= \max\left\{\begin{array}{l}K:19-10+3\\R:24-5-30+17\end{array}\right\} = 12, \quad x_4^* = K$$

$$f_4(3) = \max\left\{\begin{array}{l}K:g_4(3)-r_4(3)+f_5(4)\\R:g_4(0)-r_4(0)-c_4(3)+f_5(1)\end{array}\right\}$$

$$= \max\left\{\begin{array}{l}K:16-15-6\\R:24-5-38+17\end{array}\right\} = -2, \quad x_4^* = R$$

3)当 $k=3$ 时，有

$$f_3(0) = \max\left\{\begin{array}{l}x_3=K:g_3(0)-r_3(0)+f_4(1)\\x_3=R:g_3(0)-r_3(0)-c_3(0)+f_4(1)\end{array}\right\}$$

$$= \max \left\{ \begin{array}{l} K : 23 - 5 + 26 \\ R : 23 - 5 - 19 + 26 \end{array} \right\} = 44, \quad x_3^* = K$$

$$f_3(1) = \max \left\{ \begin{array}{l} K : g_3(1) - r_3(1) + f_4(2) \\ R : g_3(0) - r_3(0) - c_3(1) + f_4(1) \end{array} \right\}$$

$$= \max \left\{ \begin{array}{l} K : 21 - 7 + 12 \\ R : 23 - 5 - 23 + 26 \end{array} \right\} = 26, \quad x_3^* = K$$

$$f_3(2) = \max \left\{ \begin{array}{l} K : g_3(2) - r_3(2) + f_4(3) \\ R : g_3(0) - r_3(0) - c_3(2) + f_4(1) \end{array} \right\}$$

$$= \max \left\{ \begin{array}{l} K : 18 - 10 - 2 \\ R : 23 - 5 - 28 + 26 \end{array} \right\} = 16, \quad x_3^* = R$$

4）当 $k = 2$ 时，有

$$f_2(0) = \max \left\{ \begin{array}{l} x_2 = K : g_2(0) - r_2(0) + f_3(1) \\ x_2 = R : g_2(0) - r_2(0) - c_2(0) + f_3(1) \end{array} \right\}$$

$$= \max \left\{ \begin{array}{l} K : 23 - 6 + 26 \\ R : 23 - 6 - 19 + 26 \end{array} \right\} = 44, \quad x_2^* = K$$

$$f_2(1) = \max \left\{ \begin{array}{l} K : g_2(1) - r_2(1) + f_3(2) \\ R : g_2(0) - r_2(0) - c_3(1) + f_3(1) \end{array} \right\}$$

$$= \max \left\{ \begin{array}{l} K : 21 - 8 + 16 \\ R : 23 - 6 - 22 + 26 \end{array} \right\} = 28, \quad x_2^* = K$$

5）当 $k = 1$ 时，有

$$f_1(0) = \max \left\{ \begin{array}{l} x_1 = K : g_1(0) - r_1(0) + f_2(1) \\ x_1 = R : g_1(0) - r_1(0) - c_1(0) + f_2(1) \end{array} \right\}$$

$$= \max \left\{ \begin{array}{l} K : 22 - 6 + 28 \\ R : 22 - 6 - 19 + 28 \end{array} \right\} = 44, \quad x_1^* = K$$

因为 $f_1(0) = 44$，$x_1^* = K$，由上述计算过程逆推回去可知：

$x_2^* = K$，$s_2 = 1$，$f_2(1) = 28$；$x_3^* = R$，$s_3 = 2$，$f_3(2) = 16$；$x_4^* = K$，$s_4 = 1$，$f_4(1) = 26$；$x_5^* = K$，$s_5 = 2$，$f_5(2) = 11$。即最优的设备更新策略是 $\{K, K, R, K, K\}$，也就是该企业在第一年初购买一台新设备后连续使用两年，第三年初再购买一台新设备一直使用到第五年底，这样可使得企业在五年内的总收益达到最大，为 44 万元。

主要概念及内容

多阶段决策过程；阶段及阶段变量；状态、状态变量及可能的状态集合；决策、决策变量及允许的决策集合；策略、策略集合及最优策略；状态转移方程；K-子过程；阶段指标函数、过程指标函数及最优值函数；边界条件、递推方程及动态规划基本方程；最优性原理；逆序法、顺序法。资源分配问题、生产与存储问题、背包问题、复杂系统工作可靠性问题、设备更新问题、货郎担问题。

复习思考题

1. 试述动态规划的"最优化原理"及它同动态规划基本方程之间的关系。

2. 动态规划的阶段如何划分?

3. 试述用动态规划求解最短路问题的方法和步骤。

4. 试解释状态、决策、策略、最优策略、状态转移方程、指标函数、最优值函数、边界条件等概念。

5. 试述建立动态规划模型的基本方法。

6. 试述动态规划方法的基本思想、动态规划的基本方程的结构及正确写出动态规划基本方程的关键步骤。

习题

1. 用动态规划求解以下(图7.6)网络从 A 到 F 的最短路径,路径上的数字表示距离。

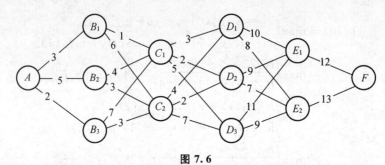

图 7.6

2. 写出下列问题的动态规划的基本方程。

(1) $\max z = \sum_{i=1}^{n} \phi_i(x_i)$

s. t. $\begin{cases} \sum_{i=1}^{n} x_i = b(b > 0) \\ x_i \geqslant 0, (i = 1, 2, \cdots, n) \end{cases}$

(2) $\min z = \sum_{i=1}^{n} c_i x_i^2$

s. t. $\begin{cases} \sum_{i=1}^{n} a_i x_i \geqslant b(a_i > 0) \\ x_i \geqslant 0, (i = 1, 2, \cdots, n) \end{cases}$

3. 求解下列非线性规划

(1) $\max z = x_1 x_2 x_3$

s. t. $\begin{cases} x_1 + x_2 + x_3 = C \\ x_j \geqslant 0, j = 1, 2, 3 \end{cases}$

(2) $\min z = x_1 + x_2^2 + x_3^2$

s. t. $\begin{cases} x_1 + x_2 + x_3 = C \\ x_1, x_2, x_3 \geqslant 0 \end{cases}$

(3) $\max z = 2x_1 + 3x_2 + x_3^2$

s. t. $\begin{cases} x_1 + x_2 + x_3 = 10 \\ x_1, x_2, x_3 \geqslant 0 \end{cases}$

4. 用动态规划求解下列整数规划的最优解:

$$\max z = 4x_1 + 5x_2 + 6x_3$$

s. t. $\begin{cases} 3x_1 + 4x_2 + 5x_3 \leqslant 10 \\ x_j \geqslant 0 (j = 1, 2, 3), x_j \text{ 为整数} \end{cases}$

5. 用动态规划求解以下背包问题。

(1) $\max z = 12x_1 + 22x_2 + 15x_3$

$$\text{s. t.} \begin{cases} 2x_1 + 4x_2 + 3x_3 \leqslant 10 \\ x_1, x_2, x_3 \geqslant 0, x_1, x_2, x_3 \text{ 为整数} \end{cases}$$

(2) $\max z = 17x_1 + 72x_2 + 35x_3$

$$\text{s. t.} \begin{cases} 10x_1 + 41x_2 + 20x_3 \leqslant 50 \\ x_1, x_2, x_3 \geqslant 0, x_1, x_2, x_3 \text{ 为整数} \end{cases}$$

6. 在设备负荷分配问题中，$n = 10, a = 0.7, b = 0.85, g = 15, h = 10$，期初有设备 1 000 台。试确定 10 期的设备最优负荷方案。

7. 10 t 集装箱最多只能装 9 t，现有 3 种货物供装载，每种货物的单位重量及相应单位价值如表 7.5 所示。应该如何装载货物使总价值最大。

表 7.5

货物编号	1	2	3
单位加工时间	2	3	4

8. 有一辆货车载重量为 10 t，用来装载货物 A、B 时成本分别为 5 元/t 和 4 元/t。现在已知每吨货物的运价与该货物的重量有如下线性关系：

$$A: P_1 = 10 - 2x_1, B: P_2 = 12 - 3x_2$$

其中 x_1, x_2 分别为货物 A、B 的重量。如果要求货物满载，A 和 B 各装载多少，才能使总利润最大。

9. 现有一面粉加工厂，每星期上 5 天班。生产成本和需求量见表 7.6。面粉加工没有生产准备成本，每袋面粉的存储费为 $h_k = 0.5$ 元/袋，按天交货，分别比较下列两种方案的最优性，求成本最小的方案。

(1) 星期一早上和星期五晚的存储量为零，不允许缺货，仓库容量为 $S = 40$ 袋；

(2) 其他条件不变，星期一初存量为 8。

表 7.6

星期(k)	1	2	3	4	5
需求量(d_k) 单位:袋	10	20	25	30	30
每袋生产成本(c_k)	8	6	9	12	10

10. 某公司打算在 3 个不同的地区设置 4 个销售点，根据市场部门估计，在不同地区设置不同数量的销售点每月可得到的利润如表 7.7 所示。试问在各地区如何设置销售点可使每月总利润最大。

表 7.7

地区	销售点				
	0	1	2	3	4
1	0	16	25	30	32
2	0	12	17	21	22
3	0	10	14	16	17

11.（生产-库存问题）某工厂要对一种产品制定今后四个时期的生产计划,据估计在今后四个时期内,市场对该产品的需求量分别为 2,3,2,4 单位,假设每批产品固定成本为 3 千元,若不生产为 0,每单位产品成本为 1 千元,每个时期最大生产能力不超过 6 个单位,每期期末未出售产品,每单位需付存贮费 0.5 千元,假定第 1 期初和第 4 期末库存量均为 0,问该厂如何安排生产与库存,可在满足市场需求的前提下总成本最小。

12.（库存-销售问题）设某公司计划在 1~4 月从事某种商品经营。已知仓库最多可存储 600 件这种商品,已知 1 月初存货 200 件,根据预测知 1~4 月各月的单位购货成本及销售价格如表 7.8 所示,每月只能销售本月初的库存,当月进货供以后各月销售,问如何安排进货量和销售量,使该公司 4 个月获得利润最大(假设 4 月底库存为零)。

表 7.8

月份	购货成本 C	销售价格 P
1	40	45
2	38	42
3	40	39
4	42	44

13.（背包问题）某工厂生产三种产品,各产品重量与利润关系如表 7.9 所示,现将此三种产品运往市场销售,运输能力总重量不超过 6 t,问如何安排运输使总利润最大?

表 7.9

种类	1	2	3
单位重量/t	2	3	4
单位利润/元	80	130	180

14. 某企业计划委派 10 个推销员到 4 个地区推销产品,每个地区分配 1~4 个推销员。各地区月收益(单位:10 万元)与推销员人数的关系如表 7.10 所示。试讨论企业如何分配 4 个地区的推销人员使月总收益最大。

表 7.10

人数 ＼ 地区	A	B	C	D
1	4	5	6	7
2	7	12	20	24
3	18	23	23	26
4	24	24	27	30

第八章　图与网络优化

【本章导读】

1736 年欧拉发表了图论方面的第一篇论文,解决了著名的哥尼斯堡七桥问题。从此,随着科学技术的发展和电子计算机的出现与广泛应用,图论也得到了更进一步的发展。

图论是运筹学的重要分支之一。目前它的应用十分广泛,尤其是在物理学、化学、控制论、信息论、科学管理、电子计算机等领域。在实际生活、生产和科学研究中,有很多问题可以用图论的理论和方法来解决。例如在组织生产中,为完成某项生产任务,各工序之间如何衔接,以便使生产任务能又快又好的完成? 一个邮递员送信,要走完他负责投递的全部街道,完成任务后回到邮局,应该按照怎样的路线走,所走的路程最短? 在城市水、电、煤气供应问题上,管道与供电线路如何铺设,才能做到既满足要求,又使总费用最省? 此外,像球队循环比赛问题、通信网络、交通运输网络等问题也都可以运用图论的方法来解决。

网络是指连接不同点之间的路线系统或通道系统,如交通网、电网和管道网等。有些问题初看起来并不存在网络,必须经过适当的处理才能画出相应的网络,并采用网络优化的方法来求解。

本章着重从应用的角度出发,介绍图论的基本知识、各种典型的图及其应用。

第一节　图的基本概念

18 世纪时,欧洲有一个风景秀丽的小城哥尼斯堡(今俄罗斯加里宁格勒),那里的普莱格尔河上有 7 座桥。将河中的两个岛和河岸连接,城中的居民经常沿河过桥散步,于是提出了一个问题:一个人怎样才能一次走遍 7 座桥,每座桥只走过一次,最后回到出发点? 大家都试图找出问题的答案,但是谁也解决不了这个问题。这就是哥尼斯堡七桥问题,一个著名的图论问题,如图 8.1 所示。

欧拉将这个问题归结为如图 8.2 所示的问题。他用 A,B,C,D 四点表示河的两岸和小岛,用两点间的连线表示桥。七桥问题变为:从 A,B,C,D 任意点出发,能否通过每条边一次且仅一次,再回到原点? 欧拉证明了这样的走法不存在,并给出了这类问题的一般结论。

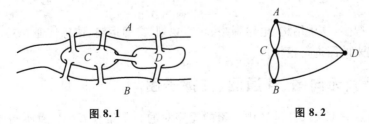

图 8.1　　　　　　　　　　　　　　图 8.2

一、图的若干实例

日常生活中,人们为了表示事物之间的关系,常常用一些示例图来展示。运筹学中研究的图是日常生活中各类图的抽象概括,用以表明研究对象与研究对象之间的关系。用图来描述事物间的联系,不仅直观清晰,便于统观全局,而且图的画法简便,不必拘泥于比例和曲直。

例 8.1 图 8.3 表示 5 个球队之间的赛事关系。其中点 a,b,c,d,e 分别表示 5 个球队,两点的连接表示两球队之间的赛事关系。因此,从图中可反映出 a 球队分别与 b、c、d 球队有赛事,b 球队还与 a 球队、c 球队有赛事。综上所述,这 5 个球队之间的关系可用图(a)来表示,也可用图(b)来反映。图中的(a)与(b)图没有本质的差异,可见表示球队间有无赛事关系是两点间的连线,而图中点的相对位置如何、点与点之间连线的长短曲直,对于反映对象之间的关系并不重要。

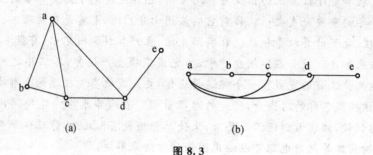

图 8.3

例 8.2 有甲、乙、丙、丁、戊五位工人,有 A、B、C、D 四个工作岗位,其中甲能胜任 A 和 C 工作,乙能胜任 A 和 B 工作,丙能胜任 C 工作,丁能胜任 D 工作,戊能胜任 B 和 D 工作,它们之间的关系可用下图 8.4 表示。

为区别起见,把两点间不带箭头的连线称为边,带箭头的连线称为弧。

例 8.3 在一次聚会中有五位代表 x_1,x_2,x_3,x_4,x_5,其中 x_1 与 x_2,x_1 与 x_5,x_2 与 x_5,x_3 与 x_4,x_4 与 x_5 是朋友,则可以用一个带有五个顶点、五条边的图形来表示这五位代表之间的朋友关系(图 8.5):

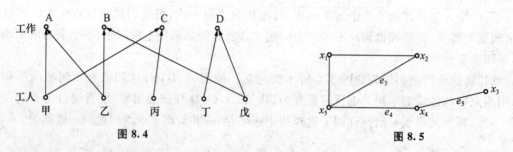

图 8.4

图 8.5

这样的例子很多,物质结构、电路网络、城市规划、交通运输、信息传递、物资调配等也可以用点和线连接起来的图进行模拟。

二、图、有向图、无向图、连通图、支撑子图

一个图是由点集 $V=\{v_i\}$ 和 V 中元素的无序对的一个集合 $E=\{e_k\}$ 所构成的二元组,记为 $G=(V,E)$,V 中的元素 v_i 叫做顶点,E 中的元素 e_k 叫做边。

当 V,E 为有限集合时,G 称为有限图,否则,称为无限图。本章只讨论有限图。

如果一个图 G 是由点及边所构成的,则称之为无向图(也简称为图),记为 $G=(V,E)$,式

中 V,E 分别是 G 的顶点集合和边集合。一条连接点 $v_i,v_j \in V$ 的边记为 $[v_i,v_j]$。

如果一个图 D 是由点及弧所构成的,则称之为有向图,记为 $D=(V,A)$,式中 V,A 分别是 D 的顶点集合和弧集合。一条方向是从 v_i 指向 v_j 的弧记为 (v_i,v_j)。

若边 $e=(u,v)$,则称 u、v 是 e 的端点。并称 u、v 是相邻的,e 是 u、v 的关联边。若 u 与 v 相同,则称 e 是环,若两个点之间有多于一条的边,称为多重边,或称平行边。一个无环、无多重边的图称为简单图。一个无环,允许有多重边的图称为多重图。图 G 或图 D 中顶点数记为 $p(G)$ 或 $p(D)$,边数记为 $q(G)$,弧数记为 $q(D)$。在不会引起混淆的情况下,也分别简记为 p,q。

图 8.6 是一个无向图。$V=\{v_1,v_2,v_3,v_4,v_5\}$,$E=\{e_1,e_2,e_3,e_4,e_5,e_6,e_7,e_8,e_9\}$。其中,$e_1=[v_1,v_2]$,$e_2=[v_2,v_3]$,$e_3=[v_2,v_3]$,$e_4=[v_3,v_5]$,$e_5=[v_3,v_4]$,$e_6=[v_4,v_5]$,$e_7=[v_1,v_5]$,$e_8=[v_1,v_4]$,$e_9=[v_1,v_1]$。$e_9$ 是环,e_2 和 e_3 是多重边。

图 8.7 是一个有向图。$V=\{v_1,v_2,v_3\}$,$A=\{a_1,a_2,a_3\}$,其中,$a_1=(v_1,v_2)$,$a_2=(v_2,v_3)$,$a_3=(v_3,v_1)$。

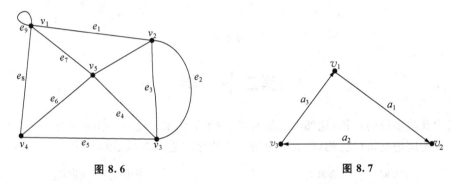

图 8.6   图 8.7

给定一个图 $G=(V,E)$ 中,一个点、边的交错序列为 $(v_{i_1},e_{i_1},v_{i_2},e_{i_2},\cdots,v_{i_{k-1}},e_{i_{k-1}},v_{i_k})$,并且彼此相连接,则称为一条连接 v_{i_1} 和 v_{i_k} 的链(或称路)。若 $v_{i_1}\cdots v_{i_k}$ 各不相同,称之为初等链;若 $v_{i_1}=v_{i_k}$,称之为圈,若 $v_{i_1}=v_{i_{k-1}}$ 各不相同,称之为初等圈。若链(圈)中所含的边各不相同,称之为简单圈。以后说到链(圈),除非特别交代,一般均指初等链(圈)。

例 8.4 图 8.6 中的 (v_1,e_1,v_2,e_3,v_3) 为一条初等链;$(v_1,e_1,v_2,e_3,v_3,e_4,v_5,e_7,v_1)$ 是一条初等圈。

图 $G=(V,E)$ 中,若任何两个点之间,至少有一条链,则称 G 为连通图,否则为不连通图,若图中任意两节点有且仅有一条边,则称为完全图;若 $E'\subseteq E$,则称 $G'=(V,E')$ 是 G 的支撑子图。对于有向图 D,若把弧上的箭头去掉,剩下的图 G 称作为 D 的基础图。

图的连通分支:若图 G 的顶点集 $V(G)$ 可划分为若干非空子集 $V_1,V_2,\cdots,V_\omega$,使得两顶点属于同一子集当且仅当它们在 G 中连通,则称每个子图 $G[V_i]$ 为图 G 的一个连通分支($i=1,2,\cdots,\omega$)。

注:(1)图 G 的连通分支是 G 的一个极大连通子图。

(2)图 G 连通当且仅当 $\omega=1$。

三、网络

实际问题中,往往只用图来描述所研究对象之间的关系还不够,如果在图中赋予点或边一定的数量指标,常称为"权"。通常把这种赋权图称为网络。依据研究对象的需要,权可以代表时间,也可以代表距离、费用、容量、可靠性等。与图相似,网络也分为无向网络和有向网络。

图 8.8(a)、(b)是常见的网络的例子。(a)给出了物资供应站 v_s 与用户($v_1, v_2, \cdots, v_7$)之间的公路网络图,边上的权表示各点间的距离,从优化角度出发存在一个寻求 v_s 到各点的最短路问题。(b)是一个从 v_s 到 v_t 的管道运输网络,边上的权表示物流的最大容量,要求出从 v_s 到 v_t 的可运送的最大流方案。这些网络模型将在后面各节中讨论。

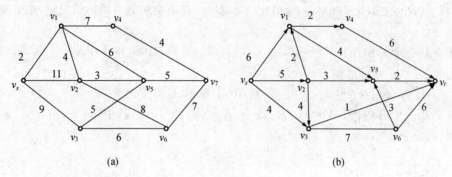

图 8.8

第二节　树

生活中有很多树的实例,比如电话线网络、城市的供水管道等。图 8.9 是一个公司的管理组织图。树的应用是很广泛的,因此充分研究树的性质是非常必要的。

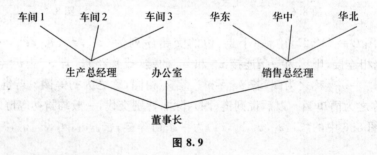

图 8.9

一、树和树的性质

定义 9.1　一个无圈,并且无向的连通图,称为树。树中的度数是 1 的节点称为悬挂点(也称树叶)。

根据树的定义,可得到树的三条性质:

性质 1　树中任意两顶点之间必有且仅有一条链。

性质 2　树中任意除掉一条边,必不构成连通图。

性质 3　在树中不相邻的两顶点上添一条边,必得一圈。

由以上性质可以得到以下结论:

(1)树是无圈连通图中边数最多的,在树图上只要任意加上一条边,必定会出现圈。

(2)由于树是无圈的连通图,即树的任意两个点之间有且仅有一条通路。因此,树也是最脆弱的连通图。只要从树图中取走任一条边,图就不连通了。因此一些重要的网络不能按树的结构设计。

定理 9.1　设 $G=<V,E>$ 是 n 阶 m 条边的无向图,则下列命题等价:

(1) G 是树(连通无回路);

(2) G 中无环且任二顶点之间有且仅有一条路;

(3) G 中无圈且 $m=n-1$;

(4) G 连通且 $m=n-1$;

(5) G 连通且对任何 $e \in E(G)$, $G-e$ 不连通;

(6) G 无圈且对任何 $e \in E(\overline{G})$, $G+e$ 恰有一个圈。

证明:略。

二、支撑树和最小支撑树的定义

定义 9.2　如果 G_1 是 G_2 的部分图,又是树,则称 G_1 是 G_2 的支撑树。

树的各条边称为树枝(假定各边都有权重),一般图含有多个支撑树,设 T 是 G 的一棵支撑子树,称 T 中所有边的权之和为支撑树 T 的权,记为 $W(T)$。

定义 9.3　如果支撑树 T' 的权 $W(T)'$ 是 G 的所有支撑树的权中最小者,则称 T' 是 G 的最小支撑树(又称最小生成树)。

三、树的判定定理

定理 9.2　假设连通图 $G=(V,E)$, $p(G)$ 表示总的点数, $q(G)$ 表示总的边数,并且 $p(G) \geqslant 2$,则在 G 中至少有两个悬挂点。

证明:假设 $p\{v_1, v_2, \cdots, v_k\}$ 是 G 中含边数最多的一条初等链,因 $p(G) \geqslant 2$,并且 G 连通,故 P 中至少有一条边,所以 v_1 与 v_k 是不同的。下面用反证法证明 v_1 与 v_k 是两个悬挂点:

不妨设 $d(v_1) \geqslant 2$,则存在边 $[v_1, v_i]$,使 $i \neq 2$。若点 v_i 不在 P 上,那么 $(v_i, v_1, v_2, \cdots, v_k)$ 是 G 中的一条初等链, $q(v_i, v_1, v_2, \cdots, v_k)=q(G)+1$,这与"$P$ 含边数最多"矛盾。若点 v_i 在 P 上,那么 $(v_1, v_2, \cdots, v_k, v_i, v_1)$ 是 G 中的一个圈,这又与树的定义矛盾,所以 $d(v_1)=1$,同理可以证明 $d(v_k)=1$,证毕。

定理 9.3　树的判断定理:

(1) 图 $G=(V,E)$ 是树 $\Leftrightarrow G$ 不含圈,并且恰有 $p(G)-1$ 条边;

(2) 图 $G=(V,E)$ 是树 $\Leftrightarrow G$ 是连通图,并且 $q(G)=p(G)-1$;

(3) 图 $G=(V,E)$ 是树 $\Leftrightarrow$ 任意两点之间恰有一条链。

这里证明定理中的(2)。

证明:必要性:根据树的定义即可得出 $q(G)=p(G)-1$;

充分性:只要证明 G 不含圈即可。用数学归纳法, $p(G)=1,2$ 时,结论显然成立。

设 $p(G)=k$ 时结论成立。现设, $p(G)=k+1$,那么 G 必有悬挂点,不然,因 G 是连通的,并且 $p(G) \geqslant 2$,所以对每个点 v_i,有 $d(v_i) \geqslant 2$,从而

$$q(G)=\frac{1}{2}\sum_{i=1}^{p(G)}d(v_i) \geqslant p(G)$$

这与 $q(G)=p(G)-1$ 矛盾,所以 G 必有悬挂点。

设 v_1 是 G 的一个悬挂点,考虑 $G-v_1$,这个图仍连通,则

$q(G-v_1)=p(G)-2=p(G-v_1)-1$,由归纳法可知 $G-v_1$ 不含圈,于是 G 也不含圈。

四、最小支撑树的求解

求解最小支撑树的常用方法有破圈法和避圈法。

1. 破圈法

从图中任取一个圈,从圈中去掉一个权数最大的边,对剩下的图重复此步骤即可,直到没有圈为止。

2. 避圈法

从图 G 中,首先取 G 中最小权的边,以后每一步中,从未被选取的边中再选一条权最小的边,并且使之与已选的边不构成圈、依此类推。若有权数相同的,可以任选一条。

例 8.5 现有四个住宅小区要集中供水,图 8.10(a)为供水示意图,v_1,v_2,v_3,v_4 四个节点为城市中的四个小区,v_5 节点为水站,权数表示距离,如何选择供水线路才能使总线路最短?

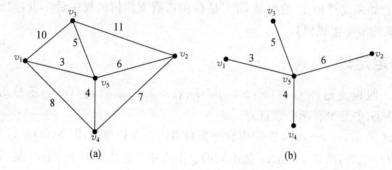

图 8.10

解:

方法一:破圈法,先考虑圈 $(v_1-v_3-v_5)$,去掉权最大的 (v_1,v_3);然后考虑圈 $(v_3-v_2-v_5)$,去掉权最大的 (v_3-v_2),依此类推,得到图 8.10(b)。

方法二:避圈法,首先选择最小权数 (v_1,v_5),依次是 (v_4,v_5)、(v_3,v_5)、(v_2,v_5),最后得到图 8.10(b)。

第三节　最短路问题——Dijkstra 算法

在生活中,经常有从一地到另一地,寻找最短路线的问题。比如交通网络中的寻找两地的最短路线,有线通讯、水运、空运、陆运中都常会遇到这样的问题。最短路问题可以用整数规划方法求解,但是用图上直接求解计算更简单。本节就直接介绍在图上求最短路的两种方法。

Dijkstra 算法是 E. W. Dijkstra 于 1959 年首先提出的,又称标号法,其基本思路是:若起点 v_s 到终点 v_t 的最短路经过点 v_1,v_2,v_3,则 v_1 到 v_t 的最短路是 $p_{1t}=\{v_1,v_2,v_3,v_t\}$,$v_2$ 到 v_t 的最短路是 $p_{2t}=\{v_2,v_3,v_t\}$,v_3 到 v_t 的最短路是 $p_{3t}=\{v_3,v_t\}$。

其求网络起点 v_s 到终点 v_t 的最短路是在图上进行一种标号迭代的过程。其具体计算过程如下：

设弧 (i,j) 的长度 $c_{ij} \geqslant 0$，v_i 到 v_j 的最短路记为 p_{ij}，最短路长记为 L_{ij}。

点标号 $b(j)$ 表示起点 v_s 到终点 v_j 的最短路长（距离），网络的起点 v_s 标号为 $b(s)=0$。

弧标号 $k(i,j)=b(i)+c_{ij}$。

步骤一：找出所有起点 v_i 已标号，终点 v_j 未标号的弧，集合为

$B=\{(i,j)|v_i\ 已标号；v_j\ 未标号\}$，如果这样的弧不存在或 v_t 已标号则计算结束。

步骤二：计算集合 B 中弧的标号：$k(i,j)=b(i)+c_{ij}$；

步骤三：$b(l)=\min\{k(i,j)|(i,j)\in B\}$，在弧的终点 v_l 标号 $b(l)$，返回步骤一。

完成步骤一到步骤三为一轮计算，每一轮计算至少得到一个点的标号，最多通过 n（图的点数）轮计算得到最短路。

例 8.6 用 Dijkstra 算法求图 8.11 所示 v_1 到 v_7 的最短路及最短路长。

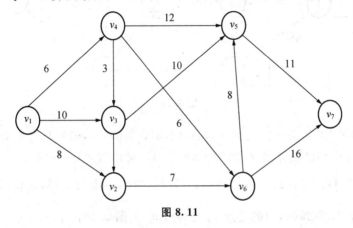

图 8.11

解：起点 v_1 标号 $b(1)=0$。

第一轮，起点已标号终点未标号的弧集合 $B=\{(1,2),(1,3),(1,4)\}$，$k(1,2)=B(1)+C_{12}=0+8=8$，$k(1,3)=0+10=10$，$k(1,4)=0+6=6$，将弧的标号用圆括号填在弧上。

$$\min\{k(1,2),k(1,3),k(1,4)\}=\min\{8,10,6\}=6$$

$k(1,4)=6$ 最小，在弧 $(1,4)$ 的终点 v_4 处标号 $\boxed{6}$，见图 8.12。

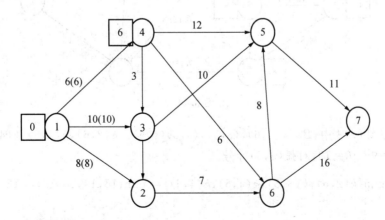

第二轮,在图 8.13 中,$B=\{(1,2),(1,3),(4,3),(4,5),(4,6)\}$,$k(1,2),k(1,3)$在第一轮中已经算出,分别为 8 和 10。$k(4,3)=6+3=9,k(4,5)=6+12=18,k(4,6)=6+6=12$,将弧的标号用圆括号填在弧上。

$$\min\{k(1,2),k(1,3),k(4,3),k(4,5),k(4,6)\}=\min\{8,10,9,18,12\}=8$$

$k(1,2)=8$ 最小,在弧$(1,2)$的终点 v_2 处标号 $\boxed{8}$,见图 8.13。

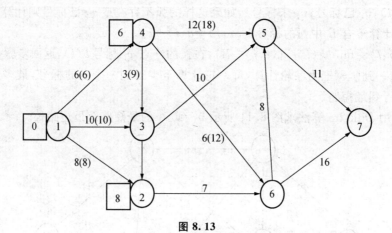

图 8.13

第三轮,在图 8.13 中,$B=\{(1,3),(2,6),(4,3),(4,5),(4,6)\}$,只有 $k(2,6)$未计算,其他的弧标号在前两轮中都已经算出,$k(2,6)=8+7=15$,对弧$(2,6)$进行标号。

$$\min\{k(1,3),k(2,6),k(4,3),k(4,5),k(4,6)\}=\min\{10,15,9,18,12\}=9$$

$k(4,3)=9$ 最小,在弧$(4,3)$的终点 v_3 处标号 $\boxed{9}$,见图 8.14。

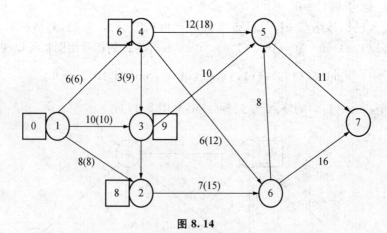

图 8.14

第四轮,在图 8.14 中,$B=\{(2,6),(3,5),(4,5)(4,6)\}$,$k(2,6),k(4,5),k(4,6)$前面已经算出,$k(3,5)=9+10=19$,对弧$(3,5)$标号。

$$\min\{k(2,6),k(3,5),k(4,5),k(4,6)\}=\min\{15,19,18,12\}=12$$

$k(4,6)=12$ 最小,在弧(4,6)的终点 v_6 处标号 $\boxed{12}$,见图 8.15。

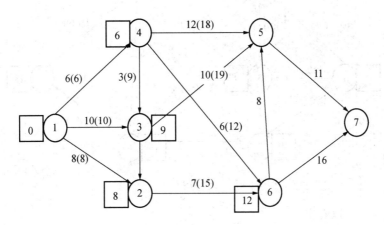

图 8.15

第五轮,在图 8.15 中,$B=\{(3,5),(4,5),(6,5),(6,7)\}$,$k(6,5)=12+8=20$,$k(6,7)=12+16=28$,对弧(6,5),(6,7)标号。

$$\min\{k(3,5),k(4,5),k(6,5),k(6,7)\}=\min\{19,18,20,28\}=18$$

$k(4,5)=18$ 最小,在弧(4,5)的终点 v_5 处标号 $\boxed{18}$,见图 8.16。

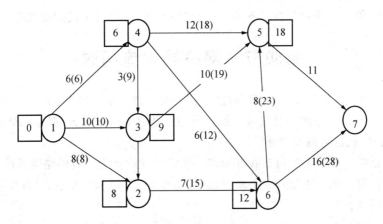

图 8.16

第六轮,在图 8.16 中,$B=\{(5,7),(6,7)\}$,$k(5,7)=18+11=29$,对弧(5,7)标号。

$$\min\{k(5,7),k(6,7)\}=\min\{29,28\}=28$$

$k(6,7)=28$ 最小,在弧(6,7)的终点 v_7 处标号 $\boxed{28}$,见图 8.17。

图 8.17 的终点 v_7 已标号,说明已得到 v_1 到 v_7 的最短路,计算结束。从终点 v_7 向起点 v_1 逆向追踪,v_1 到 v_7 的最短路为:$p_{17}=\{v_1,v_4,v_6,v_7\}$,最短路长为 $L_{17}=29$。

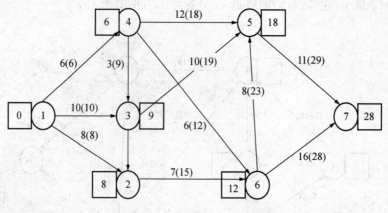

图 8.17

从上例的计算可以看出：

(1)Dijkstra 算法可以求某一点 v_i 到其他各点 v_j 的最短路,只要 v_j 看作路线的终点,使 v_j 得到标号,如果 v_j 不能得到标号,说明 v_i 不可到达 v_j。图 8.17 的每一点都得到标号,说明 v_1 到其他各点的最短路已经找到,如 v_1 到 v_6 的最短路是 $p_{16}=\{v_1,v_4,v_6\}$,最短路长为 12。

(2)Dijkstra 算法可以求任意两点之间的最短路(最短路存在),只要将两个点看作路线的起点和终点,然后进行标号。

(3)最短路线可能不唯一,但最短路长相等。

(4)Dijkstra 算法的条件是弧长非负,问题求最小值,对含有负权的图该算法无效。

第四节　网络最大流问题

在许多系统中,经常会遇到"流量"问题。如公交系统中的车辆流、乘客流、物资流;金融系统中的资金流;Internet 中的信息流等。如何使网络通过的流量最大,就是网络最大流问题。

1. 容量网络、弧的容量与流量

容量网络是指对网络上的每条弧都给定一个最大通过能力。对网络流的研究是在容量网络上进行的。在容量网络中规定一个发点(或称源点,记为 s)和一个收点(或称汇点,记为 t),其余点称为中间点。

弧的容量,记为 $c(v_i,v_j)$ 或 c_{ij},指从 v_i 到 v_j 的最大通过能力。

弧的流量,记为 $f(v_i,v_j)$ 或 f_{ij},指在网络中给弧 (v_i,v_j) 加载的负载量。

网络的最大流是指网络中从发点到收点之间允许通过的最大流量。容量和流量是有方向的。

例 8.7　图 8.18 是连接采油场 v_1 和加工厂 v_7 的管道运输网,每一弧 (v_i,v_j) 代表从 v_i 到 v_j 的运输线,产品经这条弧由 v_i 运

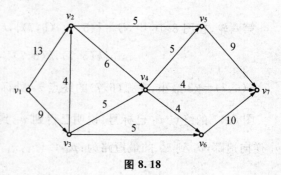

图 8.18

输到 v_j，弧旁的数字表示这条运输线的最大通过能力 $c(v_i,v_j)$。现在要求分析该运输网最大运输能力是多少？若要扩大运输能力，制约运输能力的关键环节在哪里？这就是网络最大流问题。

图 8.19 给出了图 8.18 的最大流，v_1 为发点，v_7 为收点，其他为中间点，图中各弧旁边的数字表示为"容量（流量）"。

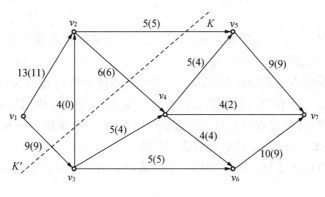

图 8.19

2. 流与可行流

给网络各个弧加载的一组负载量称为流。

可行流需要满足下面的两个条件：

（1）容量限制条件：对所有弧 $(v_i,v_j)\in A$，有

$$0\leqslant f(v_i,v_j)\leqslant c(v_i,v_j)$$

（2）中间点平衡条件：流出量等于流入量，即对每个 $i(i\neq s,t)$ 有

$$\sum_{(v_i,v_j)\in A} f(v_i,v_j)-\sum_{(v_j,v_i)\in A} f(v_j,v_i)=0$$

对于发点 v_s，有

$$\sum_{(v_i,v_j)\in A} f_{sj}-\sum_{(v_j,v_s)\in A} f_{js}=v(f)$$

对于收点 v_t，有

$$\sum_{(v_i,v_j)\in A} f_{tj}-\sum_{(v_j,v_i)\in A} f_{jt}=-v(f)$$

其中，$v(f)$ 称为这个可行流的流量，即发点的净输出量（或收点的净输入量）。

可行流总是存在的，当所有弧的流量 $f(v_i,v_j)=0$，就得到一个可行流（称为零流）。

3. 最大流最小割定理

割是指将容量网络的发点和收点分割开，使 $s\to t$ 的流中断的一组弧的集合。图 8.19 中的虚线 KK' 将网络上的点分割成 V 和 $\overline{V}$ 两个集合。并有 $s\in V,t\in\overline{V}$，称弧的集合 $(V,\overline{V})=\{(v_1,v_3),(v_2,v_4),(v_2,v_5)\}$ 为一个割。

割的容量是组成它的集合中的各弧的容量之和，用 $c(V,\overline{V})$ 表示。

即割的容量

$$c(V,\overline{V}) = \sum_{(i,j)\in(V,\overline{V})} c(v_i,v_j)$$

在图 8.19 中,割的容量 $c(V,\overline{V}) = c(v_1,v_3) + c(v_2,v_4) + c(v_2,v_5) = 9 + 6 + 5 = 20$。

割的容量是有方向的。割的容量是包括发点的集合 V 指向包括收点的集合 $\overline{V}$ 的弧的容量之和。

4. 增广链

在网络中满足 $f_{ij} = c_{ij}$ 的弧称为饱和弧,使 $f_{ij} < c_{ij}$ 的弧称为非饱和弧。使 $f_{ij} = 0$ 的弧称为零流弧,使 $f_{ij} > 0$ 的弧称为非零流弧。

若网络的发点和收点之间能找出一条链.则在这条链上所有指向收点的弧称为前向弧,前向弧的全体记作 μ^+;所有指向发点的弧称为后向弧,后向弧的全体记作 μ^-。

增广链:如果在网络的发点和收点之间能找出一条链,在这条链上所有前向弧都是非饱和弧;所有后向弧都是非零流弧,这样的链称为增广链。

增广链即为可以增大流量的链。如果一个网络图中的一个可行流存在增广链,则该可行流不是最大流。

若 $f = \{f_{ij}\}$ 是可行流,且存在增广链 μ,

令
$$\theta = \min \begin{cases} \min(c_{ij} - f_{ij}) & \text{对 } \mu^+ \\ \min f_{ij} & \text{对 } \mu^- \end{cases} \quad (\theta > 0)$$

再令
$$f'_{ij} = \begin{cases} f_{ij} + \theta & (v_i, v_j) \in \mu^+ \\ f_{ij} - \theta & (v_i, v_j) \in \mu^- \\ f_{ij} & (v_i, v_j) \notin \mu \end{cases}$$

则 $f' = \{f'_{ij}\}$ 仍是可行流。

5. 最大流问题 Ford—Fulkerson 标号算法

这种算法由 Ford 和 Fulkerson 于 1956 年提出,其实质是判断有否增广链存在,并设法把增广链找出来,调整流量。在使用标号算法之前,先给网络一个初始可行流(通常为零流),然后按如下步骤:

第 1 步:先给发点 s 标号 $(0, +\infty)$,标号的含义是"(标号来源,可调整流量)"。对于发点,来源就是本身,故标记 0,可调整流量不限,标记 $+\infty$。

第 2 步:列出所有与已标号点相邻的未标号点。

(1)若在弧 (v_i, v_j) 上,$f_{ij} < c_{ij}$,则给 v_j 标号 $(v_i, \varepsilon(v_j))$,$\varepsilon(v_j) = \min\{\varepsilon(v_j), c_{ij} - f_{ij}\}$,此时 v_j 点成为新的检查点。

(2)若在弧 (v_j, v_i) 上,$f_{ji} > 0$,则给 v_j 标号 $(-v_i, \varepsilon(v_j))$,这里 $\varepsilon(v_j) = \min\{\varepsilon(v_i), f_{ij}\}$,此时 v_j 点成为新的检查点。

(3)若为标号点 k 有两个以上相邻的已标号点,为减少迭代次数,按(1)、(2)规则分别计算出 $\varepsilon(k)$,选取最大的进行标记。

第 3 步:重复第 2 步,可能出现两种结局:

(1)标号过程中断,v_t 得不到标号,说明该网络中不存在增广链,给定的流量即为最大流,记为标号点集合为 V,未标号点集合为 V',(V, V') 为网络的最小割。

(2)v_t 点得到标号,标号值为 $\varepsilon(t)$。用反向追踪法在网络中找出一条增广链,在这条增广链上,所有的前向弧流量加上 $\varepsilon(t)$,所有的后向弧流量减去 $\varepsilon(t)$,非增广链上流量不变。擦去标号,返回第 1 步。

例 8.8 用标号法求图 8.20 所示网络的最大流。

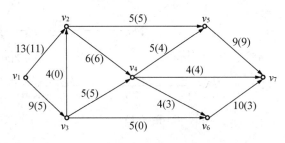

图 8.20

解: 先给发点 v_1 标上 $(0,+\infty)$,即 $\varepsilon(v_1)=+\infty$,如图 8.21 所示。

检查 v_1,弧 (v_1,v_3) 是正向弧,$f_{13}=5<c_{13}=9$,满足标号条件,则给 v_3 标号为 $(v_1,\varepsilon(v_3))$。其中,$\varepsilon(v_3)=\min\{\varepsilon(v_1),c_{13}-f_{13}\}=\min\{+\infty,9-5\}=4$,即 v_3 标号为 $(v_1,4)$,如图 8.22 所示。

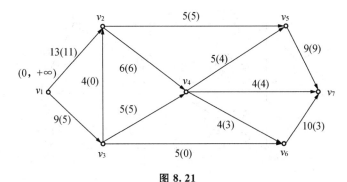

图 8.21

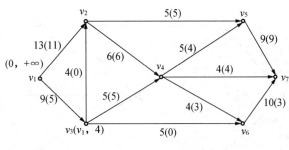

图 8.22

检查 v_3,在弧 (v_3,v_6) 上,$f_{36}=0<c_{36}=5$,满足标号条件,则给 v_6 标号为 $(v_3,\varepsilon(v_6))$。其中,$\varepsilon(v_6)=\min\{\varepsilon(v_3),c_{36}-f_{36}\}=\min\{4,5\}=4$,即 v_6 标号为 $(v_3,4)$,如图 8.23 所示。

检查 v_6,在弧 (v_6,v_7) 上,$f_{67}=3<c_{67}=10$,满足标号条件,则给收点 v_7 标号为 $(v_6,\varepsilon(v_7))$。其中,$\varepsilon(v_7)=\min\{\varepsilon(v_6),c_{67}-f_{67}\}=\min\{4,7\}$,即 v_7 标号为 $(v_6,4)$。终点 v_t 即 v_7 得到标号,用反向追踪法得到一条增广链,如图 8.24 所示。即 $\mu=\{(v_1,v_3),(v_3,v_6),(v_6,v_7)\}$,均为前向弧。

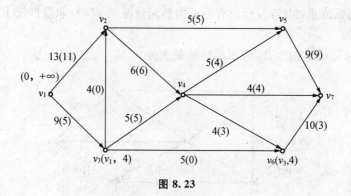

图 8.23

调整流量 $f: \theta = \varepsilon(v_7) = 4$,在增广链 μ 上所有前向弧加上 4,即

$f'_{13} = f_{13} + \theta = 5 + 4 = 9$,$f'_{36} = f_{36} + \theta = 0 + 4 = 4$,$f'_{67} = f_{67} + \theta = 3 + 4 = 7$。其余 f_{ij} 不变,于是得到一个新的可行流 f',如图 8.25 所示。

擦去所有标号,对新的可行流 f' 重新进行标号,寻找增广链:

先给 v_1 标上 $(0, +\infty)$,如图 8.25 所示。

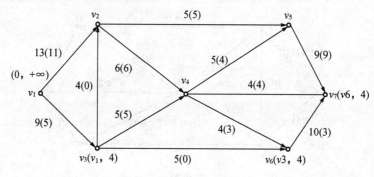

图 8.24

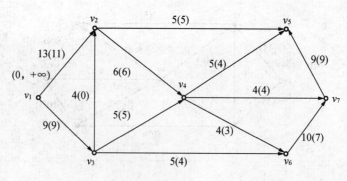

图 8.25

检查 v_1,在弧 (v_1, v_2) 上,$f_{12} = 11 < c_{12} = 13$,满足标号条件,则给 v_2 标号为 $(v_1, \varepsilon(v_2))$。其中,$\varepsilon(v_2) = \min\{\varepsilon(v_1), c_{12} - f_{12}\} = \min\{+\infty, 13 - 11\} = 2$,即 v_2 标号为 $(v_1, 2)$。

检查 v_2,在弧 (v_2, v_5) 上,$f_{25} = 5 = c_2$,不满足标号条件;在弧 (v_2, v_4) 上,$f_{24} = 6 = c_2$,不满足标号条件;在弧 (v_3, v_2) 上,$f_{32} = 4 = 0$,不满足标号条件,于是标号中断。

另 $V_1 = \{v_1, v_2\}$，$\overline{V}_1 = \{v_3, v_4, v_5, v_6, v_7\}$，得到最小割集：
$(V, \overline{V}) = \{(v_2, v_5), (v_2, v_4), (v_1, v_3)\}$，如图 8.26 所示。

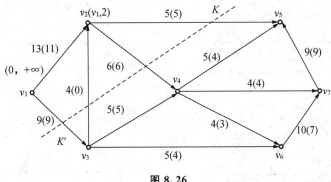

图 8.26

最小割容量 $c^*(V, \overline{V}) = 5 + 6 + 9 = 20$，为网络最大流量。

由此可见，网络最大流流量由最小割集容量所决定，最小割所包含的弧为网络图的关键弧。要想提高整个网络的最大流量，首先必须设法改善这些关键弧的承载能力。另外，在容量网络中，最大流的流量是唯一的，但最大流却并不唯一。

第五节　最小费用最大流问题

在求解网络最大流问题时，有时还需要考虑"费用"的因素。这就是最小费用最大流问题。给定了一个带收发点的网络 $D = (V, A, C)$，每一弧 $(v_i, v_j) \in A$ 上，除了已给容量 c_{ij} 外，还给了一个单位流量的费用 $b_{ij}(v_i, v_j) \geqslant 0$（简记为 b_{ij}），最小费用最大流问题就是要求一个最大流 f 使流的总输送费用取极小值。其算法有：原始算法和对偶算法。

网络 $D = (V, A, C)$，f 是 D 上的一个可行流，保持原网络各点，每一条边 (v_i, v_j) 用两条方向相反的边 (v_i, v_j) 和 (v_j, v_i) 代替，各边的权 c_{ij} 为：

1. 弧 $(v_i, v_j) \in A$　　$c_{ij} = \begin{cases} b_{ij}, & f_{ij} < c_{ij} \\ +\infty, & f_{ij} = c_{ij} \end{cases}$

2. 弧 (v_j, v_i) 为原图 D 中 (v_i, v_j) 的反向边　　$c_{ij} = \begin{cases} -b_{ij}, & f_{ij} < 0 \\ +\infty, & f_{ij} = 0 \end{cases}$

并且将权为 $+\infty$ 的边去掉。

求解最小费用最大流问题的原始算法的思想是：

(1) 以单位费用为权数，找出最短路；

(2) 在最短路上给出最大流（由最小的流决定）；

(3) 把流量饱和的去掉，在剩下的图里重复上述步骤，直到没有最短路。

例 8.9　如图 8.27(a) 所示，求 v_s 到 v_t 的最小费用最大流量。

解：先找出单位费用最短路 $v_s \to v_1 \to v_3 \to v_t$，在最短路上给出最大流，如图 8.27(b) 所示，去掉饱和的 (v_1, v_3)，恢复 (c_{ij}, d_{ij}) 图，可得图 8.27(c)，再找出最短路 $v_s \to v_3 \to v_t$，在最短路上给出最大流，如图 8.27(d) 所示，再去掉饱和的 (v_3, v_t)，恢复 (c_{ij}, d_{ij}) 图，依此类推即可，得到最优解。最后的最小费用是 $9 \times 2 + 6 \times 3 + 8 \times 2 + 3 \times 4 + 3 \times 3 + 2 \times 5 = 83$，流量是 11。

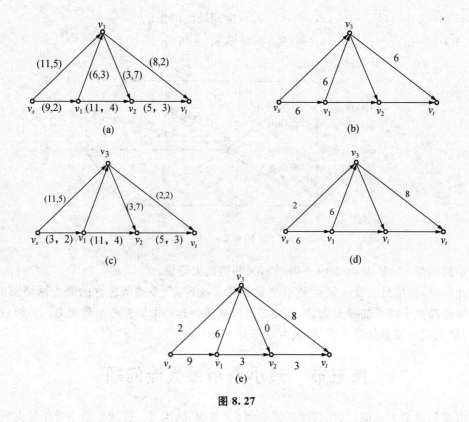

图 8.27

"对偶算法"是一种求解最小费用流的有效算法,其基本步骤如下:

(1)取零流为初始可行流,即 $f^0 = \{0\}$。

(2)若有 $f^{(k-1)}$,流量为 $W(f^{(k-1)}) < v$,构造长度网络 $L(f^{(k-1)})$。

(3)在长度网络 $L(f^{(k-1)})$ 中求 v_s 到 v_t 的最短路。若不存在最短路,则 $f^{(k-1)}$ 已为最小费用最大流,不存在流量等于 v 的流,停止;否则转(4)。

(4)在 G 中与这条最短路相应的可增广链 μ 上,对 f^{k-1} 进行调整,作 $f^k = f_\mu^{(k-1)}\theta$,其中

$$\theta = \min\{\min_{\mu^+}(c_{ij} - f_{ij}^{(k-1)}), \min_{\mu^-} f_{ij}^{(k-1)}\},\quad f_{ij}^{(k)} = \begin{cases} f_{ij}^{(k-1)} + \theta & (v_i, v_j) \in \mu^+ \\ f_{ij}^{(k-1)} - \theta & (v_i, v_j) \in \mu^- \\ f_{ij}^{(k-1)} & (v_i, v_j) \notin \mu \end{cases}$$

得到一个新的可行流 $f_{ij}^{(k)}$,其流量为 $W(f^{(k-1)}) + \theta$,若 $W(f^{(k-1)}) + \theta = v$ 则停止,否则令 $f^{(k)}$ 代替 $f^{(k-1)}$ 返回(2)。

例 8.10　在图 8.28 所示运输网络上,求流量 v 为 10 的最小费用流,边上括号内为 (c_{ij}, b_{ij})。

解:从 $f^{(0)} = \{0\}$ 开始作 $L(f^{(0)})$ 如图 8.28(b)所示,用 Dijkstra 算法求得 $L(f^{(0)})$ 网络中最短路为 $v_s \to v_2 \to v_1 \to v_t$,在网络 G 中相应的可增广链 $\mu_1 = \{v_s, v_2, v_1, v_t\}$ 上用最大流算法进行流的调整:

$$\mu_1^+ = \{(v_s, v_2), (v_2, v_1), (v_1, v_t)\},\quad \mu_1^- = \varphi,\quad \theta_1 = \min\{8, 5, 7\} = 5$$

$$f^{(1)} = \begin{cases} f_{ij}^{(0)} + 5 & (v_i, v_j) \in \mu^+ \\ f_{ij}^{(0)} & \text{其他} \end{cases}$$

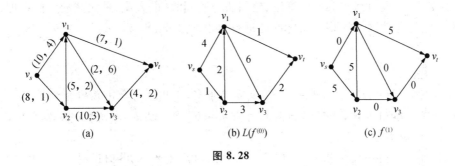

图 8.28

$$W(f^{(1)})=5, d(f^{(1)})=5\times1+5\times2+5\times1=20$$

结果见图 8.28(c)。

作 $L(f^{(2)})$ 如图 8.29(a)所示，由于边上有负权，所以，求最短路不能用 Dijkstra 算法，可以用逐次逼近法。最短路为 $v_s\to v_1\to v_t$，在网络 G 内相应的可增广链上进行调整，得流 $f^{(2)}$，如图 8.29(b)所示。

$$W(f^{(2)})=7, d(f^{(2)})=4\times2+5\times1+5\times2+7\times1=30$$

作 $L(f^{(2)})$ 如图 8.29(c)所示，得到从 v_s 到 v_t 的最短路为 $v_s\to v_2\to v_3\to v_t$，在网络 G 内调整得流 $f^{(3)}$，如图 8.29(d)所示。

$$W(f^{(3)})=10=v, d(f^{(3)})=4\times2+8\times1+5\times2+3\times3+3\times2+7\times1=48$$

$f^{(3)}$ 即为所求的最小费用流。

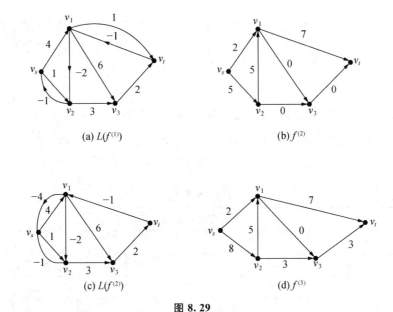

图 8.29

主要概念及内容

图(Graph)的基本概念、无向图(有向图)，点，边(弧)，链(路)，圈(回路)树(Tree)的基本概念、最小支撑树、最短路 Dijkstra 算法、破圈法与避圈法、最大流、最大流最小截定理、最小费用最大流。注意运用网络模型对实际问题进行建模的过程。

复习思考题

1. 通常用 $G=(V,E)$ 来表示一个图，试述符号 V,E 及这个表达式的含义。

2. 解释下列各组名词，并说明相互间的联系和区别：a 端点，相邻，关联边；b 环，多重边，简单图；c 链，初等链。

3. 图论中的图同一般工程图，几何图的主要区别是什么，试举例说明。

4. 试述树图，图的支撑树及最小支撑树的概念含义，以及它们在实际问题中的应用。

5. 最大流问题是一个特殊的线性规划问题，试具体说明这个问题中的变量，目标函数和约束条件各是什么。

习题

1. 如图 8.30 所示，建立求最小支撑树的 0-1 整数规划数学模型。

2. 用破圈法和避圈法求图 8.31 的最小支撑树。

3. 某乡政府计划未来 3 年内，对所管辖的 10 个村要达到村与村之间都有水泥公路相通的目标。根据勘测，10 个村之间修建公路的费用如表 8.1 所示。乡镇府如何选择修建公路的路线使总成本最低？

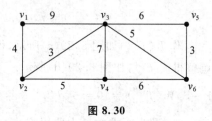

图 8.30

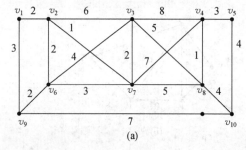

(a)

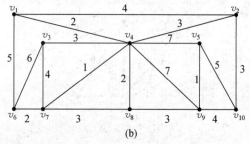

(b)

图 8.31

表 8.1

村庄	两村庄之间修建公路的费用/万元									
	1	2	3	4	5	6	7	8	9	10
1		12.8	10.5	8.5	12.7	13.9	14.8	13.2	12.7	8.9
2			9.6	7.7	13.1	11.2	15.7	12.4	13.6	10.5
3				13.8	12.6	8.6	8.5	10.5	15.8	13.4
4					11.4	7.5	9.6	9.3	9.8	14.6
5						8.3	8.9	8.8	8.2	9.1

续表 8.1

村庄	两村庄之间修建公路的费用/万元									
	1	2	3	4	5	6	7	8	9	10
6							8.0	12.7	11.7	10.5
7								14.8	13.6	12.6
8									9.7	8.9
9										8.8
10										

4. 有一项工程,要埋设电缆将中央控制室与 15 个控制点连通。图 8.32 中标出了允许挖电缆沟的地点和距离(单位:hm)。若电缆线 100 元/m,挖电缆沟(深 1 m,宽 0.6 m)土方 30 元/m³,其他材料和施工费用 50 元/m,请作出该项工程预算的最少费用。

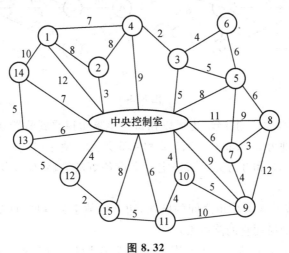

图 8.32

5. 北京(Pe)、东京(T)、纽约(N)、墨西哥城(M)、伦敦(L)、巴黎(Pa)各城市之间的航线距离如表 8.2 所示。由上述交通网络的数据确定最小生成树。

表 8.2

城市	L	M	N	Pa	Pe	T
L		56	35	21	51	60
M	56		21	57	78	70
N	35	21		36	68	68
Pa	21	57	36		51	61
Pe	51	78	68	51		13
T	60	70	68	61	13	

6. 用 Dijkstra 标号法求出图 8.33 中 v_1 到各点的最短距离与最短路径。

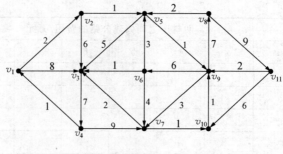

图 8.33

7. 在图 8.34 中,求 A 到 H、I 的最短路及最短路长,并对图(a)和(b)的结果进行比较。

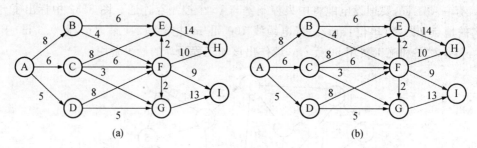

(a)   (b)

图 8.34

8. 已知某设备可继续使用 5 年,也可以在每年年末卖掉重新购置新设备。已知 5 年年初购置新设备的价格分别为 3.5、3.8、4.0、4.2 和 4.5 万元。使用时间在 1~5 年内的维护费用分别为 0.4、0.9、1.4、2.3 和 3 万元。试确定一个设备更新策略,使 5 年的设备购置和维护总费用最小。

9. 图 8.35 是世界某 6 大城市之间的航线,边上的数字为票价(百美元),用 Floyd 算法设计任意两城市之间票价最便宜的路线表。

10. 如图 8.36 所示,(1)求 v_1 到 v_{10} 的最大流及最大流量;(2)求最小割集和最小割量。

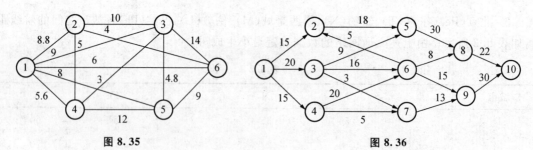

图 8.35   图 8.36

11. 将 3 个天然气田 A_1、A_2、A_3 的天然气输送到 2 个地区 C_1、C_2,中途有 2 个加压站 B_1、B_2,天然气管线如图 8.37 所示。输气管道单位时间的最大通过量 c_{ij} 及单位流量的费用 d_{ij} 标在弧上 (c_{ij}, d_{ij})。求(1)流量为 22 的最小费用流;(2)最小费用最大流。

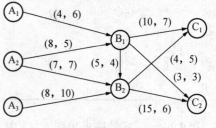

图 8.37

第九章　网络计划图

【本章导读】

当前,世界上工业发达国家都非常重视网络计划技术在现代管理中的应用。它已被许多国家公认为当前最为行之有效的管理方法之一。国外多年实践证明,应用网络计划技术组织管理生产和项目一般能缩短工期 20% 左右,降低成本 10% 左右。

美国是网络计划技术的发源地。美国政府于 1962 年规定,凡与政府签订合同的企业,都必须采用网络计划技术,以保证工程进度和质量。1974 年麻省理工学院调查指出:"绝大部分美国公司采用网络计划编制施工计划。"目前,美国基本上实现了用计算机绘画、优化计算和资源平衡、项目进度控制,实现了计划工作自动化。以后又提出了新的网络计划技术,如图示评审技术(GERT),风险评审技术(VERT)等。

我国应用网络计划技术是从 20 世纪 60 年代初期开始。著名科学家钱学森将网络计划方法引入我国,并在航天系统应用。著名数学家华罗庚在综合研究各类网络方法的基础上,结合我国实际情况加以简化,于 1965 年发表了《统筹方法平话》,为推广应用网络计划方法奠定了基础。近几年,随着科技的发展和进步,网络计划技术的应用也日趋得到工程管理人员的重视,且已取得可观的经济效益。如上海宝钢炼铁厂 1 号高炉土建工程施工中,应用网络法,缩短工期 21%,降低成本 9.8%。广州白天鹅宾馆在建设中,运用网络计划技术,工期比外商签订的合同提前四个半月,仅投资利息就节约 1 000 万港元。为在我国推广普及网络计划技术,我国建设部公布了《工程网络计划技术规程》,以便统一技术术语、符号、代号和计算规范。特别近几年来,微机的普及和网络计划软件的不断更新换代。这些为在国内大范围推广网络计划技术创造了条件。

第一节　网络计划图

网络计划图的基本思想是,首先应用网络计划图来表示工程项目中计划要完成的各项工作,完成各项工作必然存在先后顺序及其相互依赖的逻辑关系;这些关系用节点、箭线来构成网络图。网络图是由左向右绘制,表示工作进程,并标注工作名称、代号和工作持续时间等必要信息。通过对网络计划图进行时间参数的计算,找出计划中的关键工作和关键线路;通过不断改进网络计划,寻求最优方案,求在计划执行过程中对计划进行有效的控制与监督,保证合理地使用人力、物力和财力,以最小的消耗取得最大的经济效果。

一、基本术语

网络计划图是在网络图上标注时标和时间参数的进度计划图,实质上是有时序的有向赋权图。表述关键路线法(CPM)和计划评审技术(PERT)的网络计划图没有本质的区别,它们的结构和术语是一样的。仅前者的时间参数是确定型的,而后者的时间参数是不确定型的。于是统一给出一套专用的术语和符号。

（1）节点、箭线是网络计划图的基本组成元素。箭线是一段带箭头的实射线（用"→"表示），节点是箭线两端的连接点（用"○"或"□"表示）。

（2）工作（也称工序、活动、作业），将整个项目按需要粗细程度分解成若干需要耗费时间或需要耗费其他资源的子项目或单元。它们是网络计划图的基本组成部分。

（3）描述工程项目网络计划图有两种表达的方式：双代号网络计划图和单代号网络计划图。双代号网络计划图在计算时间参数时，又可分为工作计算法和节点计算法。

（4）双代号网络计划图。在双代号网络计划图中，用箭线表示工作，箭尾的节点表示工作的开始点，箭头的节点表示工作的完成点。用 $(i\text{-}j)$ 两个代号及箭线表示一项工作，在箭线上标记必需的信息，如图 9.1 所示。

箭线之间的连接顺序表示工作之间的先后开工的逻辑关系。

（5）单代号网络计划图。用节点表示工作，箭线表示工作之间的先完成与后完成的关系为逻辑关系。在节点中标记必需的信息，如图 9.2 所示。

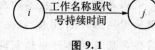

图 9.1

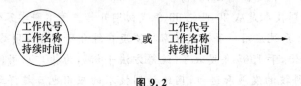

图 9.2

二、双代号网络计划图

这里主要介绍双代号网络计划图的绘制和按工作计算时间参数的方法。以下通过例题来说明网络计划图的绘制和时间参数的计算。

例 9.1　某项目由 8 道工序组成，工序明细表如表 9.1 所示。要求编制该项目的网络计划图和计算有关参数，根据表 9.1 中数据，绘制网络图，见图 9.3。

表 9.1

序号	代号	工序名称	紧前工序	时间/天	序号	代号	工序名称	紧前工序	时间/天
1	A	基础工程		40	5	E	装修工程	C	25
2	B	构件安装	A	50	6	F	地面工程	D	20
3	C	屋面工程	B	30	7	G	设备安装	B	50
4	D	专业工程	B	20	8	H	试运转	E、F、G	20

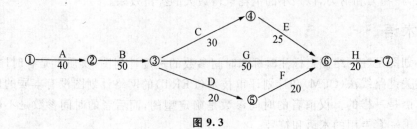

图 9.3

为了正确表述工程项目中各个工作的相互连接关系和正确绘制网络计划图,应遵循以下规则和术语:

(1)网络计划图的方向、时序和节点编号。网络计划图是有向、有序的赋权图,按项目的工作流程自左向右地绘制。在时序上反映完成各项工作的先后顺序。节点编号必须按箭尾节点的编号小于箭头节点的编号来标记。在网络图中只能有一个起始节点,表示工程项目的开始。一个终点节点,表示工程项目的完成。从起始节点开始沿箭线方向顺序自左往右,通过一系列箭线和节点,最后到达终点节点的通路,称为线路。

(2)紧前工作和紧后工作。紧前工作是指紧排在本工作之前的工作。紧后工作是指紧排在本工作之后的工作。如图 9.3 中,只有工作 B 完成后工作 C、D、G 才能开始,工作 B 是 C、D、G 的紧前工作;而工作 C、D、G 则是工作 B 的紧后工作。从起始节点至本工作之前在同一线路的所有工作,称为先行工作;自本工作到终点节点在同一线路的所有工作,称为后继工作。工作 B 的先行工作有工作 A;工作 H 是工作 G 的后继工作。

(3)虚工作。在双代号网络计划图中,只表示相邻工作之间的逻辑关系,不占用时间和不消耗人力、资金等的虚设的工作。

(4)相邻两节点之间只能有一条箭线连接,否则将造成逻辑上的混乱。如图 9.4 是错误的画法,为了使两节点之间只有一条箭线,可增加一个节点②′,并增加一项虚工作②′…→②。图 9.5 是正确的画法。

图 9.4　　　　　　　图 9.5

(5)网络计划图中不能有缺口和回路。在网络计划图中严禁出现从一个节点出发,顺箭线方向又回到原出发节点,形成回路。回路将表示这工作永远不能完成。网络计划图中出现缺口,表示这些工作永远达不到终点。项目无法完成。

(6)平行工作。可与本工作同时进行的工作。

(7)起始节点与终点节点。在网络计划图中只能有一个起始节点和一个终点节点。当工程开始或完成时存在几个平行工作时,可以用虚工作将它们与起始节点或终点节点连接起来。

(8)线路。网络图中从起点节点沿箭线方向顺序通过一系列箭线与节点,最后到达终点节点的通路。本例中有 5 条线路。并可以计算出各线路的持续时间,见表 9.2。

表 9.2

线路	线路的组成	各工作的持续时间之和/天
1	①→②→③→④→⑥→⑦	40＋50＋30＋25＋20＝165
2	①→②→③→⑥→⑦	40＋50＋50＋20＝160
3	①→②→③→⑤→⑥→⑦	40＋50＋20＋20＋20＝150

从网络图中可以计算出各线路的持续时间。其中有一条线路的持续时间最长线路是关键路线,或称为主要矛盾线。关键路线上的各工作为关键工作。因为它的持续时间就决定了整个项目的工期。关键路线的特征以后再进一步阐述。

（9）网络计划图的布局。尽可能将关键路线布置在网络计划图的中心位置,按工作的先后顺序将联系紧密的工作布置在邻近的位置。为了便于在网络计划图上标注时间等数据,箭线应是水平线或具有一段水平线的折线。在网络计划图上附有时间坐标或日历进程。

（10）网络计划图的类型。

①总网络计划图,以整个项目为计划对象,编制网络计划图。供决策领导层使用。

②分级网络计划图,这是按不同管理层次的需要,编制的范围大小不同,详细程度不同的网络计划图,供不同管理部门使用。

③局部网络计划图,将整个项目某部分为对象,编制更详细的网络计划图,供专业部门使用。

当用计算机网络计划软件编制时,在计算机上可进行网络计划图分解与合并。网络计划图详细程度,可以根据需要,将工作分解为更细的子工作,也可以将几项工作合并为综合的工作,以便显示不同粗细程度的网络计划。

第二节　网络计划图的时间参数计算

网络计划的时间参数计算有几种类型:双代号网络计划有工作计算法和节点计算法;单代号网络计划有节点计算法。以下仅介绍工作计算法,其他的计算法可参考《工程网络计划技术规程》(JGJ/T 121—99)。

网络图中工作的时间参数,它们是:工作持续时间(D),工作最早开始时间(ES),工作最早完成时间(EF);工作最迟开始时间(LS),工作最迟完成时间(LF);工作总时差(TF)和工作自由时差(FF)。

一、工作持续时间 D

工作持续时间计算是一项基础工作,关系到网络计划是否能得到正确实施。为了有效地使用网络计划技术,需要建立相应的数据库。这需要专项讨论的问题。这里简述计算工作持续时间的两类数据和两种方法。

（1）单时估计法(定额法)。每项工作只估计或规定一个确定的持续时间值的方法。一般由工作的工作量,劳动定额资料以及投入人力的多少等,计算各工作的持续时间;

工作持续时间:

$$D = \frac{Q}{R * S * n}$$

Q——工作的工作量。以时间单位表示,如小时,或以体积、质量、长度等单位表示;

R——可投入人力和设备的数量;

S——每人或每台设备每工作班能完成的工作量;

n——每天正常工作班数。

当具有类似工作的持续时间的历史统计资料时;可以根据这些资料;采用分析对比的方法确定所需工作的持续时间。

（2）三时估计法。在不具备有关工作的持续时间的历史资料时,在较难估计出工作持续时间时,可对工作进行估计三种时间值,然后计算其平均值。这三种时间值是:

乐观时间——在一切都顺利时,完成工作需要的最少时间,记作 a。

最可能时间——在正常条件下,完成工作所需要的时间。记作 m。

悲观时间——在不顺利条件下,完成工作需要最多的时间,记作 b。

显然上述三种时间发生都具有一定的概率,根据经验,这些时间的概率分布认为是正态分布。一般情况下,通过专家估计法,给出三时估计的数据。可以认为工作进行时出现最顺利和最不顺利的情况比较少,较多是出现正常的情况。按平均意义可用以下公式计算工作持续时间值:$D = \dfrac{a+4m+b}{6}$,方差 $\theta^2 = \left(\dfrac{b-a}{6}\right)^2$。

二、计算关系式

手工计算可在网络图上进行,计算步骤为:

(1)计算各路线的持续时间(表 9.2)。

(2)按网络图的箭线的方向,从起始工作开始,计算各工作的 ES,EF。

(3)从网络图的终点节点开始,按逆箭线的方向,推算出各工作的 LS,LF。

(4)确定关键路线(CP)。

(5)计算 TF,FF。

(6)平衡资源。

例 9.2　计算各工作的时间参数,并将计算结果记入网络计划图的相应工作的□中,见图 9.6。

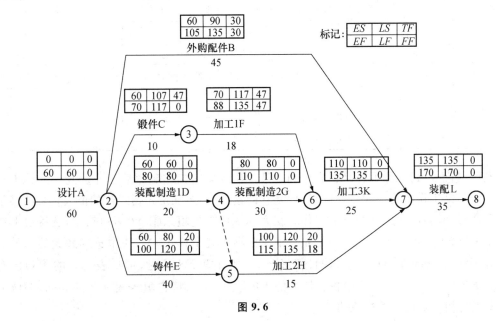

图 9.6

1. 工作最早开始时间 *ES* 和工作最早完成时间 *EF* 的计算

利用网络计划图,从网络计划图的起始点开始,沿箭线方向依次逐项计算。第一项工作的最早开始时间为 0,记作 $ES_{1-j} = 0$。(起始点 $i=1$)。第一项工作的最早完成时间 $EF_{1-j} = ES_{1-j} + D_{1-j}$。第一项工作完成后,其紧后工作才能开始。它工作最早完成时间 EF 就是其紧后工作最早开始时间 ES。本工作的持续时间 D。表示为:

$$EF_{i-j} = ES_{i-j} + D_{i-j}$$

计算工作的 ES 时,当有多项紧前工作情况下,只能在这些紧前工作中都完成后才能开始。因此本工作的最早开始时间是:$ES = \max(紧前工作的 EF)$其中 $EF = ES + $ 工作持续时间 D,表示为:

$$ES_{i-j} = \max_h(EF_{h-i}) = \max_h(ES_{h-i} + D_{h-i})$$

例 9.2 的 ES,EF 计算值在表 9.3 的③,④列中。

表 9.3

工作 $i-j$ ①	持续时间 D_{i-j} ②	最早开始时间 ES_{i-j} ③	最早完成时间 EF_{i-j} ④＝③＋②
$A(1-2)$	60	$ES_{1-2}=0$	$EF_{1-2} = ES_{1-2}+D_{1-2}=0+60=60$
$B(2-7)$	45	$ES_{2-7}=EF_{1-2}=60$	$EF_{2-7}=ES_{2-7}+D_{2-7}=60+45=105$
$C(2-3)$	10	$ES_{2-3}=EF_{1-2}=60$	$EF_{2-3}=ES_{2-3}+D_{2-3}=60+10=70$
$D(2-4)$	20	$ES_{2-4}=EF_{1-2}=60$	$EF_{2-4}=ES_{2-4}+D_{2-4}=60+20=80$
$E(2-5)$	40	$ES_{2-5}=EF_{1-2}=60$	$EF_{2-5}=ES_{2-5}+D_{2-5}=60+40=100$
$E'(4-5)$	0(虚工作)	$ES_{4-5}=EF_{2-4}=80$	$EF_{4-5}=ES_{4-5}+D_{4-5}=80+0=80$
$F(3-7)$	18	$ES_{3-7}=EF_{2-3}=70$	$EF_{3-7}=ES_{3-7}+D_{3-7}=70+18=88$
$G(4-6)$	30	$ES_{4-6}=EF_{2-4}=80$	$EF_{4-6}=ES_{4-6}+D_{4-6}=80+30=110$
$H(5-7)$	15	$ES_{5-7}=\max(EF_{2-5},$ $EF_{4-5})=EF_{2-5}=100$	$EF_{5-7}=ES_{5-7}+D_{5-7}=100+15=115$
$K(6-7)$	25	$ES_{6-7}=EF_{4-6}=110$	$EF_{6-7}=ES_{6-7}+D_{6-7}=110+25=135$
$L(7-8)$	35	$ES_{7-8}=\max(EF_{2-7},$ $EF_{3-7},EF_{6-7},$ $EF_{5-7})=EF_{6-7}=135$	$EF_{7-8}=ES_{7-8}+D_{7-8}=135+35=170$

利用双代号的特征,很容易在表中确定某工作的紧前工作和紧后工作。凡是后续工作的箭尾代号与某工作的箭头代号相同者,便是它的紧后工作;凡是先行工作的箭头代号与某工作的箭尾代号相同者,便是它的紧前工作。在表 9.3 中首先填入①、②两列数据,然后由上往下计算 ES 与 EF。若某工作$(i-j)$的先行工作中存在几个$(h-i)$,从中选择最大的 EF_{h-i} 进行计算 $ES_{i-j}=\max_h[EF_{h-i}]$,即计算 EF_{i-j},如计算 ES_{7-8} 时,可从表 9.3 的④列已有的 $EF_{2-7},EF_{6-7},EF_{5-7},EF_{3-7}$ 中找到最大的 $EF_{6-7}=135$。将它填入表 9.3 的③列,对应的 L(7-8)行即可。如此计算也很方便。

2. 工作最迟开始时间 LS 与工作最迟完成时间 LF

应从网络图的终点节点开始,采用逆序法逐项计算。即按逆箭线方向,依次计算各工作的最迟完成时间 LF 和最迟开始时间 LS,直到第一项工作为止。网络图中最后一项工作$(i-n)(j=n)$的最迟完成时间应由工程的计划工期确定。在未给定时,可令其等于其最早完成时间,即 $LF_{i-n}=EF_{i-n}$。EF_{i-n} 由表 9.3 中的计算结果是已知的了,并且应当小于或等于计划

工期规定的时间 Tr。

$$LF = \min(\text{紧后工作的 } LS), LS = LF - \text{工作持续时间 } D$$

其他工作的最迟开始时间 $LS_{i-j} = LF_{i-j} - D_{i-j}$；当有多个紧后工作时，最迟完成时间 $LF = \min(\text{紧后工作的 } LS)$，或表示为 $LF_{i-j} = \min k(LF_{j-k} - D_{j-k})$。

可在表 9.4 中进行。计算从下到上地进行，从工作(7-8)开始，令表 9.4 的⑤列最后一行 $LF_{7-8} = EF_{7-8} = 170$。

表 9.4

工作 $i-j$	持续时间 D_{i-j}	最迟完成时间 $LF_{i-j} = \min(LS_{j-k})$	最迟开始时间 $LS_{i-j} = LF_{i-j} - D_{i-j}$	总时差 $TF_{i-j} = LS_{i-j} - ES_{i-j}$	自由时差 $FF_{i-j} = ES_{i-k} - EF_{i-j}$
①	②	⑤	⑥=⑤-②	⑦=⑥-③	⑧
$A(1-2)$	60	$LF_{1-2} = LS_{2-4} = 60$	$LS_{1-2} = LF_{1-2} - 60 = 0$	$0 - 0 = 0$	$FF_{1-2} = ES_{2-3} - EF_{1-2} = 0$
$B(2-7)$	45	$LF_{2-7} = LS_{7-8} = 135$	$LS_{2-7} = LF_{2-7} - 45 = 90$	$90 - 60 = 30$	$FF_{2-7} = ES_{7-8} - EF_{2-7} = 30$
$C(2-3)$	10	$LF_{2-3} = LS_{3-7} = 117$	$LS_{2-3} = LF_{2-3} - 10 = 107$	$107 - 60 = 47$	$FF_{2-3} = ES_{3-7} - EF_{2-3} = 0$
$D(2-4)$	20	$LF_{2-4} = LS_{4-6} = 80$	$LS_{2-4} = LF_{2-4} - 20 = 60$	$60 - 60 = 0$	$FF_{2-4} = ES_{4-6} - EF_{2-6} = 0$
$E(2-5)$	40	$LF_{2-5} = LS_{5-7} = 120$	$LS_{2-5} = LF_{2-5} - 40 = 80$	$80 - 60 = 20$	$FF_{2-5} = ES_{5-7} - EF_{2-5} = 0$
$F(3-7)$	18	$LF_{3-7} = LS_{7-8} = 135$	$LS_{3-7} = LF_{3-7} - 18 = 117$	$117 - 70 = 47$	$FF_{3-7} = ES_{7-8} - EF_{3-7} = 47$
$G(4-6)$	30	$LF_{4-6} = LS_{6-7} = 110$	$LS_{4-6} = LF_{4-6} - 30 = 80$	$80 - 80 = 0$	$FF_{4-6} = ES_{6-7} - EF_{4-6} = 0$
$H(5-7)$	15	$LF_{5-7} = LS_{7-8} = 135$	$LS_{5-7} = LF_{5-7} - 15 = 120$	$120 - 100 = 20$	$FF_{5-7} = ES_{7-8} - EF_{5-7} = 20$
$K(6-7)$	25	$LF_{6-7} = LS_{7-8} = 135$	$LS_{6-7} = LF_{6-7} - 25 = 110$	$110 - 110 = 0$	$FF_{6-7} = ES_{7-8} - EF_{6-7} = 0$
$L(7-8)$	35	$LF_{7-8} = EF_{7-8} = 170$	$LS_{7-8} = LF_{7-8} - 35 = 135$	$135 - 135 = 0$	$FF_{7-8} = T - 170 = 0$

于是可计算出 $EF_{7-8} = LF_{7-8} - D_{7-8} = 135$。工作 $L(7-8)$ 的紧前工作的箭尾代号与工作 $L(7-8)$ 的箭头代号是相同的，这里有 $K(6-7)$，$H(5-7)$，$F(3-7)$，$B(2-7)$；它们只有唯一的紧后工作 $L(7-8)$，所以 LF_{6-7}，LF_{5-7}，LF_{3-7}，LF_{2-7} 都等于 $LF_{7-8} = 135$。填入表 9.4⑤列的相应行即可。当具有多个紧后工作时，如要计算 LF_{1-2} 时，先查 $A(1-2)$ 的紧后工作有几个，从代号可以看到是 $B(2-7)$，$C(2-3)$，$D(2-4)$，$E(2-5)$，对应的有 $LS_{2-7} = 90$，$LS_{2-3} = 107$，$LS_{2-4} = 60$，$LS_{2-5} = 80$。其中最小的是 60，即 $LF_{1-2} = LS_{2-4} = 60$。

（3）工作时差

工作时差是指工作有机动时间。常用有两种时差，即工作总时差和工作自由时差。

①工作总时差 TF_{i-j}。TF_{i-j} 是指在不影响工期的前提下，工作所具有的机动时间，按工作计算法计算。在表 9.4 中⑦=⑥-③的数据。

$$TF_{i-j} = EF_{i-j} - ES_{i-j} - D_{i-j} = LS_{i-j} - ES_{i-j} \text{ 或 } TF_{i-j} = LF_{i-j} - EF_{i-j}$$

注意：工作总时差往往为若干项工作共同拥有的机动时间，如工作(2-3)和工作(3-7)，其工作总时差为 47，当工作(2-3)用去一部分机动时间后，工作 $F(3-7)$ 的机动时间将相应地减少。

②工作自由时差 FF。工作自由时差是指：在不影响其紧后工作最早开始的前提下，工作

所具有的机动时间。

$$FF_{i-j} = ES_{j-k} - ES_{i-j} - D_{i-j} ; 或 FF_{i-j} = ES_{j-k} - EF_{i-j}$$

计算结果见表 9.4⑧。工作自由时差是某项工作单独拥有的机动时间,其大小不受其他工作机动时间的影响。

关键路线的特征:在线路上从起点到终点都由关键工作组成。在确定型网络计划中是指线路中工作总持续时间最长的线路。在关键线路上无机动时间,工作总时差为零。在非确定型网络计划中是指估计工期完成可能性最小的线路。

第三节　双代号时标网络计划图及参数计算

一、双代号时标网络计划的概念

双代号时标网络计划简称时标网络计划,实质上是在一般网络图上加注时间坐标,它所表达的逻辑关系与原网络计划完全相同,但箭线的长度不能任意画,与工作的持续时间相对应。时标网络计划既有一般网络计划的优点,又有横道图直观易懂的优点。

(1)在时标网络计划中,网络计划的各个时间参数可以直观地表达出来,因此,可直观地进行判读;

(2)利用时标网络计划,可以很方便地绘制出资源需要曲线,便于进行优化和控制;

(3)在时标网络计划中,可以利用前锋线方法对计划进行动态跟踪和调整。

(4)时标网络计划可按最早时间和最迟时间两种方法绘制,使用较多的是最早时标网络计划。

二、时标网络计划的绘制

时标网络计划宜按最早时间绘制。在绘制前,首先应根据确定的时间单位绘制出一个时间坐标表,时间坐标单位可根据计划期的长短确定(可以是小时、天、周、旬、月或季等),如表9.5所示;时标一般标注在时标表的顶部或底部(也可在顶部和底部同时标注,特别是大型的、复杂的网络计划),要注明时标单位。有时在顶部或底部还加注相对应的日历坐标和计算坐标。时标表中的刻度线应为细实线,为使图面清晰,此线一般不画或少画。

表 9.5

计算坐标	1	2	3	4	5	6	7	8	9	10	11	12	13	14
日历	24/4	25/4	26/4	29/4	30/4	6/5	7/5	8/5	9/5	10/5	13/5	14/5	15/5	16/5	17/5
(工作单位)	1	2	3	4	5	6	7	8	9	10	11	12	13	14	15
网络计划														
(工作单位)														

时标形式有以下三种:

(1)计算坐标主要用作网络计划时间参数的计算,但不够明确。如网络计划表示的计划任务从第 0 天开始,就不易理解。

(2)日历坐标可明确表示整个工程的开工日期和完工日期以及各项工作的开始日期和完成日期,同时还可以考虑扣除节假日休息时间。

(3)工作日坐标可明确表示各项工作在工程开工后第几天开始和第几天完成,但不能表示工程的开工日期和完工日期以及各项工作的开始日期和完成日期。

在时标网络计划中,以实线表示工作,实线后不足部分(与紧后工作开始节点之间的部分)用波形线表示,波形线的长度表示该工作与紧后工作之间的时间间隔;由于虚工作的持续时间为 0,所以,应垂直于时间坐标(画成垂直方向),用虚箭线表示,如果虚工作的开始节点与结束节点不在同一时刻上时,水平方向的长度用波形线表示,垂直部分仍应画成虚箭线。见图 9.7。

在绘制时标网络计划时,应遵循以下规定:

(1)代表工作的箭线长度在时标表上的水平投影长度,应与其所代表的持续时间相对应;

(2)节点的中心线必须对准时标的刻度线;

(3)在箭线与其结束节点之间有不足部分时,应用波形线表示;

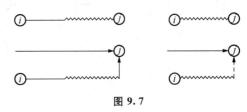

图 9.7

(4)在虚工作的开始与其结束节点之间,垂直部分用虚箭线表示,水平部分用波形线表示;

绘制时标网络计划应先绘制出无时标网络计划(逻辑网络图)草图,然后,再按间接绘制法或直接绘制法绘制。

1. 间接绘制法

间接绘制法(或称先算后绘法)指先计算无时标网络计划草图的时间参数,然后再在时标网络计划表中进行绘制的方法。

用这种方法时,应先对无时标网络计划进行计算,算出其最早时间。然后再按每项工作的最早开始时间将其箭尾节点定位在时标表上,再用规定线型绘出工作及其自由时差,即形成时标网络计划。绘制时,一般先绘制出关键线路,然后再绘制非关键线路。

绘制步骤如下:

(1)先绘制网络计划草图,如图 9.8 所示;

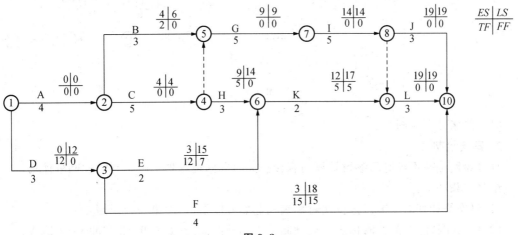

图 9.8

（2）计算工作最早时间并标注在图上；

（3）在时标表上，按最早开始时间确定每项工作的开始节点位置（图形尽量与草图一致），节点的中心线必须对准时标的刻度线；

（4）按各工作的时间长度画出相应工作的实线部分，使其水平投影长度等于工作时间；由于虚工作不占用时间，所以应以垂直虚线表示；

（5）用波形线把实线部分与其紧后工作的开始节点连接起来，以表示自由时差。见图9.9。

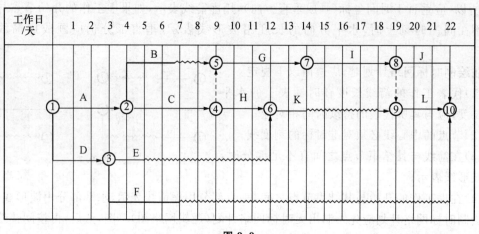

图 9.9

例 9.3 试用间接方法绘制图 9.10 的时标网络计划。

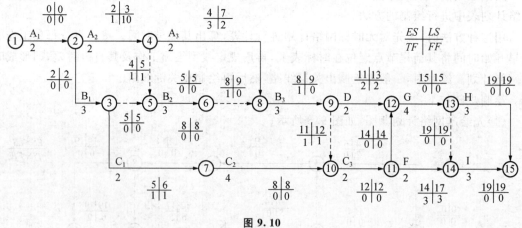

图 9.10

时标网络计划见图9.11。

2. 直接绘制法

直接绘制法指不经时间参数计算而直接按无时标网络计划草图绘制时标网络计划。

绘制步骤如下：

（1）将网络计划起点节点定位在时标表的起始刻度线上（即第一天开始点）；

（2）按工作持续时间在时标表上绘制起节点的外向箭线，如图9.12中的1—2箭线；

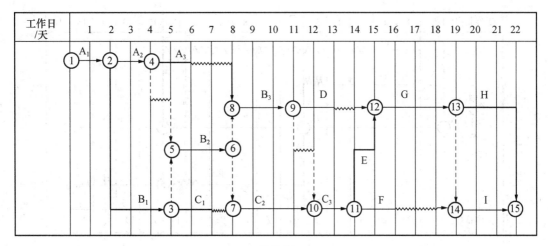

图 9.11

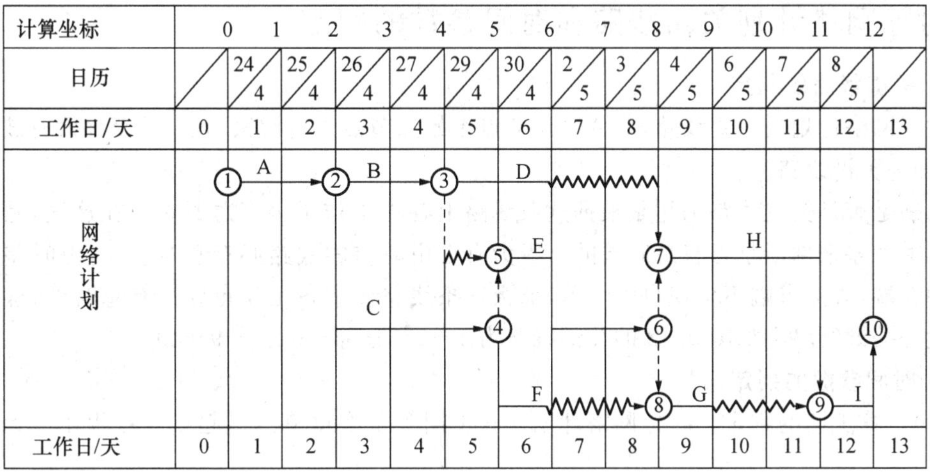

图 9.12

（3）工作的箭头节点必须在其所有内向箭线绘出以后，定位在这些箭线中完成最迟的实箭线箭头处；

如图 9.12 中，3—5 和 4—5 的结束节点 5 定位在 4—5 的最早完成时间工作；4—8 和 6—8 的结束节点 8 定位在 4—8 的最早完成时间等。

（4）某些内向箭线长度不足以到达该节点时，用波形线补足，即为该工作的自由时差；如图 9.12 中，节点 5、7、8、9 之前都用波形线补足。

（5）用上述方法自左向右依次确定其他节点的位置，直至终点节点定位绘完为止。

需要注意的是：使用这一方法的关键是要把虚箭线处理好。首先要把它等同于实箭线看待，但其持续时间为零；其次，虽然它本身没有时间，但可能存在时差，故要按规定画好波形线。在画波形线时，虚工作垂直部分应画虚线，箭头在波形线末端或其后存在虚箭线时应在虚箭线的末端。如图 9.12 中，虚工作 3—5 的画法。

例 9.4 试用直接方法绘制下列时标网络计划。见图 9.13。

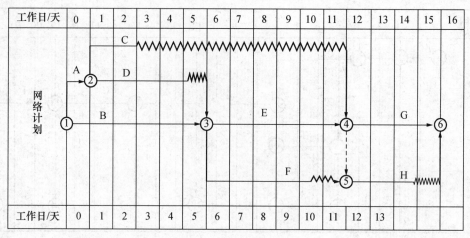

图 9.13

三、时标网络计划关路线路和时间参数的判定

1. 关键线路的判定

时标网络计划的关键线路,应从终点节点至始点节点进行观察,凡自始至终没有波形线的线路,即为关键线路。

判别是否是关键线路仍然是根据这条线路上各项工作是否有总时差。在这里,是根据是否有自由时差来判断是否有总时差的。因为有自由时差的线路必有总时差,自由时差是位于线路的末端,既然末端不出现自由时差,那么这条线路段上各工作也就没有总时差,这条线路必然就是关键线路。如图 9.12 的关键线路为 $1-2-4-5-6-7-9-10$。

2. 时间参数的判定

(1)计算工期的判定。时标网络计划计算工期等于终点节点与起点节点所在位置的时标值之差。

如图 9.12 中,计算工期为 $T_c = 12$ 天。

(2)最早时间的判定。在时标网络计划中,每条箭线箭尾节点中心所对应的时标值,即为该工作的最早开始时间。没有自由时差工作的最早完成时间为其箭头节点中心所对应的时标值;有自由时差工作的最早结束时间为其箭线实线部分右端点所对应的时标值。

如图 9.12 中,工作 $2-4$ 的最早开始时间 $ES_{2-4} = 3$ 天,最早完成时间 $EF_{2-4} = 5$ 天;$ES_{3-7} = 5$ 天,$EF_{3-7} = 6$ 天。

(3)工作自由时差值的判定。工作自由时差值等于其波形线(或虚线)在坐标轴上的水平投影长度。

理由是:工作的自由时差等于其紧后工作的最早开始时间与本工作的最早结束时间之差。每条波形线的末端,就是该条波形线所在工作的紧后工作的最早开始时间,波形线的起点,就是它所在工作的最早完成时间,波形线的水平投影就是这两个时间之差,也就是自由时差值。

注意:当本工作之后只紧接虚工作时,本工作箭线上不存在波形线,这样其紧接的虚箭线中波形线水平投影长度的最短者则为本工作的自由时差;如果本工作之后不只紧接虚工作时,该工作的自由时差为 0。

（4）工作总时差值的推算。时标网络计划中，工作总时差不能直接观察，但可利用工作自由时差进行判定。工作总时差应自右向左逆箭线推算，因为只有其所有紧后工作的总时差被判定后，本工作的总时差才能判定。

工作总时差等于其紧后工作的总时差加本工作与该紧后工作之间的时间间隔 LAG_{i-j-k} 之和的最小值，即

$$TF_{i-j} = \min\{TF_{j-k} + LAG_{i-j-k}\}$$

所谓两项工作之间的时间间隔 LAG_{i-j-k} 指本工作的最早完成时间与其紧后工作最早开始时间之间的差值。

如图 9.12 中，关键工作 9－10 的总时差为 0，8－9 的自由时差是 2，故 8－9 的总时差就是 2；工作 4－8 的总时差就是其紧后工作 8－9 的总时差 2 与本工作的自由时差 2 之和，即总时差为 4；计算工作 2－3 的总时差，要在 3－7 与 3－5 的工作总时差 2 与 1 中挑选一个小的 1，本工作的自由时差为 0，所以它的总时差就是 1。

（5）最迟时间的推算。有了工作总时差与最早时间，工作的最迟时间便可计算出来。工作最迟开始时间等于本工作的最早开始时间与其总时差之和；工作最迟完成时间等于本工作的最早完成时间与其总时差之和，即

$$LS_{i-j} = ES_{i-j} + TF_{ij}$$
$$LF_{i-j} = EF_{i-j} + TF_{ij}$$

如图 9.12 中，工作 2－3 的最迟开始时间，$LS_{2-3} = ES_{2-3} + FT_{2-3} = 1 + 2 = 3$，其最迟完成时间 $LF_{2-3} = EF_{2-3} + FT_{2-3} = 1 + 4 = 5$。余下的工作的最迟时间可以类推。

例 9.5　已知某时标网络计划如图 9.14 所示，试确定关键线路，并计算出各非关键工作的自由时差、总时差以及最迟开始时间和最迟完成时间。

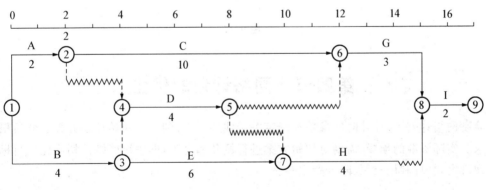

图 9.14

解：关键线路为：1－2－6－8－9

（1）自由时差

工作 B：$FF_{1-3} = 0$

工作 D：$FF_{4-5} = \min\{LAG_{4-5-6}, LAG_{4-5-7}\} = \min\{2, 4\} = 2$

工作 E：$FF_{3-7} = 0$

工作 H：$FF_{7-8}=1$

（2）总时差（由后向前计算）

工作 H：$TF_{7-8}=TF_{8-9}+FF_{7-8}=0+1=1$

工作 D：$TF_{4-5}=\min\{TF_{7-8}+FF_{4-5},TF_{6-8}+FF_{4-5}\}=\min\{1+2,0+4\}=3$

工作 E：$TF_{3-7}=TF_{7-8}+FF_{3-7}=1+0=1$

工作 B：$TF_{1-3}=\min\{TF_{3-7}+FF_{1-3},TF_{4-5}+FF_{1-3}\}=\min\{1+0,3+0\}=1$

（3）最迟开始时间

工作 B：$LS_{1-3}=ES_{1-3}+TF_{1-3}=0+1=1$

工作 D：$LS_{4-5}=ES_{4-5}+TF_{4-5}=4+3=7$

工作 E：$LS_{3-7}=ES_{3-7}+TF_{3-7}=4+1=5$

工作 H：$LS_{7-8}=ES_{7-8}+TF_{7-8}=10+1=11$

（4）最迟完成时间

工作 B：$LF_{1-3}=EF_{1-3}+TF_{1-3}=4+1=5$

工作 D：$LF_{4-5}=EF_{4-5}+TF_{4-5}=8+3=11$

工作 E：$LF_{3-7}=EF_{3-7}+TF_{3-7}=10+1=11$

工作 H：$LF_{7-8}=EF_{7-8}+TF_{7-8}=14+1=15$

上述某网络计划的最迟时标网络计划，如图 9.15 所示。

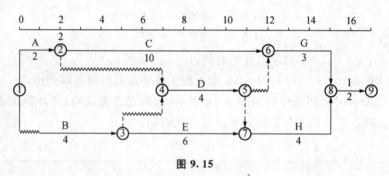

图 9.15

第四节　网络计划的优化

　　绘制网络计划图，计算时间参数和确定关键线路，仅得到一个初始计划方案。然后根据上级要求和实际资源的配置，需要对初始方案进行调整和完善，即进行网络计划优化。目标是综合考虑进度，合理利用资源，降低费用等。

一、工期优化

　　若网络计划图的计算工期大于上级要求的工期时，必须根据要求计划的进度，缩短工程项目的完工工期。主要采取以下措施，增加对关键工作的投入，以便缩短关键工作的持续时间，实现工期缩短。

　　（1）采取技术措施，提高工效，缩短关键工作的持续时间，使关键线路的时间缩短。

　　（2）采取组织措施，充分利用非关键工作的总时差，合理调配人力、物力和资金等资源。

第九章 网络计划图

二、资源优化

在编制初始网络计划图后,需要进一步考虑尽量利用现有资源的问题。即在项目的工期不变的条件下,均衡地利用资源。实际工程项目包括工作繁多,需要投入资源种类很多,均衡地利用资源是很麻烦的事,要用计算机来完成。为了简化计算,具体操作如下:

(1)优先安排关键工作所需要的资源。

(2)利用非关键工作的总时差,错开各工作的开始时间,避开在同一时区内集中使用同一资源,以免出现高峰。

(3)在确实受到资源制约,或在考虑综合经济效益的条件下,在许可时,也可以适当地推迟工程的工期。实现错开高峰的目的。

下面通过例9.6说明平衡人力资源的方法。

例9.6 项目各工序的时间和资源如表9.6所示。

(1)绘制项目网络图,按正常时间计算项目完工期,按期完工最多需要多少人。

(2)保证按期完工,怎样采取应急措施,使总成本最小又使得总人数最少,对计划进行系统优化分析。

表9.6

工序	紧前工序	每天需要资源/人	时间/天		成本/万元		时间的最大缩量/天	应急增加成本/(万元/天)
			正常	应急	正常	应急		
A	—	5	10	8	30	70	2	20
B	A	12	8	6	0	150	2	10
C	B	20	10	8	0	130	3	10
D	A	12	7	6	40	50	1	10
E	D	20	10	8	50	80	2	15
F	C,E	10	3	3	60	60	0	—
G	E	7	13	9	70	86	4	4

解:(1)项目网络图及最早最迟开始时间见图9.16。项目完工期为40天。关键工序是A、D、E和G,非关键工序是B、C、F,总时差都等于9,也是工序B、C、F的全部机动时间。

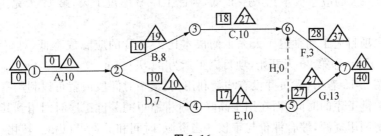

图9.16

253

从图 9.17 看出,如果非关键工序都按最早时间开始,第 11 天到第 28 天是用工高峰期,第 19 天到第 27 天为 40 人,按此计划施工需要 40 人。

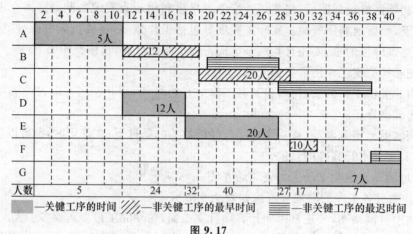

图 9.17

将工序 B 按最早时间开始,工序 C、F 按最迟时间开始,调整后最多需要 32 人,见图 9.18。

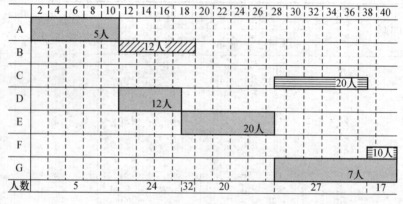

图 9.18

(2)由图 9.18 可看出,只有 1 天时间需要 32 人,对计划整体优化可以从以下几个方案考虑。

第一,对工序 B 或 E 采取应急措施,缩短工序时间 1 天,能够使总人数降到 27 人,由表 9.6 知,工序 B 一天的应急成本比工序 E 低,因此工序 B 缩短 1 天,第 17 天完工,增加成本 10 万元。

第二,如果项目完工期推迟 1 天完工的成本比工序 B 的应急成本低,可以考虑对关键工序 E 推迟一天开始,即第 20 天开始,项目完工期为 41 天。

第三,从图 9.18 看出,人员并没有均衡利用,在某个时间段内就可以利用富裕的资源到关键工序,缩短关键工序的时间,而在用工高峰期时将缩短的关键工序时间用到其他工序上。

第四,均衡利用资源,综合评价与审核。当资源、时间和成本可以相互转化和替代时,制定评价标准,确定多个目标的优先次序,是成本优先、工期优先还是资源优先,综合评价与审核,经过反复调整与优化,得到满意的计划方案后,做出项目施工决策。

三、时间-费用优化

编制网络计划时,要研究如何使完成项目的工期尽可能缩短,费用尽可能少;或在保证既定项目完成时间条件下,所需要的费用最少;或在费用限制的条件下,项目完工的时间最短。这就是时间-费用优化要解决的问题。完成一项目的费用可以分为两大类:

(1)直接费用。直接与项目的规模有关的费用,包括材料费用,直接生产工人工资等。为了缩短工作的持续时间和工期,就需要增加投入,即增加直接费用。

(2)间接费用。间接费用包括管理费等。一般按项目工期长度进行分摊,工期愈短,分摊的间接费用就愈少。一般项目的总费用与直接费用、间接费用、项目工期之间存在一定关系,可以用图 9.19 表示。

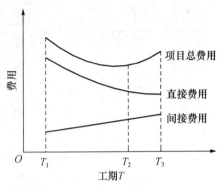

图 9.19 中:T_1 为最短工期,项目总费用最高;T_2 为最佳工期;T_3 为正常工期。

当总费用最少工期短于要求工期时,这就是最佳工期。

图 9.19

进行时间-费用优化时,首先要计算出不同工期下最低直接费用率,然后考虑相应的间接费用。费用优化的步骤如下:

①计算工作费用增加率(简称费用率)。费用增加率是指缩短工作持续时间每一单位时间(如一天)所需要增加的费用。

按工作的正常持续时间计算各关键工作的费用率,通常可表示为:

$$\Delta C_{i-j} = \frac{CC_{i-j} - CN_{i-j}}{DN_{i-j} - DC_{i-j}}$$

ΔC_{i-j}——工作 $i-j$ 的费用率;

CC_{i-j}——将工作 $i-j$ 持续时间缩短为最短持续时间后,完成该工作所需要的直接费用;

CN_{i-j}——在正常条件下完成工作 $i-j$ 所需要的直接费用;

DN_{i-j}——工作 $i-j$ 正常持续时间;

DC_{i-j}——工作 $i-j$ 最短持续时间。

②在网络计划图找出费用率最低的一项关键工作或一组关键工作作为缩短持续时间的对象。其缩短后的值不能小于最短持续时间,不能成为非关键工作。

③同时计算相应的增加的总费用,然后考虑由于工期的缩短间接费用的变化,在这基础上计算项目的总费用。

重复以上步骤,直到获得满意的方案为止。

以下通过举例说明。

例 9.7 项目工序的正常时间、应急时间及对应的费用见表9.7。表中正常成本是在正常时间完成工序所需要的成本,应急成本是在采取应急措施时完成工序的成本。每天的应急成本是工序缩短一天额外增加的成本。

(1)绘制项目网络图,按正常时间计算完成项目的总成本和工期。

(2)按应急时间计算完成项目的总成本和工期。

(3)按应急时间的项目完工期,调整计划使总成本最低。

(4)已知项目缩短1天额外获得奖金5万元,减少间接费用1万元,求总成本最低的项目完工期,也称为最低成本日程。

表 9.7

工序	紧前工序	时间/天		成本/万元		时间的最大缩量/天	应急增加成本/(万元/天)
		正常	应急	正常	应急		
A		19	15	52	80	4	7
B	A	21	19	62	90	2	14
C	B	24	22	24	30	2	3
D	B	25	23	38	60	2	11
E	B	26	24	18	26	2	4
F	C	25	23	88	102	2	7
G	D,E	28	23	19	39	5	4
H	F	23	23	30	30	0	—
I	G,H	27	26	40	55	1	15
J	I	18	14	17	21	4	1
K	I	35	30	25	35	5	2
L	J	28	25	30	60	3	10
M	K	30	26	45	57	4	3
N	L	25	20	18	28	5	2
总成本				506	713		

解:(1)项目网络图及时间参数见图9.20。项目的完工期为210天,将表9.7正常成本一列相加得到总成本为506万元。

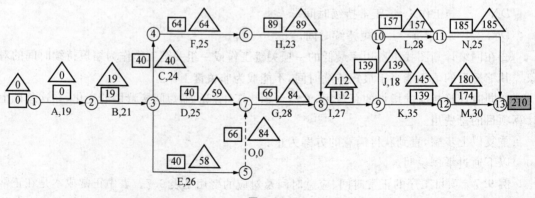

图 9.20

（2）项目网络图不变，时间参数见图 9.21，完工期 187 天，将表 9.7 应急成本一列相加得到总成本为 713 万元。

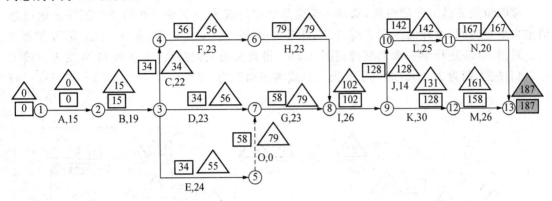

图 9.21

（3）图 9.21 中，非关键工序是 D、E、G、K 和 M，可以看出，将工序 D、E、G 按正常时间施工时，最早开始和最迟开始时间不相等，说明按正常时间施工不影响项目的完工期（187 天），见图 9.22(a)。工序 K 和 M 按正常时间共要缩短时间 6 天，见图 9.22(b)。

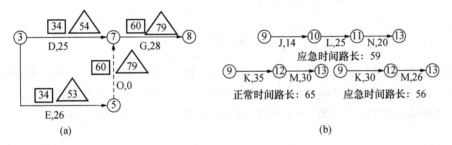

图 9.22

则最优的决策方案是：关键工序 A、B、C、F、H、I、J、L、N 全部按应急时间施工，总成本等于各工序应急成本之和；工序 D、E、G 按正常时间施工，成本等于各工序正常成本之和；工序 K 缩短 5 天，工序 M 缩短 1 天，成本等于正常成本加应急时间增加的成本。按项目完工期 187 天施工的最小成本是 654 万元。调整后有两条关键路线，见图 9.23。

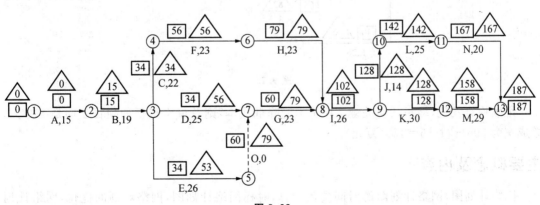

图 9.23

（4）已知项目缩短 1 天额外获得奖金 5 万元，减少间接费用 1 万元。求总成本最低的项目完工期，也称为最低成本日程。

考虑缩短关键工序的时间，选择一天应急增加的成本小于等于 6 的关键工序采取应急措施来缩短时间，这样的工序有 C、J、N，工序 C 缩短 2 天，工序 J 缩短 4 天，工序 N 缩短 2 天。对图 9.20 进行第一次调整得到图 9.24。得到两条关键路线，工序 K 和 M 变为关键工序，项目完工期为 202 天，缩短了 8 天。总成本变动额为：$2 \times 3 + 4 \times 1 + 2 \times 2 - 8 \times 6 = -34$（万元）。

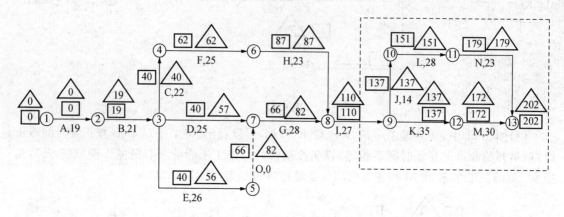

图 9.24

检查图 9.24 的部分。要缩短工期必须两条关键路线同时缩短时间，上面一条路线工序 N 还能缩短 3 天，因此下面一条路线只对工序 K 缩短 3 天，对图 9.24 调整得到图 9.25。项目的完工期为 199 天，又缩短了 3 天，总成本变动额为 $3 \times 2 + 3 \times 2 - 3 \times 6 = -6$（万元）。

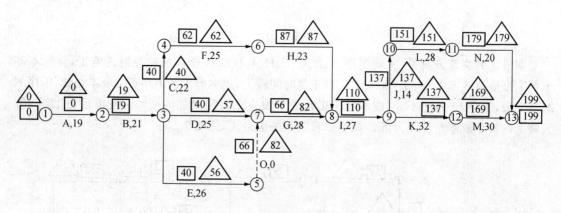

图 9.25

继续检查发现，缩短任何关键工序都不能降低成本，则总成本最低的项目工期是 199 天，总成本为 $506 - 34 - 6 = 466$（万元）。

主要概念及内容

网络计划图，网络计划图的时间参数计算，时标网络计划图，网络计划的优化，网络计划软件。

复习思考题

1. 怎样正确理解网络计划图？网络计划图是在网络图上标注时标和时间参数的进度计划图,实质上是有时序的有向赋权图。

2. 试述双代号网络计划有工作计算法和节点计算法以及单代号网络计划有节点计算法。

3. 理解网络计划优化的目标:综合考虑进度,合理利用资源,降低费用等。

习题

1. 根据表9.8资料:

表 9.8

工作代号	紧前工作	工作持续时间(D_{i-j})
A	—	15
B	A	15
C	A	14
D	B、C	10
E	B	6
F	D	6
G	D	1
H	E、G	30
I	F、H	8

(1)绘制网络计划图。

(2)用标号法计算时间参数:ES_{i-j}、EF_{i-j}、LS_{i-j}、LF_{i-j}、TF_{i-j}、FF_{i-j}。

(3)确定关键路线。

2. 根据项目工序明细表9.9:

(1)画出网络图。

(2)计算工序的最早开始、最迟开始时间和总时差。

(3)找出关键路线和关键工序。

表 9.9

工序	A	B	C	D	E	F	G
紧前工序	—	A	A	B,C	C	D,E	D,E
工序时间(周)	9	6	12	19	6	7	8

3. 某项工程的各工作及其持续时间如表9.10所示。

表 9.10

工作名称	紧后工作	工作持续时间/天
A	B、C	4
B	D、E	6
C	E	5
D	F、G	8
E	F、G	5
F	—	7
G	—	9

要求:绘制网络图,用标号法计算时间参数,确定关键路线,计算工程完工期。

4. 表 9.11 给出了项目的工序明细表。

表 9.11

工序	A	B	C	D	E	F	G	H	I	J	K	L	M	N
紧前工序	—	—	—	A、B	B	B、C	E	D、G	E	E	H	F、J	I、K、L	F、J、L
工序时间/天	8	5	7	12	8	17	16	8	14	5	10	23	15	12

(1)绘制项目网络图。

(2)在网络图上求工序的最早开始、最迟开始时间。

(3)用表格表示工序的最早最迟开始和完成时间、总时差和自由时差。

(4)找出所有关键路线及对应的关键工序。

(5)求项目的完工期。

5. 已知项目各工序的三种估计时间如表 9.12 所示。

表 9.12

工序	紧前工序	工序的三种时间/h		
		a	m	b
A	—	9	10	12
B	A	6	8	10
C	A	13	15	16
D	B	8	9	11
E	B、C	15	17	20
F	D、E	9	12	14

要求:(1)绘制网络图并计算各工序的期望时间和方差。

(2)关键工序和关键路线。

(3)项目完工时间的期望值。

(4)假设完工期服从正态分布,项目在 56 h 内完工的概率是多少。

（5）使完工的概率为 0.98，最少需要多长时间。

6．表 9.13 给出了工序的正常、应急的时间和成本。

表 9.13

工序	紧前工序	时间/天		成本		时间的最大缩量/天	应急增加成本/(万元/天)
		正常	应急	正常	应急		
A	—	15	12	50	65	3	5
B	A	12	10	100	120	2	10
C	A	7	4	80	89	3	3
D	B、C	13	11	60	90	2	15
E	D	14	10	40	52	4	3
F	C	16	13	45	60	3	5
G	E、F	10	8	60	84	2	12

要求：(1)绘制项目网络图，按正常时间计算完成项目的总成本和工期。

(2)按应急时间计算完成项目的总成本和工期。

(3)按应急时间的项目完工期，调整计划使总成本最低。

(4)已知项目缩短 1 天额外获得奖金 4 万元，减少间接费用 2.5 万元，求总成本最低的项目完工期。

参考文献

[1] Frederick S. Hillier, Gerald J. Lieberman. Introduction to operations research. 北京：清华大学出版社，2006.

[2] （美）Hamdy A Taha，薛毅，刘德刚. 运筹学导论初级篇. 8 版. 朱建明，侯思祥译. 北京：人民邮电出版社，2008.

[3] （美）弗雷德里克·S·希尔利，马克·S·希尔利，杰拉尔德·J·利伯曼. 任建标译，田澎审. 数据、模型与决策. 北京：中国财政经济出版社，2001.

[4] （美）弗雷德里克·S·希尔利（Frederick S. Hiller），杰拉尔德·J·利伯曼（Gerald J. Liberman）. 运筹学导论. 8 版. 胡运权等，译. 北京：清华大学出版社，2007.

[5] 《运筹学》教材编写组. 运筹学. 3 版. 北京：清华大学出版社，2005.

[6] Wayne L. Winston. 运筹学应用范例与解法. 杨振凯等译. 北京：清华大学出版社，2006.

[7] 约翰·A·劳伦斯，巴里·A·帕斯特纳克. 管理科学. 张瑞君，李科译. 北京：中国人民大学出版社，2009.

[8] 刘春梅. 管理运筹学基础、技术及 Excel 建模实践. 北京：清华大学出版社，2010.

[9] 胡运权，等. 运筹学基础及应用. 4 版. 北京：高等教育出版社，2004.

[10] 韩伯棠. 管理运筹学. 3 版. 北京：高等教育出版社，2010.

[11] 关文忠，韩宇鑫. 管理运筹学. 北京：中国林业出版社，2007.

[12] 郭耀煌，李军. 管理运筹学. 成都：西南交通大学出版社，2001.

[13] 施泉生. 运筹学. 2 版. 北京：中国电力出版社，2009.

[14] 王文平，侯合银，来向红. 运筹学. 北京：科学出版社，2007.

[15] 于春田，李法朝. 运筹学. 北京：科学出版社，2006.

[16] 张伯生. 运筹学. 北京：科学出版社，2008.

[17] 韩大卫. 管理运筹学. 大连：大连理工大学出版社，2006.

[18] 夏少刚. 运筹学：经济优化方法与模型. 北京：清华大学出版社，2005.

[19] 徐渝，贾涛. 运筹学. 北京：清华大学出版社，2005.

[20] 熊伟. 运筹学. 北京：机械工业出版社，2005.

[21] 熊义杰. 运筹学. 北京：国防工业出版社，2004.

[22] 党耀国，朱建军，李帮义，等. 运筹学. 2 版. 北京：科学出版社，2012.

[23] 徐玖平，胡知能，王綏等. 运筹学. 北京：科学出版社，2004.

[24] 吴清烈，等. 运筹学. 南京：东南大学出版社，2004.

[25] 刁在筹，等. 运筹学. 2 版. 北京：高等教育出版社，2001.

[26] 杨超. 运筹学. 北京：科学出版社，2004.

[27] 叶向. 实用运筹学——运用 Excel 建模和求解. 北京：中国人民大学出版社，2007.

[28] 朱求长，朱希川. 运筹学学习指导及题解. 武汉：武汉大学出版社，2008.

[29] 薛毅，耿美英. 运筹学与实验. 北京：电子工业出版社，2008.

[30] 茹少峰，申卯兴. 管理运筹学. 北京：清华大学出版社，2008.

［31］张杰,周硕.运筹学模型与实验.北京:中国电力出版社,2007.

［32］吴祈宗.运筹学.北京:北京理工大学出版社,2011.

［33］周维,杨鹏飞.运筹学.北京:科学出版社,2008.

［34］王春华,陈海杰.运筹学.北京:中国铁道出版社,2010.

［35］云俊.运筹学:原理及应用.北京:北京大学出版社,2012.